全彩图解三菱 FX$_{3S/3G/3U}$ 系列 PLC 快速入门与提高

蔡杏山 主编

电子工业出版社
Publishing House of Electronics Industry
北京·BEIJING

内 容 简 介

FX$_{3S/3G/3U}$系列 PLC 是三菱 FX 三代机（FX$_{2N}$为二代机），其中，FX$_{3S}$为简易机型，FX$_{3G}$为标准机型，FX$_{3U}$为高端机型，三代机最多支持 249 条指令（二代机最多支持 161 条指令）。本书主要内容包括 PLC 基础与入门实战、三菱 FX$_{3S/3G/3U}$系列 PLC 介绍、三菱 PLC 编程与仿真软件的使用、基本指令说明与应用实例、步进指令说明与应用实例、三菱 FX$_{3S/3G/3U}$应用指令全精解、PLC 的扩展与模拟量模块的使用及 PLC 通信。

本书基础起点低，内容由浅入深，语言通俗易懂，内容安排符合读者的学习认知规律，适合作为初学者学习 PLC 技术的自学图书，也适合作为职业院校电类专业的 PLC 技术教材。

未经许可，不得以任何方式复制或抄袭本书之部分或全部内容。
版权所有，侵权必究。

图书在版编目（CIP）数据

全彩图解三菱 FX3S/3G/3U 系列 PLC 快速入门与提高 / 蔡杏山主编 . 一北京：电子工业出版社，2021.7
ISBN 978-7-121-41506-7

Ⅰ．①全… Ⅱ．①蔡… Ⅲ．① PLC 技术－图解 Ⅳ．① TM571.61-64

中国版本图书馆 CIP 数据核字（2021）第 129265 号

责任编辑：张　楠　　文字编辑：刘真平
印　　刷：中国电影出版社印刷厂
装　　订：中国电影出版社印刷厂
出版发行：电子工业出版社
　　　　　北京市海淀区万寿路 173 信箱　　邮编　100036
开　　本：787×1092　1/16　印张：23　字数：588.8 千字
版　　次：2021 年 7 月第 1 版
印　　次：2021 年 7 月第 1 次印刷
定　　价：128.00 元

凡所购买电子工业出版社图书有缺损问题，请向购买书店调换。若书店售缺，请与本社发行部联系，联系及邮购电话：(010) 88254888，88258888。
质量投诉请发邮件至 zlts@phei.com.cn，盗版侵权举报请发邮件至 dbqq@phei.com.cn。
本书咨询联系方式：(010) 88254579。

前　言

三菱 FX 系列 PLC 是三菱公司推出的小型整体式 PLC，FX_{1S}、FX_{1N}、FX_{1NC} 为一代机，FX_{2N}/FX_{2NC} 为二代机，FX_{3SA}、FX_{3S}、FX_{3GA}、FX_{3G}、FX_{3GE}、FX_{3GC}、FX_{3U}、FX_{3UC} 为三代机。因为一、二代机推出时间有一二十年，因而社会的拥有量比较大，不过由于三代机性能强大且价格与二代机差不多，故越来越多的用户开始选用三代机。

FX_{1NC}、FX_{2NC}、FX_{3GC}、FX_{3UC} 分别是三菱 FX 系列的一、二、三代机的变形机种，其与普通机种的区别主要在于：①变形机种较普通机种体积小，适合在狭小的空间安装；②变形机种的端子采用插入式连接，普通机种的端子采用接线端子连接；③变形机种的输入电源只能是 24V DC，而普通机种的输入电源可以使用 24V DC 或 AC 电源。

在三菱 FX_3 系列 PLC 中，FX_{3SA}、FX_{3S} 为简易机型，FX_{3GA}、FX_{3G}、FX_{3GE}、FX_{3GC} 为基本机型，FX_{3U}、FX_{3UC} 为高端机型。

本书主要具有以下特点。

- 基础起点低。读者只需具有初中文化程度即可阅读。
- 语言通俗易懂。书中少用专业化的术语，遇到较难理解的内容时用形象比喻说明，尽量避免复杂的理论分析和烦琐的公式推导，读者阅读起来感觉会十分顺畅。
- 内容解说详细。考虑到自学时一般无人指导，因此在编写过程中对书中的知识技能进行详细解说，让读者能轻松理解所学内容。
- 采用图文并茂的表现方式。书中大量采用读者喜欢的直观形象的图表方式表现内容，使阅读变得非常轻松。
- 内容安排符合认知规律。图书按照循序渐进、由浅入深的原则来确定各章节内容的先后顺序，读者只需从前往后阅读，便会水到渠成。
- 配置了大量的教学视频。对于书中的一些难点和关键内容，由经验丰富的老师现场讲解并录成视频，读者可扫描书中的二维码观看教学视频。
- 网络免费辅导。读者可以登录易天电学网（www.xxITee.com）索取相关的学习资源或向老师提问，也可以在该网站了解新书信息。

本书在编写过程中得到了许多教师的支持，在此一并表示感谢。由于编者水平有限，书中的错误和疏漏在所难免，敬请广大读者和同人予以批评指正。

编　者

第 1 章　PLC 基础与入门实战 ··· 1

1.1　认识 PLC ··· 1
1.1.1　什么是 PLC ··· 1
1.1.2　PLC 控制与继电器控制比较 ·· 2
1.1.3　PLC 的种类 ·· 3

1.2　PLC 的组成与工作原理 ··· 4
1.2.1　PLC 的组成方框图 ·· 4
1.2.2　CPU 与存储器 ·· 4
1.2.3　输入接口电路 ·· 5
1.2.4　输出接口电路 ·· 6
1.2.5　通信接口、扩展接口与电源 ··· 7
1.2.6　PLC 的工作方式 ··· 8
1.2.7　用实例说明 PLC 程序驱动硬件的工作原理 ·· 8

1.3　三菱 PLC 入门实战 ··· 9
1.3.1　三菱 FX_{3U} 型 PLC 硬件介绍 ·· 9
1.3.2　PLC 控制双灯先后点亮的硬件线路及说明 ··· 10
1.3.3　DC 24V 电源适配器与 PLC 的电源接线 ·· 12
1.3.4　编程电缆（下载线）及驱动程序的安装 ··· 14
1.3.5　编写程序并传送给 PLC ·· 16
1.3.6　PLC 实物接线 ··· 19
1.3.7　PLC 操作测试 ··· 20

第 2 章　三菱 $FX_{3S/3G/3U}$ 系列 PLC 介绍 ·· 22

2.1　概述 ·· 22
2.1.1　三菱 FX 系列 PLC 的一、二、三代机 ··· 22
2.1.2　三菱 FX 系列 PLC 的型号含义 ··· 22

2.2　三菱 FX_{3SA}、FX_{3S} 系列 PLC（三代简易机型）介绍 ······························· 23

2.3 三菱 FX_{3GA}、FX_{3G}、FX_{3GE} 和 FX_{3GC} 系列 PLC（三代标准机型）介绍 ········· 25
   2.3.1 三菱 FX_{3GA}、FX_{3G} 系列 PLC 说明 ········· 25
   2.3.2 三菱 FX_{3GE} 系列 PLC 说明 ········· 27
   2.3.3 三菱 FX_{3GC} 系列 PLC 说明 ········· 28
2.4 三菱 FX_{3U}、FX_{3UC} 系列 PLC（三代高端机型）介绍 ········· 29
   2.4.1 三菱 FX_{3U} 系列 PLC 说明 ········· 30
   2.4.2 三菱 FX_{3UC} 系列 PLC 说明 ········· 31
2.5 三菱 $FX_{1/2/3}$ 系列 PLC 的接线 ········· 32
   2.5.1 电源端子的接线 ········· 32
   2.5.2 以 COM 端子作为输入公共端子的 PLC 输入端子接线 ········· 35
   2.5.3 以 S/S 端子作为输入公共端子的 PLC 输入端子接线 ········· 36
   2.5.4 接近开关与 PLC 输入端子的接线 ········· 37
   2.5.5 输出端子接线 ········· 39
2.6 三菱 $FX_{1/2/3}$ 系列 PLC 的软元件 ········· 41
   2.6.1 输入继电器（X）和输出继电器（Y） ········· 41
   2.6.2 辅助继电器（M） ········· 42
   2.6.3 状态继电器（S） ········· 45
   2.6.4 定时器（T） ········· 46
   2.6.5 计数器（C） ········· 48
   2.6.6 高速计数器 ········· 50
   2.6.7 数据寄存器（D） ········· 53
   2.6.8 扩展寄存器（R）和扩展文件寄存器（ER） ········· 54
   2.6.9 变址寄存器（V、Z） ········· 55
   2.6.10 常数（十进制常数 K、十六进制常数 H、实数常数 E） ········· 55

第 3 章 三菱 PLC 编程与仿真软件的使用 ········· 56

3.1 三菱 GX Developer 编程软件的使用 ········· 56
   3.1.1 软件的安装 ········· 56
   3.1.2 软件的启动与窗口及工具说明 ········· 58
   3.1.3 创建新工程 ········· 61
   3.1.4 编写梯形图程序 ········· 62
   3.1.5 梯形图的编辑 ········· 66
   3.1.6 查找与替换功能的使用 ········· 69
   3.1.7 注释、声明和注解的添加与显示 ········· 71

3.1.8　读取并转换 FXGP/WIN 格式文件 74
　　　3.1.9　PLC 与计算机的连接及程序的写入与读出 75
　　　3.1.10　在线监视 PLC 程序的运行 78
　3.2　三菱 GX Simulator 仿真软件的使用 79
　　　3.2.1　安装 GX Simulator 仿真软件 80
　　　3.2.2　仿真操作 81
　　　3.2.3　软元件监视 83
　　　3.2.4　时序图监视 84

第 4 章　基本指令说明与应用实例 85
　4.1　基本指令说明 85
　　　4.1.1　常开、常闭触点和线圈指令 85
　　　4.1.2　边沿检测触点指令 86
　　　4.1.3　主控和主控复位指令 86
　　　4.1.4　取反指令 87
　　　4.1.5　置位与复位指令 88
　　　4.1.6　结果边沿检测指令 88
　　　4.1.7　脉冲微分输出指令 89
　　　4.1.8　程序结束指令 90
　4.2　PLC 基本控制线路与梯形图 90
　　　4.2.1　启动、自锁和停止控制的 PLC 线路与梯形图 90
　　　4.2.2　正、反转联锁控制的 PLC 线路与梯形图 92
　　　4.2.3　多地控制的 PLC 线路与梯形图 93
　　　4.2.4　定时控制的 PLC 线路与梯形图 94
　　　4.2.5　定时器与计数器组合延长定时控制的 PLC 线路与梯形图 97
　　　4.2.6　多重输出控制的 PLC 线路与梯形图 98
　　　4.2.7　过载报警控制的 PLC 线路与梯形图 99
　　　4.2.8　闪烁控制的 PLC 线路与梯形图 101
　4.3　基本指令应用实例一：PLC 控制喷泉 102
　　　4.3.1　控制要求 102
　　　4.3.2　PLC 用到的 I/O 端子与连接的输入/输出设备 102
　　　4.3.3　PLC 控制线路 103
　　　4.3.4　PLC 控制程序及详解 103
　4.4　基本指令应用实例二：PLC 控制交通信号灯 105

VII

4.4.1　控制要求 ··· 105
　　　4.4.2　PLC 用到的 I/O 端子与连接的输入 / 输出设备 ·· 105
　　　4.4.3　PLC 控制线路 ·· 106
　　　4.4.4　PLC 控制程序及详解 ·· 106

第 5 章　步进指令说明与应用实例 ·· 109

5.1　状态转移图与步进指令 ·· 109
　　　5.1.1　顺序控制与状态转移图 ·· 109
　　　5.1.2　步进指令说明 ··· 110
　　　5.1.3　步进指令在两种编程软件中的编写形式 ·· 111
　　　5.1.4　状态转移图的分支方式 ·· 112
　　　5.1.5　步进指令编程注意事项 ·· 112

5.2　步进指令应用实例一：两种液体混合装置 ·· 113
　　　5.2.1　系统控制要求 ··· 113
　　　5.2.2　PLC 用到的 I/O 端子及连接的输入 / 输出设备 ··· 114
　　　5.2.3　PLC 控制线路 ·· 115
　　　5.2.4　PLC 控制程序及详解 ·· 115

5.3　步进指令应用实例二：简易机械手 ··· 118
　　　5.3.1　系统控制要求 ··· 118
　　　5.3.2　PLC 用到的 I/O 端子及连接的输入 / 输出设备 ··· 118
　　　5.3.3　PLC 控制线路 ·· 119
　　　5.3.4　PLC 控制程序及详解 ·· 119

5.4　步进指令应用实例三：大小铁球分拣机 ··· 121
　　　5.4.1　系统控制要求 ··· 121
　　　5.4.2　PLC 用到的 I/O 端子及连接的输入 / 输出设备 ··· 122
　　　5.4.3　PLC 控制线路 ·· 123
　　　5.4.4　PLC 控制程序及详解 ·· 123

第 6 章　三菱 FX$_{3S/3G/3U}$ 应用指令全精解（一）·· 126

6.1　应用指令基础知识 ·· 126
　　　6.1.1　应用指令的格式 ·· 126
　　　6.1.2　应用指令的规则 ·· 127
　　　6.1.3　PLC 数值的种类及转换 ·· 129

6.2　程序流程类指令 ··· 131
　　　6.2.1　指令一览表 ·· 131

6.2.2　指令精解（FNC00～FNC09）……………………………………………………132
　6.3　传送与比较类指令……………………………………………………………………………138
　　　6.3.1　指令一览表………………………………………………………………………………138
　　　6.3.2　指令精解（FNC10～FNC19、FNC102、FNC103、FNC278、
　　　　　　FNC279）……………………………………………………………………………139
　6.4　四则运算与逻辑运算类指令…………………………………………………………………147
　　　6.4.1　指令一览表………………………………………………………………………………147
　　　6.4.2　指令精解（FNC20～FNC29）…………………………………………………………148
　6.5　循环与移位类指令……………………………………………………………………………154
　　　6.5.1　指令一览表………………………………………………………………………………154
　　　6.5.2　指令精解（FNC30～FNC39）…………………………………………………………154

第7章　三菱 FX$_{3S/3G/3U}$ 应用指令全精解（二）……………………………………………162

　7.1　数据处理类指令………………………………………………………………………………162
　　　7.1.1　指令一览表………………………………………………………………………………162
　　　7.1.2　指令精解（FNC40～FNC49、FNC140～FNC144、FNC147、
　　　　　　FNC149、FNC210～FNC214）………………………………………………………163
　7.2　高速处理类指令………………………………………………………………………………177
　　　7.2.1　指令一览表………………………………………………………………………………177
　　　7.2.2　指令精解（FNC50～FNC59、FNC280）……………………………………………178
　7.3　方便类指令……………………………………………………………………………………187
　　　7.3.1　指令一览表………………………………………………………………………………187
　　　7.3.2　指令精解（FNC60～FNC69）…………………………………………………………188
　7.4　外部 I/O 设备类指令…………………………………………………………………………198
　　　7.4.1　指令一览表………………………………………………………………………………198
　　　7.4.2　指令精解（FNC70～FNC79）…………………………………………………………199

第8章　三菱 FX$_{3S/3G/3U}$ 应用指令全精解（三）……………………………………………211

　8.1　外部设备 SER 类指令…………………………………………………………………………211
　　　8.1.1　指令一览表………………………………………………………………………………211
　　　8.1.2　指令精解（FNC80～FNC88）…………………………………………………………211
　8.2　浮点数运算类指令……………………………………………………………………………224
　　　8.2.1　指令一览表………………………………………………………………………………224
　　　8.2.2　指令精解（FNC110～FNC112、FNC116～FNC137）……………………………225
　8.3　定位控制类指令………………………………………………………………………………240

8.3.1 指令一览表 ·· 240
8.3.2 指令精解（FNC150～FNC152、FNC155～FNC159）············· 240
8.4 时钟运算类指令 ·· 248
8.4.1 指令一览表 ·· 248
8.4.2 指令精解（FNC160～FNC167、FNC169）··································· 249

第 9 章 三菱 FX$_{3S/2G/3U}$ 应用指令全精解（四）·· 257

9.1 外部设备类指令 ·· 257
9.1.1 指令一览表 ·· 257
9.1.2 指令精解（FNC170、FNC171、FNC176、FNC177）··············· 257
9.2 触点比较类指令 ·· 260
9.2.1 指令一览表 ·· 260
9.2.2 指令精解（FNC224～FNC226、FNC228～FNC230、
FCN232～FNC234、FNC236～FNC238、FNC240～FNC246）········ 261
9.3 其他类指令 ·· 264
9.3.1 指令一览表 ·· 264
9.3.2 指令精解（FNC182、FNC184、FNC186、FNC188、FNC189）········ 264
9.4 数据块处理类指令 ·· 267
9.4.1 指令一览表 ·· 267
9.4.2 指令精解（FNC192～FNC199）·· 268
9.5 字符串控制类指令 ·· 271
9.5.1 指令一览表 ·· 271
9.5.2 指令精解（FNC200～FNC209）·· 272
9.6 数据表处理类指令 ·· 279
9.6.1 指令一览表 ·· 279
9.6.2 指令精解（FNC256～FNC261、FNC269）······························· 279
9.7 外部设备（变频器）通信类指令 ·· 284
9.7.1 指令一览表 ·· 284
9.7.2 指令精解（FNC270～FNC275）·· 285
9.8 扩展文件寄存器指令 ·· 290
9.8.1 指令一览表 ·· 290
9.8.2 指令精解（FNC290～FNC295）·· 290

第 10 章 PLC 的扩展与模拟量模块的使用 ··· 296

10.1 扩展设备的编号分配 ·· 296

- 10.1.1 扩展输入/输出（I/O）的编号分配 ……………………………………… 296
- 10.1.2 特殊功能单元/模块的单元号分配 ………………………………………… 297
- 10.2 模拟量输入模块（FX_{3U}-4AD）…………………………………………………… 298
  - 10.2.1 外形与规格 …………………………………………………………………… 298
  - 10.2.2 接线端子与接线 ……………………………………………………………… 299
  - 10.2.3 电压/电流输入模式的设置 ………………………………………………… 300
  - 10.2.4 设置偏置和增益改变输入特性 ……………………………………………… 301
  - 10.2.5 读取 AD 模块转换成的数字量 ……………………………………………… 304
  - 10.2.6 测量平均次数的设置 ………………………………………………………… 305
  - 10.2.7 AD 模块初始化（恢复出厂值）程序 ……………………………………… 306
- 10.3 模拟量输出模块（FX_{3U}-4DA）…………………………………………………… 306
  - 10.3.1 外形与规格 …………………………………………………………………… 306
  - 10.3.2 接线端子与接线 ……………………………………………………………… 307
  - 10.3.3 电压/电流输出模式的设置 ………………………………………………… 308
  - 10.3.4 设置偏置和增益改变输出特性 ……………………………………………… 309
  - 10.3.5 两种向 DA 模块写入数字量的程序 ………………………………………… 311
  - 10.3.6 DA 模块初始化（恢复出厂值）程序 ……………………………………… 312
- 10.4 温度模拟量输入模块（FX_{3U}-4AD-PT-ADP）………………………………… 312
  - 10.4.1 外形与规格 …………………………………………………………………… 312
  - 10.4.2 PT100 型温度传感器与模块的接线 ………………………………………… 313
  - 10.4.3 不同温度单位的输入特性与设置 …………………………………………… 314
  - 10.4.4 温度值的存放与读取 ………………………………………………………… 315
  - 10.4.5 测量平均次数的设置 ………………………………………………………… 316
  - 10.4.6 错误状态的读取与清除 ……………………………………………………… 317

第 11 章 PLC 通信 …………………………………………………………………… 319

- 11.1 通信基础知识 …………………………………………………………………………… 319
  - 11.1.1 通信方式 ……………………………………………………………………… 319
  - 11.1.2 通信传输介质 ………………………………………………………………… 322
- 11.2 通信接口设备 …………………………………………………………………………… 323
  - 11.2.1 FX-232-BD 通信板 …………………………………………………………… 323
  - 11.2.2 FX-422-BD 通信板 …………………………………………………………… 325
  - 11.2.3 FX-485-BD 通信板 …………………………………………………………… 327
- 11.3 PLC 通信实例 …………………………………………………………………………… 329

11.3.1　PLC 与打印机通信（无协议通信）……………………………………………329

11.3.2　两台 PLC 通信（并联连接通信）……………………………………………331

11.3.3　多台 PLC 通信（$N:N$ 网络通信）……………………………………………335

附录 A　三菱 FX_3 系列 PLC 的硬件资源异同比较……………………………………342

附录 B　三菱 FX_3 系列 PLC 的软件资源异同比较……………………………………344

附录 C　三菱 FX_1、FX_2、FX_3 系列 PLC 的扩展设备及附件………………………347

PLC 基础与入门实战

1.1 认识 PLC

1.1.1 什么是 PLC

PLC 是英文 Programmable Logic Controller 的缩写,意为可编程逻辑控制器,是一种专为工业应用而设计的控制器。世界上第一台 PLC 于 1969 年由美国数字设备公司(DEC)研制成功,随着技术的发展,PLC 的功能越来越强大,不仅限于逻辑控制,因此美国电气制造协会(NEMA)于 1980 年对它进行重命名,称其为可编程控制器(Programmable Controller),简称 PC。但由于 PC 容易和个人计算机(Personal Computer,PC)混淆,故人们仍习惯将 PLC 当作可编程控制器的缩写。图 1-1 所示是几种常见的 PLC,从左往右依次为三菱 PLC、欧姆龙 PLC 和西门子 PLC。

(a) 三菱PLC　　　　　　(b) 欧姆龙PLC　　　　　　(c) 西门子PLC

图 1-1　几种常见的 PLC

由于可编程控制器一直在发展中,至今尚未对其下最后的定义。国际电工学会(IEC)对 PLC 最新定义要点如下。

① PLC 是一种专为工业环境下应用而设计的数字电子设备。

② 内部采用了可编程存储器,可进行逻辑运算、顺序控制、定时、计数和算术运算等操作。

③ 通过数字量或模拟量输入端接收外部信号或操作指令,内部程序运行后从数字量或模拟量输出端输出需要的信号。

④ 可以通过扩展接口连接扩展单元,以增强和扩展功能;还可以通过通信接口与其他设备进行通信。

1.1.2 PLC 控制与继电器控制比较

PLC 控制是在继电器控制的基础上发展起来的,为了更好地了解 PLC 控制方式,下面以电动机正转控制为例对两种控制系统进行比较。

1. 继电器正转控制

图 1-2 所示是一种常见的继电器正转控制线路,可以对电动机进行正转和停转控制。

按下启动按钮 SB1,接触器 KM 线圈得电,主电路中的 KM 主触点闭合,电动机得电运转。与此同时,控制电路中的 KM 常开自锁触点也闭合,锁定 KM 线圈得电(即 SB1 断开后 KM 线圈仍可通过自锁触点得电)。

按下停止按钮 SB2,接触器 KM 线圈失电,KM 主触点断开,电动机失电停转,同时 KM 常开自锁触点也断开,解除自锁(即 SB2 闭合后 KM 线圈无法得电)。

图 1-2 继电器正转控制线路

2. PLC 正转控制

图 1-3 所示是 PLC 正转控制线路,可以实现与图 1-2 所示的继电器正转控制线路相同的功能。PLC 正转控制线路也可分为主电路和控制电路两部分,PLC 与外接的输入、输出设备构成控制电路,主电路与继电器正转控制线路的电路相同。

在组建 PLC 控制系统时,除了要进行硬件接线外,还要为 PLC 编写控制程序,并将程序从计算机通过专用电缆传送给 PLC。PLC 正转控制线路的硬件接线如图 1-3 所示,PLC 输入端子连接 SB1(启动)、SB2(停止)和电源,输出端子连接接触器线圈 KM 和电源,PLC 本身也通过 L、N 端子获得供电。

图 1-3 PLC 正转控制线路

工作过程如下。

按下启动按钮 SB1,有电流流过 X0 端子(电流途径:DC 24V 正端→ COM 端子→ COM、X0 端子之间的内部电路→ X0 端子→闭合的 SB1 → DC 24V 负端),PLC 内部程序运行,运行结果使 Y0、COM 端子之间的内部触点闭合,有电流流过接触器线圈(电流途径:AC 220V 一端→接触器线圈→ Y0 端子→ Y0、COM 端子之间的内部触点→ COM 端子→ AC 220V 另一端),接触器 KM 线圈得电,主电路中的 KM 主触点闭合,电动机运转;松开 SB1 后,X0 端子无电流流过,PLC 内部程序维持 Y0、COM 端子之间的内部触点闭合,使 KM 线圈继续得电(自锁)。

按下停止按钮 SB2,有电流流过 X1 端子(电流途径:DC 24V 正端→ COM 端子→ COM、X1 端子之间的内部电路→ X1 端子→闭合的 SB2 → DC 24V 负端),PLC 内部程序运行,运行结果使 Y0、COM 端子之间的内部触点断开,无电流流过接触器 KM 线圈,线圈失电,主电路中的 KM 主触点断开,电动机停转;松开 SB2 后,内部程序使 Y0、COM 端子之间的内部触点维持断开状态。

当 X0、X1 端子输入信号(即输入端子有电流流过)时,PLC 输出端子会输出何种控制信号是由写入 PLC 的内部程序决定的,比如可以通过修改 PLC 程序将 SB1 用于停转控制,将 SB2 用于启动控制。

1.1.3 PLC 的种类

PLC 的种类很多,按硬件的结构形式不同,PLC 可分为整体式 PLC 和模块式 PLC,如图 1-4 所示。

(a) 整体式PLC

整体式 PLC 又称箱式 PLC,其外形像一个方形的箱体,这种 PLC 的 CPU、存储器、I/O 接口电路等都安装在一个箱体内。

整体式 PLC 的结构简单、体积小、价格低。小型 PLC 一般采用整体式结构。

(b) 模块式PLC

图 1-4 两种类型的 PLC

模块式 PLC 又称组合式 PLC,它有一个总线基板,基板上有很多总线插槽,其中由 CPU、存储器和电源构成的一个模块通常固定安装在某个插槽中,其他功能模块可随意安装在其他不同的插槽内。

模块式 PLC 配置灵活,可通过增减模块来组成不同规模的系统,安装维修方便,但价格较贵。大、中型 PLC 一般采用模块式结构。

1.2 PLC 的组成与工作原理

1.2.1 PLC 的组成方框图

PLC 的种类很多，但结构大同小异，典型的 PLC 控制系统组成方框图如图 1-5 所示。PLC 内部主要由 CPU、存储器、输入接口、输出接口、通信接口和扩展接口等组成。PLC 通过输入接口接收输入设备送来的信号，PLC 产生的控制信号通过输出接口送给输出设备；如果需要与其他设备通信，可在 PLC 的通信接口连接其他设备；如果希望增强 PLC 的功能，可在 PLC 的扩展接口连接扩展单元。

图 1-5 典型的 PLC 控制系统组成方框图

1.2.2 CPU 与存储器

1. CPU

CPU 又称中央处理器，是 PLC 的控制中心，它通过总线（包括数据总线、地址总线和控制总线）与存储器和各种接口连接，以控制它们有条不紊地工作。CPU 的性能对 PLC 工作速度和效率有较大的影响，故大型 PLC 通常采用高性能的 CPU。CPU 的主要功能如下。

① 接收通信接口送来的程序和信息，并将它们存入存储器。

② 采用循环检测（即扫描检测）方式不断检测输入接口送来的状态信息，以判断输入设备的状态。

③ 逐条运行存储器中的程序，并进行各种运算，再将运算结果存储下来，然后通过输出接口对输出设备进行有关的控制。

④ 监测和诊断内部各电路的工作状态。

2．存储器

存储器的功能是存储程序和数据。PLC通常配有ROM（只读存储器）和RAM（随机存储器）两种存储器，ROM用来存储系统程序，RAM用来存储用户程序和程序运行时产生的数据。

系统程序由厂家编写并固化在ROM存储器中，用户无法访问和修改系统程序。系统程序主要包括系统管理程序和指令解释程序。系统管理程序的功能是管理整个PLC，让内部各个电路能有条不紊地工作。指令解释程序的功能是将用户编写的程序翻译成CPU可以识别和执行的代码。

用户程序是用户通过编程器输入存储器的程序，为了方便调试和修改，用户程序通常存放在RAM中，由于断电后RAM中的程序会丢失，所以RAM专门配有后备电池供电。有些PLC采用EEPROM（电可擦写只读存储器）来存储用户程序，由于EEPROM存储器中的内容可用电信号擦写，并且掉电后内容不会丢失，因此采用这种存储器可不要备用电池供电。

1.2.3 输入接口电路

输入接口电路是输入设备与PLC内部电路之间的连接电路，用于将输入设备的状态或产生的信号传送给PLC内部电路。

PLC的输入接口电路分为开关量（又称数字量）输入接口电路和模拟量输入接口电路，开关量输入接口电路用于接收开关通断信号，模拟量输入接口电路用于接收模拟量信号。模拟量输入接口电路采用A/D转换电路，将模拟量信号转换成数字信号。开关量输入接口电路采用的电路形式较多，根据使用电源的不同，可分为内部直流输入接口电路、外部交流输入接口电路和外部交/直流输入接口电路。三种类型的开关量输入接口电路如图1-6所示。

该类型的输入接口电路的电源由PLC内部直流电源提供。当输入开关闭合时，有电流流过光电耦合器和输入指示灯（电流途径：DC 24V右正→光电耦合器的发光管→输入指示灯→R1→输入端子→输入开关→COM端子→DC 24V左负），光电耦合器的光敏管受光导通，将输入开关状态传送给内部电路。由于光电耦合器内部是通过光线传递信号的，故可以将外部电路与内部电路有效隔离，输入指示灯点亮用于指示输入端子有输入。输入端子有电流流过时称作输入为ON（或称输入为1）。

R2、C为滤波电路，用于滤除通过输入端子窜入的干扰信号，R1为限流电阻。

(a) 内部直流输入接口电路

图1-6 三种类型的开关量输入接口电路

(b) 外部交流输入接口电路

该类型的输入接口电路的电源由外部的交流电源提供。为了适应交流电源的正负变化，接口电路采用双向发光管型光电耦合器和双向发光二极管指示灯。

当输入开关闭合时，若交流电源AC极性为上正下负，则有电流流过光电耦合器和指示灯（电流途径：AC电源上正→输入开关→输入端子→C、R2元件→左正右负发光二极管指示灯→光电耦合器的上正下负发光管→COM端子→AC电源下负）；当交流电源AC极性变为上负下正时，也有电流流过光电耦合器和指示灯（电流途径：AC电源下正→COM端子→光电耦合器的下正上负发光管→右正左负发光二极管指示灯→R2、C元件→输入端子→输入开关→AC电源上负），光电耦合器导通，将输入开关的状态传送给内部电路。

(c) 外部交/直流输入接口电路

图1-6 三种类型的开关量输入接口电路（续）

该类型的输入接口电路的电源由外部的直流或交流电源提供。输入开关闭合后，不管外部是直流电源还是交流电源，均有电流流过光电耦合器。

 ### 1.2.4 输出接口电路

输出接口电路是PLC内部电路与输出设备之间的连接电路，用于将PLC内部电路产生的信号传送给输出设备。

PLC的输出接口电路也分为开关量输出接口电路和模拟量输出接口电路。模拟量输出接口电路采用D/A转换电路，将数字量信号转换成模拟量信号。开关量输出接口电路主要有三种类型：继电器输出接口电路、晶体管输出接口电路和双向晶闸管（也称双向可控硅）输出接口电路。三种类型开关量输出接口电路如图1-7所示。

(a) 继电器输出接口电路

图1-7 三种类型开关量输出接口电路

当PLC内部电路输出为ON（也称输出为1）时，内部电路会输出电流流过继电器KA线圈，继电器KA常开触点闭合，负载有电流流过（电流途径：电源一端→负载→输出端子→内部闭合的KA触点→COM端子→电源另一端）。

由于继电器触点无极性之分，故继电器输出接口电路可驱动交流或直流负载（即负载电路可采用直流电源或交流电源供电），但触点开闭速度慢，其响应时间长，动作频率低。

(b) 晶体管输出接口电路

采用光电耦合器与晶体管配合使用，当 PLC 内部电路输出为 ON 时，内部电路会输出电流流过光电耦合器的发光管，光敏管受光导通，为晶体管基极提供电流，晶体管也导通，负载有电流流过（电流途径：DC 电源上正→负载→输出端子→导通的晶体管→COM 端子→电源下负）。

由于晶体管有极性之分，故晶体管输出接口电路只可驱动直流负载（即负载电路只能使用直流电源供电）。晶体管输出接口电路是依靠晶体管导通与截止实现开闭的，开闭速度快，动作频率高，适合输出脉冲信号。

采用双向晶闸管型光电耦合器，在受光照射时，光电耦合器内部的双向晶闸管可以双向导通。

双向晶闸管输出接口电路的响应速度快，动作频率高，用于驱动交流负载。

(c) 双向晶闸管输出接口电路

图 1-7 三种类型开关量输出接口电路（续）

1.2.5 通信接口、扩展接口与电源

1. 通信接口

PLC 配有通信接口，PLC 可通过通信接口与编程器、写入器、人机界面、监视器、打印机、其他 PLC 和计算机等设备进行通信。PLC 与编程器或写入器连接，可以接收编程器或写入器输入的程序；PLC 与打印机连接，可将过程信息、系统参数等打印出来；PLC 与人机界面（如触摸屏）连接，可以在人机界面直接操作 PLC 或监视 PLC 的工作状态；PLC 与其他 PLC 连接，可组成多机系统或连成网络，实现更大规模的控制；PLC 与计算机连接，可组成多级分布式控制系统，实现控制与管理相结合。

2. 扩展接口

为了提升 PLC 的性能，增强 PLC 的控制功能，可以通过扩展接口给 PLC 加接一些专用功能模块，如高速计数模块、闭环控制模块、运动控制模块、中断控制模块等。

3. 电源

PLC 一般采用开关电源供电，与普通电源相比，PLC 电源的稳定性好、抗干扰能力强。PLC 的电源对电网提供的电源稳定度要求不高，一般允许电源电压在其额定值 ±15% 的范围内波动。有些 PLC 还可以通过端子往外提供 24V 直流电源。

1.2.6 PLC 的工作方式

PLC 是一种由程序控制运行的设备，其工作方式与微型计算机不同，微型计算机运行到结束指令 END 时，程序运行结束；PLC 运行程序时，会按顺序依次逐条执行存储器中的程序指令，当执行完最后的指令后，并不会马上停止，而是又重新开始再次执行存储器中的程序，如此周而复始，PLC 的这种工作方式称为循环扫描方式。PLC 的工作过程如图 1-8 所示。

PLC 通电后，首先进行系统初始化，将内部电路恢复到起始状态，然后进行自我诊断，检测内部电路是否正常，以确保系统能正常运行，诊断结束后对通信接口进行扫描，若接有外设则与其通信。通信接口无外设或通信完成后，系统开始进行输入采样，检测输入设备（开关、按钮等）的状态，然后根据输入采样结果执行用户程序，程序运行结束后对输出进行刷新，即输出程序运行时产生的控制信号。

以上过程完成后，系统又返回，重新开始自我诊断，以后不断重复上述过程。

图 1-8　PLC 的工作过程

PLC 有两个工作模式：RUN（运行）模式和 STOP（停止）模式。当 PLC 处于 RUN 模式时，系统会执行用户程序；当 PLC 处于 STOP 模式时，系统不执行用户程序。PLC 正常工作时应处于 RUN 模式，而在下载和修改程序时，应让 PLC 处于 STOP 模式。PLC 两种工作模式可通过面板上的开关进行切换。

PLC 工作在 RUN 模式时，执行输入采样、处理用户程序和输出刷新所需的时间称为扫描周期，一般为 1～100ms。扫描周期与用户程序的长短、指令的种类和 CPU 执行指令的速度有很大的关系。

1.2.7 用实例说明 PLC 程序驱动硬件的工作原理

PLC 的用户程序执行过程很复杂，下面以 PLC 正转控制线路为例进行说明。图 1-9 所示是 PLC 正转控制线路与内部用户程序，为了便于说明，图中画出了 PLC 内部等效图。

PLC 内部等效图中的 X0（也可用 X000 表示）、X1、X2 称为输入继电器，它们由线圈和触点两部分组成，由于线圈与触点都是等效而来，故又称为软件线圈和软件触点；Y0（也可用 Y000 表示）称为输出继电器，它也包括线圈和触点。PLC 内部中间部分为用户程序（梯形图程序），程序形式与继电器控制电路相似，两端相当于电源线，中间为触点和线圈。

工作过程如下。

当按下启动按钮 SB1 时，输入继电器 X0 线圈得电（电流途径：DC 24V 正端→X0

线圈→X0 端子→SB1→COM 端子→DC 24V 负端），X0 线圈得电会使用户程序中的 X0 常开触点（软件触点）闭合，输出继电器 Y0 线圈得电（电流途径：左等效电源线→已闭合的 X0 常开触点→X1 常闭触点→Y0 线圈→右等效电源线），Y0 线圈得电一方面使用户程序中的 Y0 常开自锁触点闭合，对 Y0 线圈供电进行锁定，另一方面使输出端的 Y0 硬件常开触点闭合（Y0 硬件触点又称物理触点，实际是继电器的触点或晶体管），接触器 KM 线圈得电（电流途径：AC 220V 一端→KM 线圈→Y0 端子→内部 Y0 硬件触点→COM 端子→AC 220V 另一端），主电路中的接触器 KM 主触点闭合，电动机得电运转。

图 1-9 PLC 正转控制线路与内部用户程序

当按下停止按钮 SB2 时，输入继电器 X1 线圈得电，它使用户程序中的 X1 常闭触点断开，输出继电器 Y0 线圈失电。一方面使用户程序中的 Y0 常开自锁触点断开，解除自锁；另一方面使输出端的 Y0 硬件常开触点断开，接触器 KM 线圈失电，KM 主触点断开，电动机失电停转。

若电动机在运行过程中长时间电流过大，热继电器 FR 动作，使 PLC 的 X2 端子外接的 FR 触点闭合，输入继电器 X2 线圈得电，使用户程序中的 X2 常闭触点断开，输出继电器 Y0 线圈马上失电，输出端的 Y0 硬件常开触点断开，接触器 KM 线圈失电，KM 主触点闭合，电动机失电停转，从而避免电动机长时间过流运行。

1.3 三菱 PLC 入门实战

1.3.1 三菱 FX$_{3U}$ 型 PLC 硬件介绍

三菱 FX$_{3U}$ 系列 PLC 属于 FX 三代高端机型，图 1-10 所示是一种常用的 FX$_{3U}$-32M 型 PLC，在没有拆下保护盖时，只能看到 RUN/STOP 模式切换开关、RS-422 端口（编程端口）、输入/输出指示灯和工作状态指示灯，如图 1-10（a）所示。拆下面板上的各种保护盖后，可以看到输入/输出端子和各种连接器，如图 1-10（b）所示。如果要拆下输入和输出端子台保护盖，应先拆下黑色的顶盖和右扩展设备连接器保护盖。

(a) 面板一（未拆保护盖）

(b) 面板二（拆下各种保护盖）

图 1-10　三菱 FX_{3U}-32M 型 PLC 面板组成部件及其名称

 1.3.2　PLC 控制双灯先后点亮的硬件线路及说明

三菱 FX_{3U}-MT/ES 型 PLC 控制双灯先后点亮的硬件线路如图 1-11 所示。
PLC 控制双灯先后点亮系统实现的功能是：当按下开灯按钮时，A 灯点亮，5s 后 B 灯再点亮；

当按下关灯按钮时，A、B灯同时熄灭。

图 1-11 三菱 FX$_{3U}$-MT/ES 型 PLC 控制双灯先后点亮的硬件线路

工作过程如下。

当按下开灯按钮时，有电流流过内部的 X0 输入电路（电流途径：24V 端子→开灯按钮→X0 端子→X0 输入电路→S/S 端子→0V 端子），有电流流过 X0 输入电路，使内部 PLC 程序中的 X000 常开触点闭合，Y000 线圈和 T0 定时器同时得电。Y000 线圈得电一方面使 Y000 常开自锁触点闭合，锁定 Y000 线圈得电，另一方面使 Y0 输出电路输出控制信号，控制晶体管导通，有电流流过 Y0 端子外接的 A 灯（电流途径：24V 电源适配器的 24V 正端→A 灯→Y0 端子→内部导通的晶体管→COM1 端子→24V 电源适配器的 24V 负端），A 灯点亮。在程序中的 Y000 线圈得电时，T0 定时器同时也得电，进行 5s 计时，5s 后 T0 定时器动作，T0 常开触点闭合，Y001 线圈得电，使 Y1 输出电路输出控制信号，

11

控制晶体管导通，有电流流过 Y1 端子外接的 B 灯（电流途径：24V 电源适配器的 24V 正端→B 灯→Y0 端子→内部导通的晶体管→COM1 端子→24V 电源适配器的 24V 负端），B 灯也点亮。

当按下关灯按钮时，有电流流过内部的 X1 输入电路（电流途径：24V 端子→关灯按钮→X1 端子→X1 输入电路→S/S 端子→0V 端子），有电流流过 X1 输入电路，使内部 PLC 程序中的 X001 常闭触点断开，Y000 线圈和 T0 定时器同时失电。Y000 线圈失电一方面使 Y000 常开自锁触点断开，另一方面使 Y0 输出电路停止输出控制信号，晶体管截止（不导通），无电流流过 Y0 端子外接的 A 灯，A 灯熄灭。T0 定时器失电会使 T0 常开触点断开，Y001 线圈失电，Y001 端子内部的晶体管截止，B 灯也熄灭。

1.3.3　DC 24V 电源适配器与 PLC 的电源接线

PLC 供电电源有两种类型：DC 24V（24V 直流电源）和 AC 220V（220V 交流电源）。对于采用 220V 交流供电的 PLC，一般内置 AC 220V 转 DC 24V 的电源电路；对于采用 DC 24V 供电的 PLC，可以在外部连接 24V 电源适配器，由其将 AC 220V 转换成 DC 24V 后再提供给 PLC。

1．DC 24V 电源适配器介绍

DC 24V 电源适配器的功能是将 220V（或 110V）交流电压转换成 24V 的直流电压输出。图 1-12 所示是一种常用的 DC 24V 电源适配器。

电源适配器的 L、N 端为交流电压输入端，L 端接相线（也称火线），N 端接零线，接地端与接地线（与大地连接的导线）连接。若电源适配器出现漏电使外壳带电，外壳的漏电可以通过接地端和接地线流入大地，这样接触外壳时不会发生触电，当然接地端不接地线，电源适配器仍会正常工作。-V、+V 端为 24V 直流电压输出端，-V 端为电源负端，+V 端为电源正端。

(a) 接线端、输出电压调节电位器和电源指示灯

图 1-12　一种常用的 DC 24V 电源适配器

电源适配器上有一个输出电压调节电位器，可以调节输出电压，让输出电压在 24V 左右变化，在使用时应将输出电压调节到 24V。电源指示灯用于指示电源适配器是否已接通电源。

第1章 PLC基础与入门实战

(b) 铭牌

图 1-12 一种常用的 DC 24V 电源适配器（续）

在电源适配器上一般会有一个铭牌（标签），在铭牌上会标注型号及输入、输出电压和电流等参数。从铭牌上可以看出，该电源适配器输入端可以接 100～120V 的交流电压，也可以接 200～240V 的交流电压，输出电压为 24V，输出电流最大为 1.5A。

2. 三线电源线及插头、插座说明

图 1-13 所示是常见的三线电源线及插头、插座，其导线的颜色、插头和插座的极性都有规定标准。

图 1-13 常见的三线电源线及插头、插座

L线（即相线，俗称火线）可以使用红、黄、绿或棕色线，N线（即零线）使用蓝色线，PE线（即接地线）使用黄绿双色线，插头的插片和插座的插孔极性规定具体如图所示，接线时要按标准进行。

3. PLC 的电源接线

在 PLC 下载程序和工作时都需要连接电源，三菱 FX$_{3U}$-MT/ES 型 PLC 没有采用 DC 24V 供电，而是采用 220V 交流电源直接供电，其供电接线如图 1-14 所示。

13

将三芯电源线的棕、蓝、黄绿双线分别接 PLC 的 L、N 和接地端子，若使用两芯电源线，只要接 L、N 端子即可，PLC 也能正常工作。PLC 内部电源电路将输入的 220V 交流电压转换成 24V 直流电压，从 24V、0V 端子输出。S/S 为输入公共端子，小黑点标注的端子为空端子。

图 1-14　PLC 的电源接线

 ### 1.3.4　编程电缆（下载线）及驱动程序的安装

1. 编程电缆

在计算机中用 PLC 编程软件编写好程序后，如果要将其传送到 PLC，需要用编程电缆（又称下载线）将计算机与 PLC 连接起来。三菱 FX 系列 PLC 常用的编程电缆有 FX-232 型和 FX-USB 型，其外形如图 1-15 所示。一些旧计算机有 COM 端口（又称串口、RS-232 端口），可使用 FX-232 型编程电缆，无 COM 端口的计算机可使用 FX-USB 型编程电缆。

(a) FX-232 型编程电缆　　　　　　(b) FX-USB 型编程电缆

图 1-15　三菱 FX 系列 PLC 常用的编程电缆

2. 驱动程序的安装

用 FX-USB 型编程电缆将计算机和 PLC 连接起来后，计算机还不能识别该电缆，需要在计算机中安装此编程电缆的驱动程序。

FX-USB 型编程电缆驱动程序的安装如图 1-16 所示。打开编程电缆配套驱动程序的文件夹，如图 1-16（a）所示，文件夹中有一个"HL-340.EXE"可执行文件，双击该文件，弹出如图 1-16（b）所示的对话框，单击"INSTALL"（安装）按钮，即开始安装驱动程序；单击"UNINSTALL"（卸载）按钮，可以卸载先前已安装的驱动程序。安装成功后，会弹出驱动安装成功对话框，如图 1-16（c）所示。

(a) 打开驱动程序文件夹并双击"HL-340.EXE"文件

(b) 单击"INSTALL"按钮开始安装驱动程序　　　　(c) 驱动安装成功

图 1-16　FX-USB 型编程电缆驱动程序的安装

3. 查看计算机连接编程电缆的端口号

编程电缆的驱动程序成功安装后，在计算机的"设备管理器"中可以查看计算机分配给编程电缆的端口号，如图 1-17 所示。

先将 FX-USB 型编程电缆的 USB 口插入计算机的 USB 口，再在计算机桌面上右击"计算机"图标，弹出右键快捷菜单，选择"设备管理器"，弹出"设备管理器"窗口。其中有一项"端口（COM 和 LPT）"，若未成功安装编程电缆的驱动程序，则不会出现该选项（操作系统为 Windows 7 系统时）。展开"端口（COM 和 LPT）"选项，从中看到一项端口信息"USB-SERIAL CH340（COM3）"，

图 1-17　在"设备管理器"中查看计算机分配给编程电缆的端口号

该信息表明编程电缆已被计算机识别出来，分配给编程电缆的连接端口号为 COM3。

也就是说，当编程电缆将计算机与 PLC 连接起来后，计算机是通过 COM3 端口与 PLC 进行连接的。记住该端口号，在进行计算机与 PLC 通信设置时要输入或选择该端口号。如果编程电缆插在计算机不同的 USB 口，则分配的端口号会不同。

1.3.5 编写程序并传送给 PLC

1. 用编程软件编写程序

三菱 FX_1、FX_2、FX_3 系列 PLC 可使用三菱 GX Developer 软件编写程序。用 GX Developer 软件编写的控制双灯先后点亮的 PLC 程序如图 1-18 所示。

图 1-18 用 GX Developer 软件编写的控制双灯先后点亮的 PLC 程序

2. 用编程电缆连接 PLC 与计算机

在将计算机中编写好的 PLC 程序传送给 PLC 前,需要用编程电缆将计算机与 PLC 连接起来,如图 1-19 所示。在连接时,将 FX-USB 型编程电缆一端的 USB 口插入计算机的 USB 口,另一端的 9 针圆口插入 PLC 的 RS-422 口,再给 PLC 接通电源,PLC 面板上的 POWER(电源)指示灯亮。

图 1-19 用编程电缆连接 PLC 与计算机

3. 通信设置

用编程电缆将计算机与 PLC 连接起来后,除了要在计算机中安装编程电缆的驱动程序外,还需要在 GX Developer 软件中进行通信设置,这样两者才能建立通信连接。

在 GX Developer 软件中进行通信设置如图 1-20 所示。在 GX Developer 软件中执行菜单命令"在线"→"传输设置",如图 1-20(a)所示,弹出"传输设置"对话框,如图 1-20(b)所示。在该对话框内双击左上角的"串行 USB"项,弹出"PC I/F 串口详细设置"对话框。在此对话框中选中"RS-232C"单选按钮,COM 端口选择"COM3"(须与在设备管理器中查看的端口号一致,否则无法建立通信连接),传送速度设为 19.2Kbps,然后单击"确认"按钮关闭当前对话框,返回上一个对话框("传输设置"对话框),再单击对话框中的"确认"按钮,即完成通信设置。

(a) 在GX Developer软件中执行菜单命令"在线"→"传输设置"

(b) 通信设置

图 1-20 在 GX Developer 软件中进行通信设置

4. 将程序传送给 PLC

在用编程电缆将计算机与 PLC 连接起来并进行通信设置后,就可以在 GX Developer

软件中将编写好的 PLC 程序（或打开先前已编写好的 PLC 程序）传送给（又称写入）PLC。

在 GX Developer 软件中将程序传送给 PLC 的操作过程如图 1-21 所示。在 GX Developer 软件中执行菜单命令"在线"→"PLC 写入"，若弹出如图 1-21（a）所示的对话框，则表明计算机与 PLC 之间未用编程电缆连接，或者通信设置错误；如果计算机与 PLC 连接正常，会弹出"PLC 写入"对话框，如图 1-21（b）所示。在该对话框中展开"程序"项，选中"MAIN"（主程序），然后单击"执行"按钮，弹出询问是否执行 PLC 写入对话框，单击"是"按钮，又弹出一个对话框，如图 1-21（c）所示，询问是否远程让 PLC 进入 STOP 模式（PLC 只有在 STOP 模式时才能被写入程序，若 PLC 的 RUN/STOP 开关已处于 STOP 位置，则不会出现该对话框）。单击"是"按钮，GX Developer 软件开始通过编程电缆往 PLC 写入程序。图 1-21（d）所示为程序写入进度条，程序写入完成后，会弹出一个对话框，如图 1-21（e）所示，询问是否远程让 PLC 进入 RUN 模式。单击"是"按钮，弹出程序写入完成对话框，单击"确定"按钮，完成 PLC 程序的写入。

(a) 对话框提示计算机与PLC连接不正常（未连接或通信设置错误）

(b) "PLC写入"对话框

(c) 单击"是"按钮可远程让PLC进入STOP模式

(d) 程序写入进度条

图 1-21 在 GX Developer 软件中将程序传送给 PLC 的操作过程

(e) 单击"是"按钮可远程让PLC进入RUN模式

(f) 程序写入完成对话框

图 1-21　在 GX Developer 软件中将程序传送给 PLC 的操作过程（续）

1.3.6　PLC 实物接线

图 1-22 所示为 PLC 控制双灯先后点亮系统的实物接线（全图），图 1-23 所示为接线细节图，图 1-23（a）所示为电源适配器的接线，图 1-23（b）左图为输出端的 A 灯、B 灯接线，右图为 PLC 电源和输入端的开灯、关灯按钮接线。在实物接线时，可对照图 1-11 所示的硬件线路进行。

图 1-22　PLC 控制双灯先后点亮系统的实物接线（全图）

(a) 电源适配器的接线

图 1-23　PLC 控制双灯先后点亮系统的实物接线（细节图）

(b) 输出端、输入端和电源端的接线

图 1-23　PLC 控制双灯先后点亮系统的实物接线（细节图）(续)

1.3.7　PLC 操作测试

PLC 控制双灯先后点亮系统的硬件接线完成，程序也已经传送给 PLC 后，就可以给系统通电，观察系统能否正常运行，并进行各种操作测试，观察能否达到控制要求。如果不正常，应检查硬件接线和编写的程序是否正确，若程序不正确，用编程软件改正后重新传送给 PLC，再进行测试。PLC 控制双灯先后点亮系统的通电测试过程如表 1-1 所示。

表 1-1　PLC 控制双灯先后点亮系统的通电测试过程

序号	操作说明	操作图
1	按下电源插座上的开关，220V 交流电压送到 24V 电源适配器和 PLC，电源适配器工作，输出 24V 直流电压（输出指示灯亮），PLC 获得供电后，面板上的"POWER"（电源）指示灯亮，由于 RUN/STOP 模式切换开关处于 RUN 位置，故"RUN"指示灯也亮	
2	按下开灯按钮，PLC 面板上的 X0 端指示灯亮，表示 X0 端有输入，内部程序运行，面板上的 Y0 端指示灯变亮，表示 Y0 端有输出，Y0 端外接的 A 灯变亮	

(续表)

序号	操作说明	操作图
3	5s 后，PLC 面板上的 Y1 端指示灯变亮，表示 Y1 端有输出，Y1 端外接的 B 灯也变亮	
4	按下关灯按钮，PLC 面板上的 X1 端指示灯亮，表示 X1 端有输入，内部程序运行，面板上的 Y0、Y1 端指示灯均熄灭，表示 Y0、Y1 端无输出，Y0、Y1 端外接的 A 灯和 B 灯均熄灭	
5	将 RUN/STOP 开关拨至 STOP 位置，再按下开灯按钮，虽然面板上的 X0 端指示灯亮，但由于 PLC 内部程序已停止运行，故 Y0、Y1 端均无输出，A、B 灯都不会亮	

三菱 $FX_{3S/3G/3U}$ 系列 PLC 介绍

2.1 概述

2.1.1 三菱 FX 系列 PLC 的一、二、三代机

三菱 FX 系列 PLC 是三菱公司推出的小型整体式 PLC，FX_{1S}、FX_{1N}、FX_{1NC} 为一代机，FX_{2N}/FX_{2NC} 为二代机，FX_{3SA}、FX_{3S}、FX_{3GA}、FX_{3G}、FX_{3GE}、FX_{3GC}、FX_{3U}、FX_{3UC} 为三代机。因为一、二代机推出时间有一二十年，因而社会的拥有量比较大，不过由于三代机性能强大且价格与二代机差不多，故越来越多的用户开始选用三代机。

FX_{1NC}、FX_{2NC}、FX_{3GC}、FX_{3UC} 分别是三菱 FX 系列的一、二、三代机的变形机种，其与普通机种的区别主要在于：①变形机种较普通机种体积小，适合在狭小的空间安装；②变形机种的端子采用插入式连接，普通机种的端子采用接线端子连接；③变形机种的输入电源只能是 24V DC，而普通机种的输入电源可以使用 24V DC 或 AC 电源。

在三菱 FX_3 系列 PLC 中，FX_{3SA}、FX_{3S} 为简易机型，FX_{3GA}、FX_{3G}、FX_{3GE}、FX_{3GC} 为基本机型，FX_{3U}、FX_{3UC} 为高端机型。三菱 FX_3 系列 PLC 的硬件资源异同比较见附录 A。

2.1.2 三菱 FX 系列 PLC 的型号含义

PLC 的一些基本信息可以从产品型号了解，三菱 FX 系列 PLC 的型号含义如下。

$$FX_{2N}\text{-16MR-}\square\text{-UA1/UL}$$
$$\;\;①\quad\;②③④⑤\;\;⑥\quad\;⑦$$
$$FX_{3U}\text{-16MR/ES}$$
$$\;\;①\quad\;②③④⑧$$

序号	区分	内容	序号	区分	内容
①	系列名称	FX_{1S}、FX_{1N}、FX_{1NC}、FX_{2N}、FX_{2NC}、FX_{3SA}、FX_{3S}、FX_{3GA}、FX_{3G}、FX_{3GE}、FX_{3GC}、FX_{3U}、FX_{3UC}	⑥	电源、输入/输出方式	无：AC 电源，漏型输出； E：AC 电源，漏型输入，漏型输出； ES：AC 电源，漏型/源型输入，漏型/源型输出； ESS：AC 电源，漏型/源型输入，源型输出（仅晶体管输出）； UA1：AC 电源，AC 输入； D：DC 电源，漏型输入，漏型输出； DS：DC 电源，漏型/源型输入，漏型输出； DSS：DC 电源，漏型/源型输入，源型输出（仅晶体管输出）
②	输入/输出合计点数	8、16、32、48、64 等			
③	单元区分	M：基本单元； E：输入/输出混合扩展设备； EX：输入扩展模块； EY：输出扩展模块			
④	输出形式	R：继电器； S：双向晶闸管； T：晶体管	⑦	UL 规格（电气部件安全性标准）	无：不符合的产品； UL：符合 UL 规格的产品； 即使是⑦未标注 UL 的产品，也有符合 UL 规格的机型
⑤	连接形式等	T：FX_{2NC} 的端子排方式； LT（-2）：内置 FX_{3UC} 的 CC-Link/LT 主站功能	⑧	电源、输入/输出方式	ES：AC 电源，漏型/源型输入（晶体管输出型为漏型输出）； ESS：AC 电源，漏型/源型输入，源型输出（仅晶体管输出）； D：DC 电源，漏型输入，漏型输出； DS：DC 电源，漏型/源型输入（晶体管输出型为漏型输出）； DSS：DC 电源，漏型/源型输入，源型输出（仅晶体管输出）

2.2 三菱 FX_{3SA}、FX_{3S} 系列 PLC（三代简易机型）介绍

三菱 FX_{3SA}、FX_{3S} 是 FX_{1S} 的升级机型，是 FX_3 三代机中的简易机型，机身小巧但是性能强，自带或易于扩展模拟量和 Ethernet（以太网）、MODBUS 通信功能。FX_{3SA}、FX_{3S} 的区别主要在于 FX_{3SA} 只能使用交流电源（AC 100～240V）供电，而 FX_{3S} 有交流电源供电的机型，也有直流电源（DC 24V）供电的机型。

1. 面板说明

三菱 FX_{3SA}、FX_{3S} 基本单元（也称主机单元，可单独使用）面板外形如图 2-1（a）所示，面板组成部件如图 2-1（b）所示。

2. 主要特性

三菱 FX_{3SA}、FX_{3S} 的主要特性如下。

图 2-1　三菱 FX_{3SA}、FX_{3S} 基本单元面板外形及组成部件

- 控制规模：10～30点（基本单元：10/14/20/30点）。
- 基本单元内置 CPU、电源、数字输入/输出（有些机型内置模拟量输入功能，如 FX_{3S}-30MR/ES-2AD），可给基本单元安装 FX_3 系列的特殊适配器和功能扩展板，但无法安装扩展单元。
- 支持的指令数：基本指令 29 条，步进指令 2 条，应用指令 116 条。
- 程序容量 4000 步，无须电池。
- 支持软元件数量：辅助继电器 1536 点、定时器（计时器）138 点、计数器 67 点、数据寄存器 3000 点。

3. 规格概要

三菱 FX_{3SA}、FX_{3S} 基本单元规格概要见表 2-1。

表 2-1　三菱 FX$_{3SA}$、FX$_{3S}$ 基本单元规格概要

项　　目		规格概要
电源、输入/输出	电源规格	AC 电源型[*1]：AC 100～240V，50/60Hz；DC 电源型：DC 24V
	消耗电量[*2]	AC 电源型：19W（10M）、14W、20W（20M）、21W（30M）； DC 电源型：6W（10M）、6.5W（14M）、7W（20M）、8.5W（30M）
	冲击电流	AC 电源型：最大 15A，5ms 以下 /AC 100V，最大 28A，5ms 以下 /AC 200V； DC 电源型：最大 20A，1ms 以下 /DC 24V
	24V 供给电源	DC 电源型：DC 24V，400mA
	输入规格	DC 24V，5/7mA（无电压触点或漏型输入时：NPN 开路集电极晶体管；源型输入时：PNP 开路集电极晶体管）
	输出规格	继电器输出型：2A/1 点，8A/4 点 COM，AC 250V（取得 CE、UL/cUL 认证时为 240V），DC 30V 以下； 晶体管输出型：0.5A/1 点，0.8A/4 点 COM，DC 5～30V
内置通信端口		RS-422、USB Mini-B 各 1 通道

注：[*1] FX$_{3SA}$ 只有 AC 电源机型。
　　[*2] 这是基本单元上可连接的扩展结构最大时的值（AC 电源型全部使用 DC 24V 供给电源）。另外，还包括输入电流部分（每点为 7mA 或 5mA）。

2.3　三菱 FX$_{3GA}$、FX$_{3G}$、FX$_{3GE}$ 和 FX$_{3GC}$ 系列 PLC（三代标准机型）介绍

三菱 FX$_{3GA}$、FX$_{3G}$、FX$_{3GE}$、FX$_{3GC}$ 是 FX$_3$ 三代机中的标准机型，这四种机型的主要区别是：FX$_{3GA}$、FX$_{3G}$ 的外形和功能相同，但 FX$_{3GA}$ 只有交流供电型，而 FX$_{3G}$ 既有交流供电型，又有直流供电型；FX$_{3GE}$ 在 FX$_{3G}$ 的基础上内置了模拟量输入/输出和以太网通信功能，故价格较高；FX$_{3GC}$ 是 FX$_{3G}$ 小型化的异形机型，只能使用 DC 24V 供电。

三菱 FX$_{3GA}$、FX$_{3G}$、FX$_{3GE}$、FX$_{3GC}$ 的共有特性如下。

- 支持的指令数：基本指令 29 条，步进指令 2 条，应用指令 124 条。
- 程序容量 32000 步。
- 支持软元件数量：辅助继电器 7680 点，定时器（计时器）320 点，计数器 235 点，数据寄存器 8000 点，扩展寄存器 24000 点，扩展文件寄存器 24000 点。

2.3.1　三菱 FX$_{3GA}$、FX$_{3G}$ 系列 PLC 说明

三菱 FX$_{3GA}$、FX$_{3G}$ 系列 PLC 的控制规模为：24～128 点（FX$_{3GA}$ 基本单元有 24/40/60 点），14～128 点（FX$_{3G}$ 基本单元有 14/24/40/60 点），使用 CC-Link 远程 I/O 时为 256 点。

1. 面板及组成部件

三菱 FX_{3GA}、FX_{3G} 基本单元面板外形如图 2-2(a)所示,面板组成部件如图 2-2(b)所示。

(a) 外形

注：*1 FX_{3GA}系列扩展存储器盒、显示模块、功能扩展板时,只能扩展其中1个。
*2 只对应FX_{3G}（除FX_{3G}-□□-A以外）

(b) 组成部件

图 2-2 三菱 FX_{3GA}、FX_{3G} 基本单元面板外形及组成部件

2. 规格概要

三菱 FX_{3GA}、FX_{3G} 基本单元规格概要见表 2-2。

表 2-2 三菱 FX_{3GA}、FX_{3G} 基本单元规格概要

项 目		规格概要
电源、输入/输出	电源规格	AC 电源型*1：AC 100～240V，50/60Hz；DC 电源型：DC 24V
	消耗电量	AC 电源型：31W（14M）、32W（24M）、37W（40M）、40W（60M）；DC 电源型*2：19W（14M）、21W（24M）、25W（40M）、29W（60M）
	冲击电流	AC 电源型：最大 30A，5ms 以下/AC 100V；最大 50A，5ms 以下/AC 200V
	24V 供给电源	AC 电源型：400mA 以下
	输入规格	DC 24V，5/7mA（无电压触点或漏型输入时：NPN 开路集电极晶体管；源型输入时：PNP 开路集电极晶体管）

(续表)

项　目		规格概要
电源、输入/输出	输出规格	继电器输出型：2A/1 点，8A/4 点 COM，AC 250V（取得 CE、UL/cUL 认证时为 240V），DC 30V 以下； 晶体管输出型：0.5A/1 点，0.8A/4 点，DC 5～30V
	输入/输出扩展	可连接 FX$_{2N}$ 系列用扩展设备
内置通信端口		RS-422、USB 各 1 通道

注：[*1] FX$_{3GA}$ 只有 AC 电源机型。
　　[*2] 为使用 DC 28.8V 时的消耗电量。

2.3.2　三菱 FX$_{3GE}$ 系列 PLC 说明

三菱 FX$_{3GE}$ 在 FX$_{3G}$ 的基础上内置了模拟量输入/输出和以太网通信功能，其价格较高。三菱 FX$_{3GE}$ 的控制规模为：24～128 点（基本单元有 24/40 点，连接扩展 I/O 时可最多可使用 128 点），使用 CC-Link 远程 I/O 时为 256 点。

1. 面板及组成部件

三菱 FX$_{3GE}$ 基本单元面板外形如图 2-3（a）所示，面板组成部件如图 2-3（b）所示。

图 2-3　三菱 FX$_{3GE}$ 基本单元面板外形及组成部件

2. 规格概要

三菱 FX$_{3GE}$ 基本单元规格概要见表 2-3。

表 2-3　三菱 FX$_{3GE}$ 基本单元规格概要

项　目		规格概要
电源、输入/输出	电源规格	AC 电源型：AC 100～240V，50/60Hz；DC 电源型：DC 24V
	消耗电量	AC 电源型[*1]：32W（24M）、37W（40M）； DC 电源型[*2]：21W（24M）、25W（40M）
	冲击电流	AC 电源型：最大 30A，5ms 以下 /AC 100V，最大 50A，5ms 以下 /AC 200V； DC 电源型：最大 30A，1ms 以下 /DC 24V
	24V 供给电源	AC 电源型：400mA 以下
	输入规格	DC 24V，5/7mA（无电压触点或漏型输入时：NPN 开路集电极晶体管；源型输入时：PNP 开路集电极晶体管）
	输出规格	继电器输出型：2A/1 点，8A/4 点 COM，AC 250V（取得 CE、UL/cUL 认证时为 240V），DC 30V 以下； 晶体管输出型：0.5A/1 点，0.8A/4 点，DC 5～30V
	输入/输出扩展	可连接 FX$_{2N}$ 系列用扩展设备
内置通信端口		RS-422、USB Mini-B、Ethernet

注：[*1] 这是基本单元上可连接的扩展结构最大时的值（AC 电源型全部使用 DC 24V 供给电源）。另外，还包括输入电流部分（每点为 7mA 或 5mA）。

[*2] 使用 DC 28.8V 时的消耗电量。

 2.3.3　三菱 FX$_{3GC}$ 系列 PLC 说明

三菱 FX$_{3GC}$ 是 FX$_{3G}$ 小型化的异形机型，只能使用 DC 24V 供电，适合安装在狭小的空间。三菱 FX$_{3GC}$ 的控制规模为：32～128 点（基本单元有 32 点，连接扩展 I/O 时最多可使用 128 点），使用 CC-Link 远程 I/O 时可达 256 点。

1．面板及组成部件

三菱 FX$_{3GC}$ 基本单元面板外形如图 2-4（a）所示，面板组成部件如图 2-4（b）所示。

(a) 外形

图 2-4　三菱 FX$_{3GC}$ 基本单元面板外形及组成部件

图 2-4　三菱 FX$_{3GC}$ 基本单元面板外形及组成部件（续）

2. 规格概要

三菱 FX$_{3GC}$ 基本单元规格概要见表 2-4。

表 2-4　三菱 FX$_{3GC}$ 基本单元规格概要

项　　目		规格概要
电源、输入/输出	电源规格	DC 24V
	消耗电量 [*1]	8W
	冲击电流	最大 30A，0.5ms 以下 /DC 24V
	输入规格	DC 24V，5/7mA（无电压触点或开路集电极晶体管 [*2]）
	输出规格	晶体管输出型：0.1A/1 点（Y000～Y001 为 0.3A/1 点），DC 5～30V
	输入/输出扩展	可连接 FX$_{2NC}$、FX$_{2N}$ [*3] 系列用扩展设备
内置通信端口		RS-422、USB Mini-B 各 1 通道

注：[*1] 该消耗电量不包括输入/输出扩展模块、特殊扩展单元/特殊功能模块的消耗电量。
　　关于输入/输出扩展模块的消耗电量（电流），请参阅 FX$_{3GC}$ 用户手册【硬件篇】。
　　关于特殊扩展单元/特殊功能模块的消耗电量，请分别参阅相应手册。
[*2] FX$_{3GC}$-32MT/D 型为 NPN 开路集电极晶体管输入，FX$_{3GC}$-32MT/DSS 型为 NPN 或 PNP 开路集电极晶体管输入。
[*3] 需要连接器转换适配器或电源扩展单元。

2.4　三菱 FX$_{3U}$、FX$_{3UC}$ 系列 PLC（三代高端机型）介绍

三菱 FX$_{3U}$、FX$_{3UC}$ 是 FX$_3$ 三代机中的高端机型，FX$_{3U}$ 是二代机 FX$_{2N}$ 的升级机型，FX$_{3UC}$ 是 FX$_{3U}$ 小型化的异形机型，只能使用 DC 24V 供电，适合安装在狭小的空间。

三菱 FX$_{3U}$、FX$_{3UC}$ 共有特性如下。

- 支持的指令数：基本指令 29 条，步进指令 2 条，应用指令 218 条。
- 程序容量 64000 步，可使用带程序传送功能的闪存存储器盒。
- 支持软元件数量：辅助继电器 7680 点，定时器（计时器）512 点，计数器 235 点，

数据寄存器 8000 点，扩展寄存器 32768 点，扩展文件寄存器 32768 点（只有安装存储器盒时才可以使用）。

2.4.1 三菱 FX_{3U} 系列 PLC 说明

三菱 FX_{3U} 系列 PLC 的控制规模为：16～256 点（基本单元有 16/32/48/64/80/128 点，连接扩展 I/O 时最多可使用 256 点），使用 CC-Link 远程 I/O 时为 384 点。

1. 面板及组成部件

三菱 FX_{3U} 基本单元面板外形如图 2-5（a）所示，面板组成部件如图 2-5（b）所示。

图 2-5 三菱 FX_{3U} 基本单元面板外形及组成部件

2. 规格概要

三菱 FX_{3U} 基本单元规格概要见表 2-5。

表 2-5 三菱 FX$_{3U}$ 基本单元规格概要

项　目		规格概要
电源、输入/输出	电源规格	AC 电源型：AC 100～240V，50/60Hz；DC 电源型：DC 24V
	消耗电量	AC 电源型：30W（16M）、35W（32M）、40W（48M）、45W（64M）、50W（80M）、65W（128M）； DC 电源型：25W（16M）、30W（32M）、35W（48M）、40W（64M）、45W（80M）
	冲击电流	AC 电源型：最大 30A，5ms 以下 /AC 100V，最大 45A，5ms 以下 /AC 200V
	24V 供给电源	AC 电源 DC 输入型：400mA 以下（16M、32M），600mA 以下（48M、64M、80M、128M）
	输入规格	DC 输入型：DC 24V，5/7mA（无电压触点或漏型输入时：NPN 开路集电极晶体管，源型输入时：PNP 开路集电极晶体管）； AC 输入型：AC 100～120V 电压输入
	输出规格	继电器输出型：2A/1 点，8A/4 点 COM，8A/8 点 COM，AC 250V（取得 CE、UL/cUL 认证时为 240V），DC 30V 以下； 双向晶闸管型：0.3A/1 点，0.8A/4 点 COM，AC 85～242V； 晶体管输出型：0.5A/1 点，0.8A/4 点，1.6A/8 点 COM，DC 5～30V
	输入/输出扩展	可连接 FX$_{2N}$ 系列用扩展设备
内置通信端口		RS-422

2.4.2 三菱 FX$_{3UC}$ 系列 PLC 说明

三菱 FX$_{3UC}$ 的控制规模为：16～256 点（基本单元有 16/32/64/96 点，连接扩展 I/O 时最多可使用 256 点），使用 CC-Link 远程 I/O 时可达 384 点。

1. 面板及组成部件

三菱 FX$_{3UC}$ 基本单元面板外形如图 2-6（a）所示，面板组成部件如图 2-6（b）所示。

(a) 外形

图 2-6 三菱 FX$_{3UC}$ 基本单元面板外形及组成部件

(b)组成部件

图 2-6　三菱 FX_{3UC} 基本单元面板外形及组成部件（续）

2. 规格概要

三菱 FX_{3UC} 基本单元规格概要见表 2-6。

表 2-6　三菱 FX_{3UC} 基本单元规格概要

项目		规格概要
电源、输入/输出	电源规格	DC 24V
	消耗电量 *1	6W（16 点型）、8W（32 点型）、11W（64 点型）、14W（96 点型）
	冲击电流	最大 30A，0.5ms 以下 /DC 24V
	输入规格	DC 24V，5/7mA（无电压触点或开路集电极晶体管 *2）
	输出规格	继电器输出型：2A/1 点，4A/1 点 COM，AC 250V（取得 CE、UL/cUL 认证时为 240V），DC 30V 以下；晶体管输出型：0.1A/1 点（Y000～Y003 为 0.3A/1 点），DC 5～30V
	输入/输出扩展	可连接 FX_{2NC}、FX_{2N} *3 系列用扩展设备
内置通信端口		RS-422

注：*1　该消耗电量不包括输入/输出扩展模块、特殊扩展单元/特殊功能模块的消耗电量。
　　*2　FX_{3UC}- □□ MT/D 型为 NPN 开路集电极晶体管输入，FX_{3UC}- □□ MT/DSS 型为 NPN 或 PNP 开路集电极晶体管输入。
　　*3　需要连接器转换适配器或电源扩展单元。

2.5　三菱 $FX_{1/2/3}$ 系列 PLC 的接线

2.5.1　电源端子的接线

三菱 FX 系列 PLC 工作时需要提供电源，其供电电源类型有 AC（交流）和 DC（直流）两种。AC 供电型 PLC 有 L、N 两个端子（旁边有一个接地端子），DC 供电型 PLC 有 +、- 两个端子，PLC 获得供电后会从内部输出 24V 直流电压，从 24V、0V 端（FX_3 系列 PLC）输出，或从 24V、COM 端（FX_1、FX_2 系列 PLC）输出，如图 2-7 所示。三菱 FX_1、FX_2、FX_3 系列 PLC 电源端子的接线基本相同。

1. AC 供电型 PLC 的电源端子接线

AC 供电型 PLC 的电源端子接线如图 2-8 所示。AC 100～240V 交流电源接到 PLC

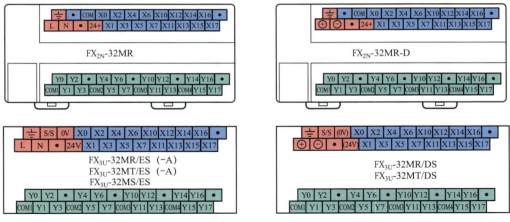

图 2-7 FX$_{2N}$ 与 FX$_{3U}$ 交、直流供电型 PLC 的接线端子比较

图 2-8 AC 供电型 PLC 的电源端子接线

基本单元和扩展单元的 L、N 端子，交流电源在内部经 AC/DC 电源电路转换得到 DC 24V 和 DC 5V 直流电压，这两个电压一方面通过扩展电缆提供给扩展模块，另一方面 DC 24V 电压还会从 24+、0V（或 COM）端子往外输出。

扩展单元和扩展模块的区别在于：扩展单元内部有电源电路，可以往外部输出电压，而扩展模块内部无电源电路，只能从外部输入电源。由于基本单元和扩展单元内部的电源电路功率有限，不要将一个单元的输出电源提供给所有的扩展模块。

2. DC 供电型 PLC 的电源端子接线

DC 供电型 PLC 的电源端子接线如图 2-9 所示。DC 24V 电源接到 PLC 基本单元和扩展单元的 +、− 端子，该电压在内部经 DC/DC 电源电路转换得到 DC 5V 和 DC 24V，这两个电压一方面通过扩展电缆提供给扩展模块，另一方面 DC 24V 电压还会从 24+、0V（或 COM）端子往外输出。为了减轻基本单元或扩展单元内部电源电路的负担，扩展模块所需的 DC 24V 可以直接由外部 DC 24V 电源提供。

图 2-9 DC 供电型 PLC 的电源端子接线

2.5.2 以 COM 端子作为输入公共端子的 PLC 输入端子接线

三菱 FX_1、FX_2、FX_{3GC}、FX_{3UC} 系列 PLC 以 COM 端子为输入公共端子，其输入端子接线主要与 PLC 电源类型有关，如图 2-10 所示。AC 电源型 PLC 内部有电源电路，可以直接为输入电路提供 24V 电源；DC 电源型 PLC 和扩展模块内部无电源电路，只能由外部 24V 电源为输入电路提供电源。

(a) AC 电源型基本单元的输入接线

(b) DC 电源型基本单元的输入接线

(c) 扩展模块的输入接线

图 2-10 以 COM 端子作为输入公共端子的 PLC 输入端子接线

2.5.3 以 S/S 端子作为输入公共端子的 PLC 输入端子接线

三菱 FX₁、FX₂、FX₃GC、FX₃UC 系列 PLC 的 COM 端子既作为输入公共端子，又作为 0V 端子。三菱 FX₃（FX₃GC/FX₃UC 除外）系列 PLC 的输入端子取消了 COM 端子，增加了 S/S 和 0V 端子，S/S 端子用作输入公共端子，这些 PLC 输入端子接线与电源类型（AC、DC 供电）有关，接线时还可选择输入电流的流向。

1. AC 电源型 PLC 的输入端子接线

以 S/S 端子作为输入公共端子的 AC 电源型 PLC 输入端子接线分为漏型输入接线和源型输入接线，如图 2-11 所示。

图 2-11（a）所示为漏型输入接线，将 24V 端子与 S/S 端子连接，再将开关接在输入端子和 0V 端子之间，开关闭合时有电流流过输入电路，电流途径为：24V 端子→ S/S 端子→ PLC 内部光电耦合器的发光管→输入端子→ 0V 端子，电流由 S/S 端子（输入公共端子）流入。图 2-11（b）所示为源型输入接线，将 0V 端子与 S/S 端子连接，再将开关接在输入端子和 24V 端子之间，开关闭合时有电流流过输入电路，电流途径为：24V 端子→开关→输入端子→ PLC 内部光电耦合器的发光管→ S/S 端子→ 0V 端子，电流由输入端子流入。

(a) 漏型输入接线（电流由S/S端子流入）　　(b) 源型输入接线（电流由输入端子流入）

图 2-11　以 S/S 端子作为输入公共端子的 AC 电源型 PLC 输入端子接线

为了方便记忆和理解，可将 S/S 端子当作漏极，输入端子当作源极，电流由 S/S 端子流入为漏型输入，电流由输入端子流入为源型输入。如果输入端子连接的是无极性开关（如按钮开关），则漏型或源型可任选一种方式接线；若输入端子连接的是有极性开关（如 NPN 或 PNP 型接近开关），则需要考虑选择何种类型接线。

2. DC 电源型 PLC 的输入端子接线

以 S/S 端子作为输入公共端子的 DC 电源型 PLC 输入端子接线分为漏型输入接线和源型输入接线，如图 2-12 所示。

图 2-12（a）所示为漏型输入接线，接线时将外部 24V 电源正极与 S/S 端子连接，将

开关接在输入端子和外部 24V 电源负极之间，输入电流由 S/S 端子流入（漏型输入）。也可以将 24V 端子与 S/S 端子连接起来，再将开关接在输入端子和 0V 端子之间，但这样做会使从电源端子进入 PLC 的电流增大，从而增加 PLC 出现故障的概率。图 2-12（b）所示为源型输入接线，接线时将外部 24V 电源负极与 S/S 端子连接，再将开关接在输入端子和外部 24V 电源正极之间，输入电流由输入端子流入（源型输入）。

图 2-12　以 S/S 端子作为输入公共端子的 DC 电源型 PLC 输入端子接线

 2.5.4　接近开关与 PLC 输入端子的接线

PLC 的输入端子除了可以接普通触点开关外，还可以接一些无触点开关，如无触点接近开关，如图 2-13 所示。当金属体靠近探测头时，内部的晶体管导通，相当于开关闭合。根据晶体管不同，无触点接近开关可分为 NPN 型和 PNP 型；根据引出线数量不同，无触点接近开关可分为两线式和三线式。无触点接近开关常用图 2-14 所示的符号表示。

图 2-13　无触点接近开关

(a) 两线式　　　　　　　　　　　(b) 三线式

图 2-14　无触点接近开关的符号

1. 三线式无触点接近开关的接线

三线式无触点接近开关的接线如图 2-15 所示。图 2-15（a）所示为三线 NPN 型无触点接近开关的接线，它采用漏型输入接线。在接线时将 S/S 端子与 24V 端子连接，当金属体靠近接近开关时，内部的 NPN 型晶体管导通，X000 输入电路有电流流过，电流途径为：24V 端子→S/S 端子→PLC 内部光电耦合器→X000 端子→接近开关→0V 端子，电流由公共端子（S/S 端子）输入，此为漏型输入。

图 2-15（b）所示为三线 PNP 型无触点接近开关的接线，它采用源型输入接线。在接线时将 S/S 端子与 0V 端子连接，当金属体靠近接近开关时，内部的 PNP 型晶体管导通，X000 输入电路有电流流过，电流途径为：24V 端子→接近开关→X000 端子→PLC 内部光电耦合器→S/S 端子→0V 端子，电流由输入端子（X000 端子）输入，此为源型输入。

(a) 三线NPN型无触点接近开关的漏型输入接线　　(b) 三线PNP型无触点接近开关的源型输入接线

图 2-15　三线式无触点接近开关的接线

2. 两线式无触点接近开关的接线

两线式无触点接近开关的接线如图 2-16 所示。图 2-16（a）所示为两线式 NPN 型无触点接近开关的接线，它采用漏型输入接线。在接线时将 S/S 端子与 24V 端子连接，再在接近开关的一根线（内部接 NPN 型晶体管集电极）与 24V 端子间接入一个电阻 R，其阻值的选取如图所示。当金属体靠近接近开关时，内部的 NPN 型晶体管导通，X000 输入电路有电流流过，电流途径为：24V 端子→S/S 端子→PLC 内部光电耦合器→X000 端子→接近开关→0V 端子，电流由公共端子（S/S 端子）输入，此为漏型输入。

图 2-16（b）所示为两线式 PNP 型无触点接近开关的接线，它采用源型输入接线。在接线时将 S/S 端子与 0V 端子连接，再在接近开关的一根线（内部接 PNP 型晶体管集电极）与 0V 端子间接入一个电阻 R，其阻值的选取如图所示。当金属体靠近接近开关时，内部的 PNP 型晶体管导通，X000 输入电路有电流流过，电流途径为：24V 端子→接近开关→X000 端子→PLC 内部光电耦合器→S/S 端子→0V 端子，电流由输入端子（X000 端子）输入，此为源型输入。

(a) 两线NPN型无触点接近开关的漏型输入接线　　(b) 两线PNP型无触点接近开关的源型输入接线

图 2-16　两线式无触点接近开关的接线

 2.5.5　输出端子接线

PLC 的输出类型有继电器输出型、晶体管输出型和双向晶闸管（又称双向可控硅型）输出型，不同输出类型的 PLC，其输出端子接线有相应的接线要求。三菱 FX_1、FX_2、FX_3 系列 PLC 输出端的接线基本相同。

1. 继电器输出型 PLC 的输出端子接线

继电器输出型是指 PLC 输出端子内部采用继电器触点开关，当触点闭合时表示输出为 ON（或称输出为 1），触点断开时表示输出为 OFF（或称输出为 0）。继电器输出型 PLC 的输出端子接线如图 2-17 所示。

由于继电器的触点无极性，故输出端使用的负载电源既可使用交流电源（AC 100～240V），也可使用直流电源（DC 30V 以下）。在接线时，将电源与负载串接起来，再接在输出端子和公共端子之间，当 PLC 输出端子内部的继电器触点闭合时，输出电路形成回路，有电流流过负载（如线圈、灯泡等）。

2. 晶体管输出型 PLC 的输出端子接线

晶体管输出型是指 PLC 输出端子内部采用晶体管，当晶体管导通时表示输出为 ON，晶体管截止时表示输出为 OFF。由于晶体管是有极性的，输出端子使用的负载电源必须是直流电源（DC 5～30V）。晶体管输出型又可分为漏型输出（输出端子内接晶体管的漏极或集电极）和源型输出（输出端子内接晶体管的源极或发射极）。

漏型输出型 PLC 输出端子接线如图 2-18（a）所示。在接线时，漏型输出型 PLC 的公共端子接电源负极，电源正极串接负载后接输出端，当输出为 ON 时，晶体管导通，有电流流过负载，电流途径为：电源正极→负载→输出端子→PLC 内部晶体管→COM 端子→电源负极。

三菱 FX_1、FX_2 系列晶体管输出型 PLC 的输出公共端子用 COM1、COM2…表示，而三菱 FX_3 系列晶体管输出型 PLC 的公共端子用 +V0、+V1…表示。源型输出型 PLC 输出

图 2-17 继电器输出型 PLC 的输出端子接线

(a) 漏型输出型PLC的输出端子接线　　　　(b) 源型输出型PLC的输出端子接线

图 2-18 晶体管输出型 PLC 的输出端子接线

端子接线如图 2-18（b）所示（以 FX$_3$ 系列为例）。在接线时，源型输出型 PLC 的公共端子（+V0、+V1…）接电源正极，电源负极串接负载后接输出端子，当输出为 ON 时，晶体管导通，有电流流过负载，电流途径为：电源正极→+V* 端子→PLC 内部晶体管→输出端子→负载→电源负极。

3. 双向晶闸管（双向可控硅）输出型 PLC 的输出端子接线

双向晶闸管输出型是指 PLC 输出端子内部采用双向晶闸管（又称双向可控硅），当晶闸管导通时表示输出为 ON，晶闸管截止时表示输出为 OFF。晶闸管是无极性的，输出端子使用的负载电源必须是交流电源（AC 100～240V）。双向晶闸管输出型 PLC 的输出端子接线如图 2-19 所示。

图 2-19　双向晶闸管输出型 PLC 的输出端子接线

2.6　三菱 FX$_{1/2/3}$ 系列 PLC 的软元件

PLC 是在继电器控制线路基础上发展起来的，继电器控制线路有时间继电器、中间继电器等，而 PLC 内部也有类似的器件，由于这些器件以软件形式存在，故称为软元件。PLC 程序由指令和软元件组成，指令的功能是发出命令，软元件是指令的执行对象。比如，SET 为置 1 指令，Y000 是 PLC 的一种软元件（输出继电器），"SET Y000" 就是命令 PLC 的输出继电器 Y000 的状态变为 1。由此可见，编写 PLC 程序必须要了解 PLC 的指令和软元件。

PLC 的软元件很多，主要有输入继电器、输出继电器、辅助继电器、定时器、计数器、数据寄存器和常数等。三菱 FX 系列 PLC 分很多子系列，越高档的子系列，其支持的指令和软元件数量就越多。三菱 FX$_3$ 系列 PLC 的软件资源异同比较见附录 B。

2.6.1　输入继电器（X）和输出继电器（Y）

1. 输入继电器（X）

输入继电器用于接收 PLC 输入端子送入的外部开关信号，它与 PLC 输入端子有关联，其表示符号为 X，按八进制方式编号，输入继电器与外部对应的输入端子编号是相同的。三菱 FX$_{3U}$-48M 型 PLC 外部有 24 个输入端子，其编号为 X000～X007、X010～X017、X020～X027，相应内部有 24 个相同编号的输入继电器来接收这些端子输入的开关信号。

一个输入继电器可以有无数个编号相同的常闭触点和常开触点，当某个输入端子（如 X000）外接开关闭合时，PLC 内部相同编号的输入继电器（X000）状态变为 ON，那么程序中相同编号的常开触点闭合，常闭触点断开。

2. 输出继电器（Y）

输出继电器（常称输出线圈）用于将 PLC 内部开关信号送出，它与 PLC 输出端子有关联，其表示符号为 Y，也按八进制方式编号，输出继电器与外部对应的输出端子编号是相同的。三菱 FX$_{3U}$-48M 型 PLC 外部有 24 个输出端子，其编号为 Y000～Y007、Y010～Y017、Y020～Y027，相应内部有 24 个相同编号的输出继电器，这些输出继电器的状态由相同编号的外部输出端子送出。

一个输出继电器只有一个与输出端子关联的硬件常开触点（又称物理触点），但在编程时可使用无数个编号相同的软件常开触点和常闭触点。当某个输出继电器（如 Y000）状态为 ON 时，它除了会使相同编号的输出端子内部的硬件常开触点闭合外，还会使程序中的相同编号的软件常开触点闭合、常闭触点断开。

三菱 FX 系列 PLC 支持的输入继电器、输出继电器如表 2-7 所示。

表 2-7　三菱 FX 系列 PLC 支持的输入继电器、输出继电器

类　型	FX$_{1S}$	FX$_{1N}$、FX$_{1NC}$	FX$_{2N}$、FX$_{2NC}$	FX$_{3G}$	FX$_{3U}$、FX$_{3UC}$
输入继电器	X000～X017 （16 点）	X000～X177 （128 点）	X000～X267 （184 点）	X000～X177 （128 点）	X000～X367 （256 点）
输出继电器	Y000～Y015 （14 点）	Y000～Y177 （128 点）	Y000～Y267 （184 点）	Y000～Y177 （128 点）	Y000～Y367 （256 点）

2.6.2　辅助继电器（M）

辅助继电器是 PLC 内部继电器，它与输入、输出继电器不同，不能接收输入端子送来的信号，也不能驱动输出端子。辅助继电器表示符号为 M，按十进制方式编号，如 M0～M499、M500～M1023 等。一个辅助继电器可以有无数个编号相同的常闭触点和常开触点。

辅助继电器分为四类：一般型、停电保持型、停电保持专用型和特殊用途型。三菱 FX 系列 PLC 支持的辅助继电器如表 2-8 所示。

表 2-8　三菱 FX 系列 PLC 支持的辅助继电器

类　型	FX$_{1S}$	FX$_{1N}$、FX$_{1NC}$	FX$_{2N}$、FX$_{2NC}$	FX$_{3G}$	FX$_{3U}$、FX$_{3UC}$
一般型	M0～M383 （384 点）	M0～M383 （384 点）	M0～M499 （500 点）	M0～M383 （384 点）	M0～M499 （500 点）

（续表）

类型	FX₁S	FX₁N、FX₁NC	FX₂N、FX₂NC	FX₃G	FX₃U、FX₃UC
停电保持型（可设成一般型）	无	无	M500～M1023（524点）	无	M500～M1023（524点）
停电保持专用型	M384～M511（128点）	M384～M511（128点，EEPROM长久保持）M512～M1535（1024点，电容10天保持）	M1024～M3071（2048点）	M384～M1535（1152点）	M1024～M7679（6656点）
特殊用途型	M8000～M8255（256点）	M8000～M8255（256点）	M8000～M8255（256点）	M8000～M8511（512点）	M8000～M8511（512点）

1. 一般型辅助继电器

一般型（又称通用型）辅助继电器在 PLC 运行时，如果电源突然停电，则全部线圈状态均变为 OFF。当电源再次接通时，除了因其他信号而变为 ON 的以外，其余的仍将保持 OFF 状态，它们没有停电保持功能。

三菱 FX₃U 系列 PLC 的一般型辅助继电器点数默认为 M0～M499，也可以用编程软件将一般型设为停电保持型。软元件停电保持（锁存）点数设置如图 2-20 所示，在三菱 PLC 编程软件 GX Developer 的工程列表区双击参数项中的"PLC 参数"，弹出参数设置对话框，切换到"软元件"选项卡，从"辅助继电器"一栏可以看出，系统默认 M500（起始）～M1023（结束）范围内的辅助继电器具有锁存（停电保持）功能，如果将起始值改为 550，结束值仍为 1023，那么 M0～M550 范围内的都是一般型辅助继电器。

图 2-20 软元件停电保持（锁存）点数设置

从图 2-20 所示对话框不难看出，不但可以设置辅助继电器停电保持点数，还可以设置状态继电器、定时器、计数器和数据寄存器的停电保持点数。编程时选择的 PLC 类型不同，该对话框的内容也会有所不同。

2. 停电保持型辅助继电器

停电保持型辅助继电器与一般型辅助继电器的区别主要在于，前者具有停电保持功能，即能记忆停电前的状态，并在重新通电后保持停电前的状态。FX$_{3U}$ 系列 PLC 的停电保持型辅助继电器可分为停电保持型（M500～M1023）和停电保持专用型（M1024～M7679），停电保持专用型辅助继电器无法设成一般型。

下面以图 2-21 来说明一般型和停电保持型辅助继电器的区别。

图 2-21 一般型和停电保持型辅助继电器的区别

图 2-21（a）程序采用了一般型辅助继电器，在通电时，如果 X000 常开触点闭合，则辅助继电器 M0 的状态变为 ON（或称 M0 线圈得电），M0 常开触点闭合，在 X000 触点断开后锁住 M0 继电器的状态值。如果 PLC 出现停电，M0 继电器状态值变为 OFF，在 PLC 重新恢复供电时，M0 继电器状态仍为 OFF，M0 常开触点断开。

图 2-21（b）程序采用了停电保持型辅助继电器，在通电时，如果 X000 常开触点闭合，则辅助继电器 M600 的状态变为 ON，M600 常开触点闭合。如果 PLC 出现停电，M600 继电器状态值保持为 ON，在 PLC 重新恢复供电时，M600 继电器状态仍为 ON，M600 常开触点仍闭合。若重新供电时 X001 触点开路，则 M600 继电器状态为 OFF。

3. 特殊用途型辅助继电器

FX$_{3U}$ 系列中有 512 个特殊用途型辅助继电器，可分为触点型和线圈型两大类。

（1）触点型特殊用途辅助继电器

触点型特殊用途辅助继电器的线圈由 PLC 自动驱动，用户只可使用其触点，即在编写程序时，只能使用这种继电器的触点，不能使用其线圈。常用的触点型特殊用途辅助继电器有：

M8000：运行监视 a 触点（常开触点），在 PLC 运行中，M8000 触点始终处于接通状态。

M8001：运行监视 b 触点（常闭触点），它与 M8000 触点逻辑相反，在 PLC 运行时，M8001 触点始终断开。

M8002：初始脉冲 a 触点，该触点仅在 PLC 运行开始的一个扫描周期内接通，在以后的周期内断开。

M8003：初始脉冲 b 触点，它与 M8002 逻辑相反。

M8011、M8012、M8013 和 M8014：分别是产生 10ms、100ms、1s 和 1min 时钟脉冲的特殊用途型辅助继电器触点。

M8000、M8002、M8012 的时序关系如图 2-22 所示。从图中可以看出，在 PLC 运行（RUN）时，M8000 触点始终是闭合的（图中用高电平表示），而 M8002 触点仅闭合一个扫描周期，M8012 闭合 50ms，接通 50ms，并且不断重复。

图 2-22　M8000、M8002、M8012 的时序关系

（2）线圈型特殊用途辅助继电器

线圈型特殊用途辅助继电器由用户程序驱动其线圈，使 PLC 执行特定的动作。常用的线圈型特殊用途辅助继电器有：

M8030：电池 LED 熄灯。当 M8030 线圈得电（M8030 继电器状态为 ON）时，电池电压降低，发光二极管熄灭。

M8033：存储器保持停止。若 M8033 线圈得电（M8033 继电器状态为 ON），则在 PLC 由 RUN → STOP 时，输出映像存储器（即输出继电器）和数据寄存器的内容仍保持 RUN 状态时的值。

M8034：所有输出禁止。若 M8034 线圈得电（即 M8034 继电器状态为 ON），则 PLC 的输出全部禁止。以图 2-23 所示的程序为例，当 X000 常开触点断开时，M8034 辅助继电器状态为 OFF，X001～X003 常闭触点闭合使 Y000～Y002 线圈均得电。如果 X000 常开触点闭合，M8034 辅助继电器状态变为 ON，PLC 马上让所有的输出线圈失电，故 Y000～Y002 线圈都失电，即使 X001～X003 常闭触点仍闭合。

图 2-23　线圈型特殊用途辅助继电器的使用举例

M8039：恒定扫描模式。若 M8039 线圈得电（即 M8039 继电器状态为 ON），则 PLC 按数据寄存器 D8039 中指定的扫描时间工作。

更多特殊用途型辅助继电器的功能可查阅三菱 FX 系列 PLC 的编程手册。

2.6.3　状态继电器（S）

状态继电器是编制步进程序的重要软元件，与辅助继电器一样，可以有无数个常

开触点和常闭触点,其表示符号为 S,按十进制方式编号,如 S0～S9、S10～S19、S20～S499 等。

状态继电器可分为初始状态型、一般型和报警用途型。对于未在步进程序中使用的状态继电器,可以当成辅助继电器使用,如图 2-24 所示,当 X001 触点闭合时,S10 线圈得电(即 S10 继电器状态为 ON),S10 常开触点闭合。状态器继电器主要用在步进顺序程序中。

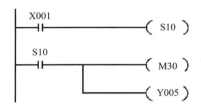

图 2-24 未使用的状态继电器可以当成辅助继电器使用

三菱 FX 系列 PLC 支持的状态继电器如表 2-9 所示。

表 2-9 三菱 FX 系列 PLC 支持的状态继电器

类 型	FX$_{1S}$	FX$_{1N}$、FX$_{1NC}$	FX$_{2N}$、FX$_{2NC}$	FX$_{3G}$	FX$_{3U}$、FX$_{3UC}$
初始状态型	S0～S9 (停电保持专用)	S0～S9 (停电保持专用)	S0～S9	S0～S9 (停电保持专用)	S0～S9
一般型	S10～S127 (停电保持专用)	S10～S127 (停电保持专用) S128～S999 (停电保持专用, 电容 10 天保持)	S10～S499 S500～S899 (停电保持)	S10～S999 (停电保持专用) S1000～S4095	S10～S499 S500～S899 (停电保持) S1000～S4095 (停电保持专用)
报警用途型	无	无	S900～S999 (停电保持)	无	S900～S999 (停电保持)
说明:停电保持型可以设成非停电保持型,非停电保持型也可设成停电保持型(FX$_{3G}$ 型需安装选配电池,才能将非停电保持型设成停电保持型);停电保持专用型采用 EEPROM 或电容供电保存,不可设成非停电保持型					

 ## 2.6.4 定时器(T)

定时器又称计时器,是用于计算时间的继电器,它可以有无数个常开触点和常闭触点,其定时单位有 1ms、10ms、100ms 三种。定时器表示符号为 T,也按十进制方式编号。定时器分为普通型定时器(又称一般型定时器)和停电保持型定时器(又称累计型或积算型定时器)。

三菱 FX 系列 PLC 支持的定时器如表 2-10 所示。

表 2-10 三菱 FX 系列 PLC 支持的定时器

类 型	FX$_{1S}$	FX$_{1N}$、FX$_{1NC}$、FX$_{2N}$、FX$_{2NC}$	FX$_{3G}$	FX$_{3U}$、FX$_{3UC}$
1ms 普通型定时器 (0.001～32.767s)	T31,1 点	—	T256～T319, 64 点	T256～T511, 256 点

(续表)

类　　型	FX₁S	FX₁N、FX₁NC、FX₂N、FX₂NC	FX₃G	FX₃U、FX₃UC
100ms 普通型定时器 （0.1～3276.7s）	T0～62，63点	T0～199，200点		
10ms 普通型定时器 （0.01～327.67s）	T32～C62，31点	T200～T245，46点		
1ms 停电保持型 定时器 （0.001～32.767s）	—	T246～T249，4点		
100ms 停电保持型 定时器 （0.1～3276.7s）	—	T250～T255，6点		

普通型定时器和停电保持型定时器的区别如图 2-25 所示。

(a) 一般型定时器的使用

(b) 停电保持型定时器的使用

图 2-25　普通型定时器和停电保持型定时器的区别

图 2-25（a）梯形图中的定时器 T0 为 100ms 普通型定时器，其设定计时值为 123（123×0.1s=12.3s）。当 X000 触点闭合时，T0 定时器输入为 ON，开始计时，如果当前计时值未到 123 时 T0 定时器输入变为 OFF（X000 触点断开），则定时器 T0 马上停止计时，并且当前计时值复位为 0。当 X000 触点再闭合时，T0 定时器重新开始计时，当计时值到达 123 时，定时器 T0 的状态值变为 ON，T0 常开触点闭合，Y000 线圈得电。普通型定时器的计时值到达设定值时，如果其输入仍为 ON，则定时器的计时值保持设定值不变。当输入变为 OFF 时，其状态值变为 OFF，同时当前计时变为 0。

图 2-25（b）梯形图中的定时器 T250 为 100ms 停电保持型定时器，其设定计时值为 123（123×0.1s=12.3s）。当 X000 触点闭合时，T250 定时器开始计时，如果当前计时值未到 123 时出现 X000 触点断开或 PLC 断电，则定时器 T250 停止计时，但当前计时值保持。

当 X000 触点再闭合或 PLC 恢复供电时,定时器 T250 在先前保持的计时值基础上继续计时,直到累积计时值到达 123 时,定时器 T250 的状态值变为 ON,T250 常开触点闭合,Y000 线圈得电。停电保持型定时器的计时值到达设定值时,不管其输入是否为 ON,其状态值仍保持为 ON,当前计时值也保持设定值不变,直到用 RST 指令对其进行复位,状态值才变为 OFF,当前计时值才复位为 0。

2.6.5 计数器(C)

计数器是一种具有计数功能的继电器,它可以有无数个常开触点和常闭触点。计数器可分为加计数器和加 / 减计数器。计数器表示符号为 C,按十进制方式编号。计数器可分为普通型计数器和停电保持型计数器。

三菱 FX 系列 PLC 支持的计数器如表 2-11 所示。

表 2-11 三菱 FX 系列 PLC 支持的计数器

类 型	FX$_{1S}$	FX$_{1N}$、FX$_{1NC}$、FX$_{3G}$	FX$_{2N}$、FX$_{2NC}$、FX$_{3U}$、FX$_{3UC}$
普通型 16 位加计数器 (0 ~ 32767)	C0 ~ C15,16 点	C0 ~ C15,16 点	C0 ~ C99,100 点
停电保持型 16 位加计数器 (0 ~ 32767)	C16 ~ C31,16 点	C16 ~ C199,184 点	C100 ~ C199,100 点
普通型 32 位加 / 减计数器 (-2147483648 ~ +2147483647)	—	C200 ~ C219,20 点	
停电保持型 32 位加 / 减计数器 (-2147483648 ~ +2147483647)	—	C220 ~ C234,15 点	

1. 加计数器的使用

加计数器的使用如图 2-26 所示,C0 是一个普通型 16 位加计数器。当 X010 触点闭合时,RST 指令将 C0 计数器复位(状态值变为 OFF,当前计数值变为 0),X010 触点断开后,X011 触点每通、断一次(产生一个脉冲),计数器 C0 的当前计数值就递增 1。当 X011 触点第 10 次闭合时,C0 计数器的当前计数值达到设定计数值 10,其状态值马上变为 ON,C0 常开触点闭合,Y000 线圈得电。当计数器的计数值达到设定值后,即使再输入脉冲,其状态值和当前计数值也都保持不变,直到用 RST 指令将计数器复位。

(a) 梯形图

(b) 时序图

图 2-26 加计数器的使用

停电保持型计数器的使用方法与普通型计数器基本相似，两者的区别主要在于：普通型计数器在 PLC 停电时状态值和当前计数值会被复位，上电后重新开始计数；而停电保持型计数器在 PLC 停电时会保持停电前的状态值和计数值，上电后会在先前保持的计数值基础上继续计数。

2. 加/减计数器的使用

三菱 FX 系列 PLC 的 C200～C234 为加/减计数器，这些计数器既可以加计数，也可以减计数，进行何种计数方式分别受特殊辅助继电器 M8200～M8234 的控制。比如，C200 计数器的计数方式受 M8200 辅助继电器控制，M8200=1（M8200 状态为 ON）时，C200 计数器进行减计数；M8200=0 时，C200 计数器进行加计数。

加/减计数器在计数值达到设定值后，如果仍有脉冲输入，其计数值会继续增加或减小，在加计数达到最大值 2147483647 时，再来一个脉冲，计数值会变为最小值 -2147483648；在减计数达到最小值 -2147483648 时，再来一个脉冲，计数值会变为最大值 2147483647，所以加/减计数器是环形计数器。在计数时，不管加/减计数器进行的是加计数还是减计数，只要其当前计数值小于设定计数值，计数器的状态就为 OFF；只要当前计数值大于或等于设定计数值，计数器的状态就为 ON。

加/减计数器的使用如图 2-27 所示。

图 2-27 加/减计数器的使用

当 X012 触点闭合时，M8200 继电器状态为 ON，C200 计数器工作方式为减计数；当 X012 触点断开时，M8200 继电器状态为 OFF，C200 计数器工作方式为加计数。当 X013 触点闭合时，RST 指令对 C200 计数器进行复位，其状态变为 OFF，当前计数值也变为 0。

C200 计数器复位后，将 X013 触点断开，X014 触点每通、断一次（产生一个脉冲），C200 计数器的计数值就加 1 或减 1。在进行加计数时，当 C200 计数器的当前计数值达到设定值（图 2-27 中 -6 增到 -5）时，其状态变为 ON；在进行减计数时，当 C200 计数器的当前计数值减到小于设定值（图 2-27 中 -5 减到 -6）时，其状态变为 OFF。

3. 计数值的设定方式

计数器的计数值可以直接用常数设定（直接设定），也可以将数据寄存器中的数值设为计数值（间接设定）。计数器的计数值设定如图 2-28 所示。

16 位计数器的计数值设定如图 2-28（a）所示，C0 计数器的计数值采用直接设定方式，将常数 6 设为计数值；C1 计数器的计数值采用间接设定方式，先用 MOV 指令将常数 10 传送到数据寄存器 D5 中，然后将 D5 中的值指定为计数值。

32 位计数器的计数值设定如图 2-28（b）所示，C200 计数器的计数值采用直接设定方式，将常数 43210 设为计数值；C201 计数器的计数值采用间接设定方式，由于计数值为 32 位，故需要先用 DMOV 指令（32 位数据传送指令）将常数 68000 传送到 16 位数据寄存器 D6、D5（两个）中，然后将 D6、D5 中的值指定为计数值，在编程时只需输入低编号数据寄存器，相邻高编号数据寄存器会自动被占用。

(a) 16 位计数器的计数值设定　　　　　　(b) 32 位计数器的计数值设定

图 2-28　计数器的计数值设定

2.6.6　高速计数器

前面介绍的普通计数器的计数速度较慢，它与 PLC 的扫描周期有关，一个扫描周期内最多只能增 1 或减 1，如果一个扫描周期内有多个脉冲输入，也只能计 1，这样会出现计数不准确的情况。为此 PLC 内部专门设置了与扫描周期无关的高速计数器（HSC），用于对高速脉冲进行计数。三菱 $FX_{3U/3UC}$ 型 PLC 最高可对 100kHz 高速脉冲进行计数，其他型号 PLC 最高计数频率也可达 60kHz。

三菱 FX 系列 PLC 有 C235～C255 共 21 个高速计数器（均为 32 位加/减环形计数器），这些计数器使用 X000～X007 共 8 个端子作为计数输入或控制端子，这些端子对不同的高速计数器有不同的功能定义，一个端子不能被多个计数器同时使用。三菱 FX 系列 PLC 的高速计数器及使用端子的功能定义见表 2-12。当使用某个高速计数器时，会自动占用相应的输入端子用于指定的功能。

表 2-12　三菱 FX 系列 PLC 的高速计数器及使用端子的功能定义

高速计数器及使用端子	单相单输入高速计数器										单相双输入高速计数器					双相双输入高速计数器				
	无启动/复位控制功能					有启动/复位控制功能														
	C235	C236	C237	C238	C239	C240	C241	C242	C243	C244	C245	C246	C247	C248	C249	C250	C251	C252	C253	C254	C255
X000	U/D						U/D			U/D		U	U	U			A	A		A	
X001		U/D						R			R	D	D		D		B	B		B	
X002			U/D						U/D		U/D			R	R				R		R
X003				U/D						R	R			U	U				A		A
X004					U/D						U/D				D	D			B		B

(续表)

高速计数器及使用端子	单相单输入高速计数器											单相双输入高速计数器					双相双输入高速计数器				
	无启动/复位控制功能						有启动/复位控制功能														
	C235	C236	C237	C238	C239	C240	C241	C242	C243	C244	C245	C246	C247	C248	C249	C250	C251	C252	C253	C254	C255
X005						U/D			R					R		R			R		R
X006										S					S					S	
X007											S					S					S

注：U/D 表示加计数输入/减计数输入；R 表示复位输入；S 表示启动输入；A 表示 A 相输入；B 表示 B 相输入。

（1）单相单输入高速计数器（C235～C245）

单相单输入高速计数器可分为无启动/复位控制功能的计数器（C235～C240）和有启动/复位控制功能的计数器（C241～C245）。C235～C245 计数器的加、减计数方式分别由 M8235～M8245 特殊用途型辅助继电器的状态决定，状态为 ON 时计数器进行减计数，状态为 OFF 时计数器进行加计数。

单相单输入高速计数器的使用如图 2-29 所示。

图 2-29 单相单输入高速计数器的使用

在计数器 C235 输入为 ON（X012 触点处于闭合）期间，C235 对 X000 端子（程序中不出现）输入的脉冲进行计数。如果辅助继电器 M8235 状态为 OFF（X010 触点断开），则 C235 进行加计数；若 M8235 状态为 ON（X010 触点闭合），则 C235 进行减计数。在计数时，不管 C235 进行加计数还是减计数，如果当前计数值小于设定计数值 −5，C235 的状态值就为 OFF；如果当前计数值大于或等于 −5，C235 的状态值就为 ON；如果 X011 触点闭合，RST 指令会将 C235 复位，C235 当前值变为 0，状态值变为 OFF。

从图 2-29（a）可以看出，计数器 C244 采用与 C235 相同的触点控制，但 C244 属于有专门启动/复位控制功能的计数器。当 X012 触点闭合时，C235 计数器输入为 ON 马上开始计数，而同时 C244 计数器输入也为 ON 但不会开始计数，只有 X006 端子（C244 的启动控制端）输入为 ON 时，C244 才开始计数，数据寄存器 D1、D0 中的值被指定为

C244 的设定计数值，高速计数器是 32 位计数器，其设定值占用两个数据寄存器，编程时只要输入低位寄存器即可。对 C244 计数器进行复位有两种方法，一是执行 RST 指令（让 X011 触点闭合），二是让 X001 端子（C244 的复位控制端）输入为 ON。

（2）单相双输入高速计数器（C246～C250）

单相双输入高速计数器有两个计数输入端，一个为加计数输入端，一个为减计数输入端，当加计数端输入上升沿时进行加计数，当减计数端输入上升沿时进行减计数。C246～C250 高速计数器当前的计数方式可通过分别查看 M8246～M8250 的状态来了解，状态为 ON 表示正在进行减计数，状态为 OFF 表示正在进行加计数。

单相双输入高速计数器的使用如图 2-30 所示。当 X012 触点闭合时，C246 计数器启动计数，若 X000 端子输入脉冲，C246 进行加计数；若 X001 端子输入脉冲，C246 进行减计数。只有在 X012 触点闭合并且 X006 端子（C249 的启动控制端）输入为 ON 时，C249 才开始计数，X000 端子输入脉冲时 C249 进行加计数，X001 端子输入脉冲时 C249 进行减计数。C246 计数器可使用 RST 指令复位，C249 既可使用 RST 指令复位，也可通过让 X002 端子（C249 的复位控制端）输入为 ON 来复位。

图 2-30　单相双输入高速计数器的使用

（3）双相双输入高速计数器（C251～C255）

双相双输入高速计数器有两个计数输入端，一个为 A 相输入端，一个为 B 相输入端。在 A 相输入为 ON 时，B 相输入上升沿进行加计数，B 相输入下降沿进行减计数。C251～C255 的计数方式分别由 M8251～M8255 来监控，如 M8251=1 时，C251 当前进行减计数；M8251=0 时，C251 当前进行加计数。

双相双输入高速计数器的使用如图 2-31 所示。

当 C251 计数器输入为 ON（X012 触点闭合）时，启动计数，在 A 相脉冲（由 X000 端子输入）为 ON 时对 B 相脉冲（由 X001 端子输入）进行计数，B 相脉冲上升沿来时进行加计数，B 相脉冲下降沿来时进行减计数。如果 A、B 相脉冲由两相旋转编码器提供，编码器正转时产生的 A 相脉冲相位超前于 B 相脉冲，在 A 相脉冲为 ON 时 B 相脉冲只会出现上升沿，如图 2-31（b）所示，即编码器正转时进行加计数；在编码器反转时产生的 A 相脉冲相位落后于 B 相脉冲，在 A 相脉冲为 ON 时 B 相脉冲只会出现下降沿，即编码器反转时进行减计数。

C251 计数器进行减计数时，M8251 继电器状态为 ON，M8251 常开触点闭合，Y003

线圈得电。在计数时，若 C251 计数器的当前计数值大于或等于设定计数值，C251 状态为 ON，C251 常开触点闭合，Y002 线圈得电。C251 计数器可用 RST 指令复位，其状态变为 OFF，将当前计数值清 0。

(a) 梯形图

(b) 时序图

图 2-31 双相双输入高速计数器的使用

C254 计数器的计数方式与 C251 基本类似，但启动 C254 计数除了要求 X012 触点闭合（让 C254 输入为 ON）外，还须 X006 端子（C254 的启动控制端）输入为 ON。C254 计数器既可使用 RST 指令复位，也可以通过让 X002 端子（C254 的复位控制端）输入为 ON 来复位。

 ## 2.6.7　数据寄存器（D）

数据寄存器是用来存放数据的软元件，其表示符号为 D，按十进制方式编号。一个数据寄存器可以存放 16 位二进制数，其最高位为符号位（符号位：0—正数，1—负数），一个数据寄存器可存放 −32768 ～ +32767 范围的数据。16 位数据寄存器的结构如下。

两个相邻的数据寄存器组合起来可以构成一个 32 位数据寄存器，能存放 32 位二进制数，其最高位为符号位（0—正数，1—负数）。两个数据寄存器组合构成的 32 位数据寄存器可存放 −2147483648 ～ +2147483647 范围的数据。32 位数据寄存器的结构如下。

三菱 FX 系列 PLC 的数据寄存器可分为一般型、停电保持型、文件型和特殊型。三菱 FX 系列 PLC 支持的数据寄存器如表 2-13 所示。

表 2-13　三菱 FX 系列 PLC 支持的数据寄存器

类　　型	FX$_{1S}$	FX$_{1N}$、FX$_{1NC}$、FX$_{3G}$	FX$_{2N}$、FX$_{2NC}$、FX$_{3U}$、FX$_{3UC}$
一般型数据寄存器	D0 ～ D127，128 点	D0 ～ D127，128 点	D0 ～ D199，200 点
停电保持型数据寄存器	D128 ～ D255，128 点	D128 ～ D7999，7872 点	D200 ～ D7999，7800 点
文件型数据寄存器	D1000~D2499，1500 点	D1000 ～ D7999，7000 点	
特殊型数据寄存器	D8000 ～ D8255，256 点（FX$_{1S}$、FX$_{1N}$、FX$_{1NC}$、FX$_{2N}$、FX$_{2NC}$） D8000 ～ D8511，512 点（FX$_{3G}$、FX$_{3U}$、FX$_{3UC}$）		

（1）一般型数据寄存器

当 PLC 从 RUN 模式进入 STOP 模式时，所有一般型数据寄存器的数据全部清 0，如果特殊辅助继电器 M8033 为 ON，则 PLC 从 RUN 模式进入 STOP 模式时，一般型数据寄存器的值保持不变。程序中未用的定时器和计数器可以作为数据寄存器使用。

（2）停电保持型数据寄存器

停电保持型数据寄存器具有停电保持功能，当 PLC 从 RUN 模式进入 STOP 模式时，停电保持型数据寄存器的值保持不变。在编程软件中可以设置停电保持型数据寄存器的范围。

（3）文件型数据寄存器

文件型数据寄存器用来设置具有相同软元件编号的数据寄存器的初始值。PLC 上电时和由 STOP 转换至 RUN 模式时，文件型数据寄存器中的数据被传送到系统的 RAM 数据寄存器区。在 GX Developer 软件的"FX 参数设置"对话框中（如图 2-20 所示），切换到"内存容量设置"选项卡，从中可以设置文件型数据寄存器的容量（以块为单位，每块 500 点）。

（4）特殊型数据寄存器

特殊型数据寄存器的作用是控制和监视 PLC 内部的各种工作方式和软元件，如扫描时间、电池电压等。在 PLC 上电和由 STOP 转换至 RUN 模式时，这些数据寄存器会被写入默认值。更多特殊型数据寄存器的功能可查阅三菱 FX 系列 PLC 的编程手册。

2.6.8　扩展寄存器（R）和扩展文件寄存器（ER）

扩展寄存器和扩展文件寄存器是扩展数据寄存器的软元件，只有 FX$_{3GA}$、FX$_{3G}$、FX$_{3GE}$、FX$_{3GC}$、FX$_{3U}$ 和 FX$_{3UC}$ 系列 PLC 才有这两种寄存器。

对于 FX$_{3GA}$、FX$_{3G}$、FX$_{3GE}$、FX$_{3GC}$ 系列 PLC，扩展寄存器有 R0 ～ R23999 共 24000 个（位于内置 RAM 中），扩展文件寄存器有 ER0 ～ ER23999 共 24000 个（位于内置 EEPROM 或安装存储盒的 EEPROM 中）。对于 FX$_{3U}$、FX$_{3UC}$ 系列 PLC，扩展寄存器有 R0 ～ R32767 共 32768 个（位于内置电池保持的 RAM 区域），扩展文件寄存器有 ER0 ～ ER32767 共 32768 个（位于安装存储盒的 EEPROM 中）。

扩展寄存器、扩展文件寄存器与数据寄存器一样，都是 16 位，相邻的两个寄存器可组成 32 位。扩展寄存器可用普通指令访问，扩展文件寄存器需要用专用指令访问。

2.6.9 变址寄存器（V、Z）

三菱 FX 系列 PLC 有 V0～V7 和 Z0～Z7 共 16 个变址寄存器，它们都是 16 位寄存器。变址寄存器 V、Z 实际上是一种特殊用途的数据寄存器，其作用是改变元件的编号（变址）。例如，V0=5，若执行 D20V0，则实际被执行的元件为 D25（D20+5）。变址寄存器可以像其他数据寄存器一样进行读写，需要进行 32 位操作时，可将 V、Z 串联使用（Z 为低位，V 为高位）。

2.6.10 常数（十进制常数 K、十六进制常数 H、实数常数 E）

三菱 FX 系列 PLC 的常数主要有三种类型：十进制常数、十六进制常数和实数常数。

十进制常数表示符号为 K，如 K234 表示十进制数 234，数值范围为：$-32768 \sim +32767$（16 位），$-2147483648 \sim +2147483647$（32 位）。

十六进制常数表示符号为 H，如 H2C4 表示十六进制数 2C4，数值范围为：H0～HFFFF（16 位），H0～HFFFFFFFF（32 位）。

实数常数表示符号为 E，如 E1.234、E1.234+2 分别表示实数 1.234 和 1.234×10^2，数值范围为：$-1.0\times2^{128} \sim -1.0\times2^{-126}$、0、$1.0\times2^{-126} \sim 1.0\times2^{128}$。

第 3 章

三菱 PLC 编程与仿真软件的使用

3.1 三菱 GX Developer 编程软件的使用

三菱 FX 系列 PLC 的编程软件有 FXGP/WIN-C、GX Developer 和 GX Work 三种。FXGP/WIN-C 软件小巧（约 2MB）、操作简单，但只能对 FX_{2N} 及以下档次的 PLC 编程，无法对 FX_3 系列的 PLC 进行编程，建议初级用户使用。GX Developer 软件在几十到几百 MB（因版本而异），不但可对 FX 全系列 PLC 进行编程，还可对中、大型 PLC（早期的 A 系列和现在的 Q 系列）进行编程，建议初、中级用户使用。GX Work 软件在几百 MB 到几 GB，可对 FX 系列、L 系列和 Q 系列 PLC 进行编程。与 GX Developer 软件相比，除了外观和一些小细节上的区别外，最大的区别是 GX Work 软件支持结构化编程（类似于西门子中、大型 S7-300/400 PLC 的 STEP 7 编程软件），建议中、高级用户使用。

3.1.1 软件的安装

为了使软件安装能够顺利进行，在安装 GX Developer 软件前，建议先关掉计算机的安全防护软件（如 360 安全卫士等）。软件安装时先安装软件环境，再安装 GX Developer 编程软件。

1. 安装软件环境

在安装时，先将 GX Developer 安装文件夹（如果是一个 GX Developer 压缩文件，则先要解压）复制到某盘符的根目录下（如 D 盘的根目录下），再打开 GX Developer 文件夹。文件夹中包含三个文件夹，如图 3-1 所示。打开其中的 SW8D5C-GPPW-C 文件夹，再打开该文件夹中的 EnvMEL 文件夹，找到 SETUP.EXE 文件并双击，如图 3-2 所示，即开始安装 MELSOFT 环境软件。

2. 安装 GX Developer 编程软件

软件环境安装完成后，就可以开始安装 GX Developer 软件。GX Developer 软件的安装过程如图 3-3 所示。打开 SW8D5C-GPPW-C 文件夹，在该文件夹中找到 SETUP.EXE 文件，如图 3-3（a）所示，双击该文件即开始 GX Developer 软件的安装，后续操作如图 3-3（b）～（h）所示。

第 3 章 三菱 PLC 编程与仿真软件的使用

图 3-1 GX Developer 安装文件夹中包含三个文件夹

图 3-2 在 SW8D5C-GPPW-C 文件夹的 EnvMEL 文件夹中找到并双击 SETUP.EXE 文件

(a) 双击SETUP.EXE文件

(b) 输入姓名和公司名

图 3-3 GX Developer 软件的安装过程

57

(c) 输入产品序列号

(d) 选择图中的选项

(e) 不选择图中的选项

(f) 选择图中的两个选项

(g) 选择目标位置

(h) 安装

图 3-3　GX Developer 软件的安装过程（续）

3.1.2　软件的启动与窗口及工具说明

1. 软件的启动

单击计算机桌面左下角的"开始"按钮，在弹出的菜单中执行"程序→MELSOFT 应用程序→GX Developer"，如图 3-4（a）所示，即可启动 GX Developer 软件，启动后打开的软件窗口如图 3-4（b）所示。

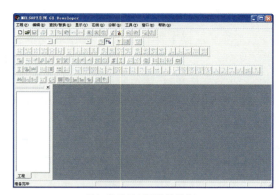

(a) 从"开始"菜单启动GX Developer软件　　　　(b) 启动后打开的软件窗口

图 3-4　GX Developer 软件的启动

2．软件窗口说明

GX Developer 启动后不能马上编写程序，还需要新建一个工程，再在工程中编写程序。新建工程后（新建工程的操作方法在后面介绍），GX Developer 软件窗口发生一些变化，如图 3-5 所示。

图 3-5　新建工程后的 GX Developer 软件窗口

GX Developer 软件窗口有以下内容。

① 标题栏：主要显示工程名称及保存位置。

② 菜单栏：有 10 个菜单项，通过执行这些菜单项下的菜单命令，可完成软件绝大部

分功能。

③ 工具栏：提供了软件操作的快捷按钮，有些按钮处于灰色状态，表示它们在当前操作环境下不可使用。由于工具栏中的工具条较多，占用了软件窗口的较大范围，因而可将一些不常用的工具条隐藏起来。操作方法是执行菜单命令"显示→工具条"，弹出"工具条"对话框，如图 3-6 所示，单击对话框中工具条名称前的圆圈，使之变成空心圆，则这些工具条将隐藏起来。如果仅想隐藏某工具条中的某个工具按钮，可先选中对话框中的某工具条，如选中"标准"工具条，再单击"定制"按钮，又弹出一个对话框，如图 3-7 所示，显示该工具条中所有的工具按钮。在该对话框中取消某工具按钮，如"打印"，单击"确定"按钮后，软件窗口的标准工具条中将不会显示"打印"按钮。如果软件窗口的工具条排列混乱，可在图 3-6 所示的"工具条"对话框中单击"初始化"按钮，则软件窗口所有的工具条将会重新排列，恢复到初始位置。

图 3-6　取消某些工具条在软件窗口的显示

图 3-7　取消某工具条中的某些工具按钮在软件窗口的显示

④ 工程数据列表区：以树状结构显示工程的各项内容（如程序、软元件注释、参数等）。当双击列表区的某项内容时，右方的编程区将切换到该内容编辑状态。如果要隐藏工程数据列表区，可单击该区域右上角的×按钮，或执行菜单命令"显示→工程数据列表"。

⑤ 编程区：用于编写程序，可以用梯形图或指令语句表编写程序，当前处于梯形图编程状态。如果要切换到指令语句表编程状态，可执行菜单命令"显示→列表显示"。如果编程区的梯形图符号和文字偏大或偏小，可执行菜单命令"显示→放大/缩小"，弹出如图 3-8 所示的对话框，在其中选择显示倍率。

⑥ 状态栏：用于显示软件当前的一些状态，如鼠标指针所指工具的功能提示、PLC 类型和读写状态等。如果要隐藏状态栏，可执行菜单命令"显示→状态条"。

3. 梯形图工具说明

图 3-8　编程区显示倍率设置

工具栏中的工具很多，将鼠标指针移到某工具按钮上，下方会出现该按钮的功能说明，如图 3-9 所示。

图 3-9　鼠标指针停在工具按钮上时会显示该按钮的功能说明

下面介绍最常用的梯形图工具，其他工具在后面用到时再进行说明。梯形图工具条的各工具按钮说明如图 3-10 所示。

图 3-10　梯形图工具条的各工具按钮说明

工具按钮下部的字符表示该工具的快捷操作方式，常开触点工具按钮下部标有 F5，表示按下键盘上的 F5 键可以在编程区插入一个常开触点，sF5 表示 Shift+F5 键（即同时按下 Shift 键和 F5 键，也可先按下 Shift 键再按 F5 键），cF10 表示 Ctrl+F10 键，aF7 表示 Alt+F7 键，saF7 表示 Shift+Alt+F7 键。

 ### 3.1.3　创建新工程

GX Developer 软件启动后不能马上编写程序，还需要创建新工程，再在创建的工程中编写程序。

创建新工程有三种方法，一是单击工具栏中的 按钮，二是执行菜单命令"工程→创建新工程"，三是按 Ctrl+N 键，均会弹出"创建新工程"对话框，在对话框中先选择 PLC 系列，如图 3-11（a）所示，再选择 PLC 类型，如图 3-11（b）所示。从对话框中可以看出，GX Developer 软件可以对所有的 FX 系列 PLC 进行编程，创建新工程时选择的 PLC 类型要与实际的 PLC 一致，否则程序编写后无法写入 PLC 或写入出错。

由于 FX_{3S}（FX_{3SA}）系列 PLC 推出时间较晚，在 GX Developer 软件的"PLC 类型"栏中没有该系列的 PLC 供选择，可选择"FX_{3G}"来替代。在较新版本的 GX Work 2 编程软件中，其"PLC 类型"栏中有 FX_{3S}（FX_{3SA}）系列的 PLC 供选择。

PLC 系列和 PLC 类型选好后，单击"确定"按钮即可创建一个未命名的新工程，工程名可在保存时再填写。如果希望在创建工程时就设定工程名，可在"创建新工程"对话框中选中"设置工程名"复选框,如图3-11(c)所示,再在下方输入工程保存路径和工程名;也可以单击"浏览"按钮,弹出如图3-11(d)所示的对话框,在该对话框中直接选择工程的保存路径并输入新工程名称,这样就可以创建一个新工程。

(a) 选择PLC系列

(b) 选择PLC类型

(c) 直接输入工程保存路径和工程名

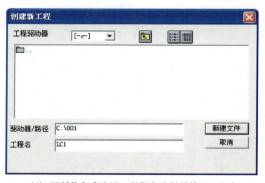
(d) 用浏览方式选择工程保存路径并输入工程名

图3-11 创建新工程

3.1.4 编写梯形图程序

在编写程序时,在工程数据列表区展开"程序"项,并双击其中的"MAIN"(主程序),将右方编程区切换到主程序编程(编程区默认处于主程序编程状态),再单击工具栏中的 按钮,或执行菜单命令"编辑→写入模式",也可以按键盘上的F2键,让编程区处于写入状态,如图3-12所示。如果 按钮或 按钮被按下,在编程区将无法编写和修改程序,只能查看程序。

下面以编写图3-13所示的程序为例,来说明如何在GX Developer软件中编写梯形图程序。梯形图程序的编写过程说明见表3-1。

图 3-12　在编程时需将软件设成写入模式

图 3-13　待编写的梯形图程序

表 3-1　梯形图程序的编写过程说明

序号	操作说明	操作图
1	单击工具栏上的 ┤├（常开触点）按钮，或者按键盘上的 F5 键，弹出"梯形图输入"对话框，如右图所示，在输入框中输入 X1，再单击"确定"按钮	
2	在原光标处插入一个 X000 常开触点，光标自动后移，同时该行背景变为灰色。 如果觉得用单击 ┤├ 输入常开触点比较慢，可以先将光标放在输入位置，然后直接在键盘上依次敲击 l、d、空格、x、0、回车键，同样可在光标处输入一个 X000 常开触点。用这种输入方式需要对指令语句十分熟练，初学者不建议采用	

63

（续表）

序号	操作说明	操作图
3	单击工具栏上的 (线圈) 按钮，或者按键盘上的 F7 键，弹出"梯形图输入"对话框，如右图所示，在输入框中输入"t0 k90"，再单击"确定"按钮	
4	在编程区输入一个 T0 定时器线圈，定时时间为 90×100ms=9s（T0～T199 为 100ms 定时器），由于线圈与右母线之间不能再输入指令，故光标自动跳到下一行。在光标处右击，弹出快捷菜单，选择"行插入"命令	
5	在原光标位置上方插入一空行，同时光标自动移到该空行	
6	单击工具栏上的 (并联常开触点) 按钮，也可同时按键盘上的 Shift 键和 F5 键，弹出"梯形图输入"对话框，如右图所示，在输入框中输入"y0"，再单击"确定"按钮	
7	在原光标处输入一个 Y000 并联常开触点，光标自动后移	

(续表)

序号	操作说明	操作图
8	单击工具栏上的(常闭触点)按钮,或者按键盘上的F6键,弹出"梯形图输入"对话框,如右图所示,在输入框中输入"x1",再单击"确定"按钮	
9	在原光标处输入一个X001常闭触点,光标自动后移。再单击工具栏上的(线圈)按钮,或者按键盘上的F7键,弹出"梯形图输入"对话框,如右图所示,在输入框中输入"y0",再单击"确定"按钮,即可输入一个Y000线圈	
10	用上述同样的方法,在编程区输入一个T0常开触点、一个Y001线圈和一个X001常开触点	
11	单击工具栏上的(应用指令)按钮,或者按键盘上的F8键,弹出"梯形图输入"对话框,在输入框中输入"rst t0",再单击"确定"按钮	
12	在编程区输入一个应用指令"RST T0",该指令功能是将定时器T0复位	

（续表）

序号	操作说明	操作图
13	在编程区右击，弹出快捷菜单，如右图所示，选择其中的"变换"命令，也可以直接单击工具栏上的 ▓ （程序变换/编译）按钮，软件会对编写的程序进行变换。如果程序未变换，将不能保存，也不能写入PLC。 按键盘上的F4键或执行菜单命令"变换→变换"，同样可对程序进行变换（编译）操作。 如果程序存在一些错误，变换操作将不能进行，变换时光标将停在出错位置	
14	程序变换后，其背景由灰色变为白色。右图为编写并变换完成的梯形图程序	
15	程序变换后，单击工具栏上的 ▓ 按钮，或执行菜单命令"工程→保存工程"，即可将程序保存下来。 如果创建新工程时未设置工程名，在进行保存操作时会弹出右图所示对话框，在该对话框中选择工程保存路径并输入工程名，单击"保存"按钮即将工程保存下来	

3.1.5 梯形图的编辑

1. 画线和删除线的操作

在梯形图中可以画直线和折线，不能画斜线。画线和删除线的操作说明见表3-2。

表 3-2 画线和删除线的操作说明

2．删除操作

一些常用的删除操作说明见表 3-3。

表 3-3 一些常用的删除操作说明

操作说明	操 作 图
删除某个对象：用光标选中某个对象，按键盘上的 Delete 键即可删除该对象	
行删除：将光标定位在要删除的某行上并右击，在弹出的快捷菜单中选择"行删除"命令，光标所在的整个行内容会被删除，下一行内容会上移填补被删除的行	
列删除：将光标定位在要删除的某列上并右击，在弹出的快捷菜单中选择"列删除"命令，光标所在 0～7 梯级的列内容会被删除，即右图中的 X000 和 Y000 触点会被删除，而 T0 触点不会被删除	
删除一个区域内的对象：将光标先移到要删除区域的左上角，然后按下键盘上的 Shift 键不放，再将光标移到该区域的右下角并单击，该区域内的所有对象都会被选中，按键盘上的 Delete 键即可删除该区域内的所有对象。 也可以按下鼠标左键，从左上角拖到右下角来选中某区域，再执行删除操作	

3. 插入操作

一些常用的插入操作说明见表 3-4。

表 3-4 一些常用的插入操作说明

操作说明	操 作 图
插入某个对象：用光标选中某个对象，按键盘上的 Insert 键，软件窗口下方状态栏中的"改写"变为"插入"，这时若输入一个 X3 触点，它会被插到 T0 触点的左方；如果在软件处于改写状态时进行这样的操作，会将 T0 触点改成 X3 触点	

(续表)

操作说明	操作图
行插入：将光标定位在某行上并右击，在弹出的快捷菜单中选择"行插入"命令，即在定位行上方插入一个空行，同时光标移到该行	
列插入：将光标定位在某元件上并右击，在弹出的快捷菜单中选择"列插入"命令，即在该元件左方插入一列	

3.1.6 查找与替换功能的使用

GX Developer 软件具有查找和替换功能，使用该功能的方法是单击软件窗口上方的"查找/替换"菜单项，弹出如图 3-14 所示的菜单，选择其中的菜单命令即可执行相应的查找/替换操作。

图 3-14 "查找/替换"菜单

1. 查找功能的使用

查找功能的使用说明见表 3-5。

表 3-5 查找功能的使用说明

操作说明	操作图
软元件查找：执行菜单命令"查找/替换→软元件查找"，或单击工具栏上的 按钮，还可以执行右键快捷菜单中的"软元件查找"命令，均会弹出右图所示的对话框。输入要查找的软元件"t0"，查找方向和查找选项保持默认设置，单击一次"查找下一个"按钮，光标出现在第一个 T0 上，再单击一次该按钮，光标会移到第二个 T0 上	
指令查找：执行菜单命令"查找/替换→指令查找"，或单击工具栏上的 按钮，弹出右图所示的对话框。在第一个输入框中可以直接选择要查找的触点线圈等基本指令，在第二个输入框中输入要查找的应用指令"rst"，单击一次"查找下一个"按钮，光标出现在第一个 RST 指令上，如果后面没有该指令，再单击一次"查找下一个"按钮，会提示查找结束	
步号查找：执行菜单命令"查找/替换→步号查找"，弹出右图所示的对话框。输入要查找的步号5，单击"确定"按钮后光标会停在第5步元件或指令上，图中停在 X001 触点上	

2. 替换功能的使用

替换功能的使用说明见表 3-6。

表 3-6 替换功能的使用说明

操作说明	操作图
软元件替换：执行菜单命令"查找/替换→软元件替换"，弹出右图所示的对话框。输入要替换的旧软元件和新软元件，单击"替换"按钮，光标出现在第一个要替换的元件上，再单击一次该按钮，旧软元件即被替换成新软元件，同时光标移到第二个要替换的软元件上；如果单击"全部替换"按钮，则程序中的所有旧软元件都会替换成新软元件。 如果希望将 X001、X002 分别替换成 X011、X012，可将对话框中的替换点数设为 2	

(续表)

操作说明	操作图
软元件批量替换：执行菜单命令"查找/替换→软元件批量替换"，弹出右图所示的对话框。在对话框中输入要批量替换的旧软元件和对应的新软元件，并设好点数，再单击"执行"按钮，即可将多个不同的旧软元件一次性替换成新软元件	
常开和常闭触点互相替换：执行菜单命令"查找/替换→常开常闭触点互换"，弹出右图所示的对话框。输入要替换的软元件 X001，单击"全部替换"按钮，程序中 X001 所有常开和常闭触点会相互转换，即常开变成常闭，常闭变成常开	

3.1.7 注释、声明和注解的添加与显示

在 GX Developer 软件中，可以对梯形图添加注释、声明和注解。图 3-15 所示是添加了注释、声明和注解的梯形图程序。声明用于对一个程序段进行说明，最多允许 64 字符 ×n 行；注解用于对与右母线连接的线圈或指令进行说明，最多允许 32 字符 ×1 行；注释相当于一个元件的说明，最多允许 8 字符 ×4 行，一个汉字占两个字符。

图 3-15 添加了注释、声明和注解的梯形图程序

1. 注释的添加与显示

注释的添加与显示操作说明见表 3-7。

表 3-7 注释的添加与显示操作说明

操作说明	操 作 图
单个添加注释：单击工具栏上的 （注释编辑）按钮，或执行菜单命令"编辑→文档生成→注释编辑"，梯形图程序即处于注释编辑状态。双击 X000 触点，弹出右图所示对话框，在输入框中输入注释文字，单击"确定"按钮即可为 X000 触点添加注释	
批量添加注释：在工程数据列表区展开"软元件注释"，双击"COMMENT"，编程区变成添加注释列表。在"软元件名"框内输入 X000，单击"显示"按钮，下方列表区出现以 X000 为首的 X 元件。梯形图中使用了 X000、X001、X002 三个元件，给这三个元件都添加注释，如右图所示。再在"软元件名"框内输入 Y000，在下方列表区给 Y000、Y001 进行注释	
显示注释：在工程数据列表区双击程序下的"MAIN"，编程区出现梯形图，但未显示注释。执行菜单命令"显示→注释显示"，梯形图的元件下方即显示出注释内容	
注释显示方式设置：梯形图注释默认以 4 行 ×8 字符显示，如果希望同时改变显示的字符数和行数，可执行菜单命令"显示→注释显示形式→3×5 字符"；如果仅希望改变显示的行数，可执行菜单命令"显示→软元件注释行数"，可选择 1～4 行显示，右图为 2 行显示	

2．声明的添加与显示

声明的添加与显示操作说明见表 3-8。

表 3-8　声明的添加与显示操作说明

操作说明	操 作 图
添加声明：在要添加声明的程序段左方空白处双击，弹出右图所示的对话框，在输入框中输入以英文";"开头的声明文字，确定后即给程序段添加一条声明。在一个程序段中可进行多次添加声明操作。再用同样的方法给其他的程序段添加声明。 梯形图默认不显示添加的声明	
显示声明：要在梯形图中显示添加的声明，可执行菜单命令"显示→声明显示"，即可将添加的声明显示出来，如右图所示。 在声明上单击，可选中声明，按键盘上的 Delete 键可删除声明	

3．注解的添加与显示

注解的添加与显示操作说明见表 3-9。

表 3-9　注解的添加与显示操作说明

操作说明	操 作 图
添加注解：在要添加注解的某行与右母线连接的线圈或指令上双击，弹出右图所示的对话框，在输入框的线圈或指令之后输入以英文";"开头的注解文字，确定后即可为线圈或指令添加一条注解。 将输入框内的分号及之后的内容删除，即可删除注解	

(续表)

操作说明	操作图
显示注解：要在梯形图中显示添加的注解，可执行菜单命令"显示→注解显示"，即可将添加的注解显示出来，如右图所示	

 3.1.8 读取并转换 FXGP/WIN 格式文件

在 GX Developer 软件推出之前，三菱 FX 系列 PLC 使用 FXGP/WIN 软件来编写程序，GX Developer 软件具有读取并转换 FXGP/WIN 格式文件的功能。读取并转换 FXGP/WIN 格式文件的操作说明见表 3-10。

表 3-10 读取并转换 FXGP/WIN 格式文件的操作说明

序号	操作说明	操作图
1	启动 GX Developer 软件，然后执行菜单命令"工程→读取其他格式的文件→读取 FXGP（WIN）格式文件"，会弹出右图所示的读取对话框	
2	在读取对话框中单击"浏览"按钮，会弹出右图所示的对话框，在该对话框中选择要读取的 FXGP/WIN 格式文件。如果某文件夹中含有这种格式的文件，则该文件夹是深色图标。在该对话框中选择要读取的 FXGP/WIN 格式文件，单击"确认"按钮返回读取对话框	
3	在右图所示的读取对话框中出现要读取的文件，将下方区域内的三项都选中，单击"执行"按钮，即开始读取已选择的 FXGP/WIN 格式文件；单击"关闭"按钮，将读取对话框关闭，同时读取的文件被转换，并出现在 GX Developer 软件的编程区。再执行保存操作，将转换后的文件保存下来	

3.1.9 PLC 与计算机的连接及程序的写入与读出

1. PLC 与计算机的硬件连接

PLC 与计算机连接需要用到通信电缆，常用电缆有两种：一种是 FX-232AWC-H（简称 SC09）电缆，如图 3-16（a）所示，该电缆含有 RS-232C/RS-422 转换器；另一种是 FX-USB-AW（又称 USB-SC09-FX）电缆，如图 3-16（b）所示，该电缆含有 USB/RS-422 转换器。

(a) FX-232AWC-H 电缆　　　　　　　　(b) FX-USB-AW 电缆

图 3-16　PLC 与计算机连接的两种编程电缆

在选用 PLC 编程电缆时，先查看计算机是否具有 COM 接口（又称 RS-232C 接口），因为现在很多计算机已经取消了这种接口，如果计算机有 COM 接口，可选用 FX-232AWC-H 电缆。在连接时，将电缆的 COM 头插入计算机的 COM 接口，电缆另一端圆形插头插入 PLC 的编程口内。

如果计算机没有 COM 接口，可选用 FX-USB-AW 电缆。在连接时，将电缆的 USB 头插入计算机的 USB 接口，电缆另一端圆形插头插入 PLC 的编程口内。当将 FX-USB-AW 电缆插到计算机 USB 接口时，还需要在计算机中安装该电缆配带的驱动程序。驱动程序安装完成后，在计算机桌面上右击"我的计算机"，在弹出的快捷菜单中选择"设备管理器"，弹出"设备管理器"窗口，如图 3-17 所示，展开其中的"端口（COM 和 LPT）"，从中可以看到一个虚拟的 COM 端口，图中为 COM3，记住该编号，在 GX Developer 软件进行通信参数设置时要用到。

2. 通信设置

用编程电缆将 PLC 与计算机连接好后，启动 GX Developer 软件，打开或新建一个工程，再执行菜单命令"在线→传输设置"，弹出"传输设置"对话框，双击左上角的"串行 USB"图标，出现详细的设置对话框，如图 3-18 所示。在该对话框中选中"RS-232C"单选项；在"COM 端口"一项中选择与 PLC 连接的端口号，使用 FX-USB-AW 电缆连接时，端口号应与设备管理器中的虚拟 COM 端口号一致；在"传送速度"一项中选择某个速度（如 19.2Kbps），单击"确认"按钮返回"传输设置"对话框。如果想知道 PLC 与计算机是否连接成功,可在"传输设置"对话框中单击"通信测试"按钮,若出现如图 3-19 所示的连接成功提示,则表明 PLC 与计算机已成功连接,单击"确认"按钮即完成通信设置。

图 3-17　安装 USB 编程电缆驱动程序后在设备管理器会出现一个虚拟的 COM 端口

图 3-18　通信设置

图 3-19　PLC 与计算机连接成功提示

3. 程序的写入与读出

程序的写入是指将程序由编程计算机送入 PLC，读出则是将 PLC 内的程序传送到计算机中。程序写入的操作说明见表 3-11，程序的读出操作过程与写入基本类似，可参照学习，这里不做介绍。在对 PLC 进行程序写入或读出时，除了要保证 PLC 与计算机通信连接正常外，PLC 还需要接上工作电源。

表 3-11　程序写入的操作说明

序号	操作说明	操作图
1	在 GX Developer 软件中编写好程序并变换后，执行菜单命令"在线→PLC 写入"，也可以单击工具栏上的 按钮，均会弹出右图所示的"PLC 写入"对话框。在下方选中要写入 PLC 的内容，一般选"MAIN"项和"PLC 参数"项，其他项根据实际情况选择，再单击"执行"按钮	
2	弹出询问是否写入对话框，单击"是"按钮	
3	由于当前 PLC 处于 RUN（运行）模式，而写入程序时 PLC 须为 STOP 模式，故弹出对话框询问是否远程让 PLC 进入 STOP 模式，单击"是"按钮	
4	程序开始写入 PLC	

（续表）

序号	操作说明	操 作 图
5	程序写入完成后，弹出对话框询问是否远程让PLC进入运行状态，单击"是"按钮，返回"PLC写入"对话框，单击"关闭"按钮即完成程序写入过程	

3.1.10 在线监视 PLC 程序的运行

在 GX Developer 软件中将程序写入 PLC 后，如果希望看见程序在实际 PLC 中的运行情况，可使用软件的在线监视功能。在使用该功能时，应确保 PLC 与计算机间通信电缆连接正常，PLC 供电正常。在线监视 PLC 程序运行的操作说明见表 3-12。

表 3-12　在线监视 PLC 程序运行的操作说明

序号	操作说明	操 作 图
1	在 GX Developer 软件中先将编写好的程序写入 PLC，然后执行菜单命令"在线→监视→监视模式"，或者单击工具栏上的 （监视模式）按钮，也可以直接按 F3 键，即进入在线监视模式，如右图所示。软件编程区内梯形图的 X001 常闭触点上有深色方块，表示 PLC 程序中的该触点处于闭合状态	
2	用导线将 PLC 的 X000 端子与 COM 端子短接，梯形图中的 X000 常开触点出现深色方块，表示已闭合，定时器线圈 T0 出现方块，已开始计时，Y000 线圈出现方块，表示得电，Y000 常开自锁触点出现方块，表示已闭合	
3	将 PLC 的 X000、COM 端子间的导线断开，程序中的 X000 常开触点上的方块消失，表示该触点断开，但由于 Y000 常开自锁触点仍闭合（该触点上有方块），故定时器线圈 T0 仍得电计时。当计时到达设定值 90（9s）时，T0 常开触点上出现方块（触点闭合），Y001 线圈出现方块（线圈得电）	

(续表)

序号	操作说明	操作图
4	用导线将PLC的X001端子与COM端子短接,梯形图中的X001常闭触点上的方块消失,表示已断开;Y000线圈上的方块马上消失,表示失电;Y000常开自锁触点上的方块消失,表示断开;定时器线圈T0上的方块消失,停止计时并将当前计时值清0;T0常开触点上的方块消失,表示触点断开;X001常开触点上有方块,表示该触点闭合	
5	在监视模式时不能修改程序,如果监视过程中发现程序存在错误需要修改,可单击工具栏上的 (写入模式)按钮,切换到写入模式。程序修改并变换后,再将修改的程序重新写入PLC,然后又切换到监视模式来监视修改后的程序运行情况。 使用"监视(写入)模式"功能,可以避免上述麻烦的操作。单击工具栏上的 (监视(写入模式))按钮,或执行菜单命令"在线→监视→监视(写入模式)",如右图所示,进入监视(写入)模式,软件先将当前程序自动写入PLC,再监视PLC程序的运行。如果对程序进行了修改并交换,则修改后的新程序又自动写入PLC,开始新程序的监视运行	

3.2 三菱 GX Simulator 仿真软件的使用

给编程计算机连接实际的 PLC 可以在线监视 PLC 程序运行情况,但由于受条件限制,很多学习者并没有 PLC,这时可以使用三菱 GX Simulator 仿真软件。安装该软件后,就相当于给编程计算机连接了一台模拟的 PLC,再将程序写入这台模拟 PLC,就可以在线监视 PLC 程序运行了。

GX Simulator 软件具有以下特点:①具有硬件 PLC 没有的单步执行、跳步执行和部分程序执行调试功能;②调试速度快;③不支持输入/输出模块和网络,仅支持特殊功能模块的缓冲区;④扫描周期被固定为 100ms,可以设置为 100ms 的整数倍。

GX Simulator 软件支持 FX$_{1S}$、FX$_{1N}$、FX$_{1NC}$、FX$_{2N}$ 和 FX$_{2NC}$ 绝大部分的指令，但不支持中断指令、PID 指令、位置控制指令、与硬件和通信有关的指令。GX Simulator 软件从 RUN 模式切换到 STOP 模式时，停电保持的软元件的值被保留，非停电保持软元件的值被清除，软件退出时，所有软元件的值被清除。

3.2.1 安装 GX Simulator 仿真软件

GX Simulator 仿真软件是 GX Developer 软件的一个可选安装包，如果未安装该软件包，GX Developer 可正常编程，但无法使用 PLC 仿真功能。

GX Simulator 仿真软件的安装说明见表 3-13。

表 3-13 GX Simulator 仿真软件的安装说明

序号	操作说明	操 作 图
1	在安装时，先将 GX Simulator 安装文件夹复制到计算机某盘符的根目录下，再打开 GX Simulator 文件夹，打开其中的 EnvMEL 文件夹，找到 SETUP.EXE 文件，如右图所示，双击该文件即开始安装 MELSOFT 环境软件	
2	环境软件安装完成后，在 GX Simulator 文件夹中找到 SETUP.EXE 文件，如右图所示，双击该文件即开始安装 GX Simulator 仿真软件	

80

第 3 章　三菱 PLC 编程与仿真软件的使用

(续表)

序号	操作说明	操作图
3	在出现的如右图所示的对话框中，输入产品 ID 号（安装本书免费提供下载的 GX Simulator 仿真软件时也可使用本序列号），单击"下一个"按钮	
4	在出现的如右图所示的对话框中，选择软件的安装路径，这里保持默认路径，单击"下一个"按钮，即开始正式安装 GX Simulator 软件	
5	软件安装完成后，会出现右图所示的安装完成提示，单击"确定"按钮即完成软件的安装	

 3.2.2　仿真操作

仿真操作包括将程序写入模拟 PLC 中，再对程序中的元件进行强制 ON 或 OFF 操作，

81

然后在 GX Developer 软件中查看程序在模拟 PLC 中的运行情况。仿真操作说明见表 3-14。

表 3-14 仿真操作说明

序号	操作说明	操作图
1	右图所示为待仿真的程序，M8012 是一个 100ms 时钟脉冲触点，在 PLC 运行时，该触点自动以 50ms 通、50ms 断的频率不断重复	
2	单击工具栏上的 ▣（梯形图逻辑测试启动／停止）按钮，或执行菜单命令"工具→梯形图逻辑测试启动"，编程软件中马上出现右图左方的梯形图逻辑测试工具（可看作模拟 PLC）窗口，稍后出现右方的"PLC 写入"窗口，提示正在将程序写入模拟 PLC 中	
3	程序写入完成后，模拟 PLC 的 RUN 指示灯由灰色变成黄色，同时编程软件中的程序进入监视模式，X001 常闭触点上出现方块，表示触点闭合，M8012 触点和 Y001 线圈上的方块以 100ms 的频率闪动	
4	选中程序中的 X000 常开触点，单击工具栏上的 ▣（软元件测试）按钮，或执行菜单命令"在线→调试→软元件测试"，还可以执行右键快捷菜单中的"软元件测试"命令，弹出如右图所示的"软元件测试"对话框。在"软元件"输入框中出现选择的软元件 X000，单击下方的"强制 ON"按钮，即让程序中的 X000 常开触点为 ON（闭合），程序中的 X000 常开触点上马上出现方块，Y000 线圈上也出现方块，表示线圈得电，Y000 常开自锁触点上出现方块，表示闭合	

82

(续表)

序号	操作说明	操作图
5	在"软元件测试"对话框中先将 X000 常开触点强制 OFF，再在"软元件"输入框中输入 X001，单击"强制 ON"按钮，程序中的 X001 常闭触点上的方块马上消失，表示该触点断开，Y000 线圈上的方块消失（线圈失电），Y000 常开自锁触点上的方块也消失（断开）	

在仿真时，如果要退出仿真监视状态，可单击编程软件工具栏上的 ▣ 按钮，使该按钮处于弹起状态，梯形图逻辑测试工具窗口会自动消失。在仿真时，如果需要修改程序，可先退出仿真状态，再让编程软件进入写入模式（单击工具栏上的 ✎ 按钮），就可以对程序进行修改，修改并变换后再单击工具栏上的 ▣ 按钮，重新进行仿真。

3.2.3 软元件监视

在仿真时，除了可以在编程软件中查看程序在模拟 PLC 中的运行情况外，还可以通过仿真工具了解一些软元件的状态。

在梯形图逻辑测试工具窗口中执行菜单命令"菜单启动→继电器内存监视"，弹出如图 3-20（a）所示的设备内存监视（DEVICE MEMORY MONITOR）窗口。在该窗口执行菜单命令"软元件→位软元件窗口→ X"，下方马上出现 X 继电器状态监视窗口。再用同样的方法调出 Y 线圈的状态监视窗口，如图 3-20（b）所示。从图中可以看出，X000 继电器有黄色背景，表示 X000 继电器状态为 ON，即 X000 常开触点处于闭合状态，常闭触点处于断开状态；Y000、Y001 线圈也有黄色背景，表示这两个线圈状态都为 ON。单击窗口上部的黑三角，可以在窗口显示前、后编号的软元件。

(a) 在设备内存监视窗口中执行菜单命令

(b) 调出X继电器和Y线圈监视窗口

图 3-20 在设备内存监视窗口中监视软元件状态

3.2.4 时序图监视

在设备内存监视窗口也可以监视软元件的工作时序图（波形图）。在如图 3-20（a）所示的窗口中执行菜单命令"时序图→启动"，弹出如图 3-21（a）所示的时序图监视窗口，窗口中的"监控停止"按钮指示灯为红色，表示处于监视停止状态。单击该按钮，窗口中马上出现程序中软元件的时序图，如图 3-21（b）所示，X000 元件右边的时序图是一条蓝线，表示 X000 继电器一直为 ON，即 X000 常开触点闭合；M8012 元件的时序图为一系列脉冲，表示 M8012 触点闭合、断开交替反复进行，脉冲高电平表示触点闭合，脉冲低电平表示触点断开。

(a) 时序监视处于停止状态

(b) 时序监视启动

图 3-21　软元件的工作时序监视

第 4 章　基本指令说明与应用实例

基本指令是 PLC 最常用的指令，也是 PLC 编程时必须掌握的指令。三菱 $FX_{1/2/3}$ 系列 PLC 的绝大多数基本指令相同，FX_2 系列 PLC 仅增加了 MEP、MEF 指令。由于现在大多使用直观的梯形图编程，很少使用指令语句表编程（类似计算机的汇编语言编程），故本章仅介绍梯形图编程用到的基本指令。

4.1　基本指令说明

4.1.1　常开、常闭触点和线圈指令

1. 指令名称及说明

常开、常闭触点和线圈指令说明如表 4-1 所示。

表 4-1　常开、常闭触点和线圈指令说明

指令名称	功　　能	对象软元件
常开触点	未动作时处于断开状态	X、Y、M、S、T、C、D □ .b
常闭触点	未动作时处于闭合状态	X、Y、M、S、T、C、D □ .b
线圈	又称继电器线圈，在得电状态为 ON（1）时，会驱动相应编号的触点产生动作（如常开触点会闭合）	Y、M、S、T、C、D □ .b

2. 使用举例

常开、常闭触点和线圈指令的使用如图 4-1 所示。

当 X000 常开触点闭合时，左母线的能流经 X000、X001 流经 Y000 线圈到达右母线，Y000 线圈得电，状态为 ON（1），Y000 常开触点闭合，定时器线圈 T0 得电，开始 19s 计时（T0 为 100ms 定时器），19s 后 T0 定时器线圈状态变为 ON（状态值为 1），T0 常开触点马上闭合，Y001 输出继电器线圈得电。

图 4-1　常开、常闭触点和线圈指令的使用

85

4.1.2 边沿检测触点指令

边沿检测触点指令的功能是当输入上升沿或下降沿时触点接通一个扫描周期。它分为上升沿检测触点指令和下降沿检测触点指令。

1. 指令名称及说明

边沿检测触点指令说明如表 4-2 所示。

表 4-2 边沿检测触点指令说明

指令名称	功　能	对象软元件
上升沿检测触点	当输入上升沿时该触点接通一个扫描周期	X、Y、M、S、T、C、D □.b
下降沿检测触点	当输入下降沿时该触点接通一个扫描周期	X、Y、M、S、T、C、D □.b

2. 使用举例

边沿检测触点指令的使用如图 4-2 所示。当 X000 触点由断开转为闭合（OFF → ON）时，产生一个上升沿，X000 上升沿检测触点闭合一个扫描周期（然后断开），M0 辅助继电器线圈得电一个扫描周期；当 X000 触点由闭合转为断开时（ON → OFF）时，产生一个下降沿，X000 下降沿检测触点闭合一个扫描周期，M1 辅助继电器线圈在一个扫描周期内状态为 ON。

边沿检测触点未指定编号时也可与常开或常闭触点串联使用，图 4-2 中的 X001 常开触点由断开转为闭合时，产生一个上升沿，右边的上升沿检测触点会闭合一个扫描周期。

图 4-2 边沿检测触点指令的使用

 4.1.3 主控和主控复位指令

1. 指令名称及说明

主控和主控复位指令说明如表 4-3 所示。

表 4-3 主控和主控复位指令说明

指令名称（助记符）	功　能	对象软元件
MC	主控指令，其功能是启动一个主控电路块工作	Y、M
MCR	主控复位指令，其功能是结束一个主控电路块的运行	无

2. 使用举例

MC、MCR 指令的一般使用如图 4-3（a）所示。如果 X001 常开触点断开，MC 指令不执行，MC 到 MCR 之间的程序不会执行，即 0 梯级程序执行后会执行 12 梯级程序；如果 X001 常开触点闭合，MC 指令执行，MC 到 MCR 之间的程序会从上到下执行。

MC、MCR 指令可以嵌套使用，如图 4-3（b）所示，当 X001 触点闭合、X003 触点断开时，X001 触点闭合使"MC N0 M100"指令执行，N0 级电路块被启动，由于 X003 触点断开使嵌在 N0 级内的"MC N1 M101"指令无法执行，故 N1 级电路块不会执行。如果 MC 主控指令嵌套使用，其嵌套层数最多允许 8 层（N0～N7），通常按顺序从小到大使用。MC 指令的操作元件通常为输出继电器 Y 或辅助继电器 M，但不能是特殊继电器。MCR 主控复位指令的使用次数（N0～N7）必须与 MC 的次数相同，在按从小到大顺序多次使用 MC 指令时，必须按从大到小相反的顺序多次使用 MCR 返回。

图 4-3 MC、MCR 指令的使用

4.1.4 取反指令

1. 指令名称及说明

取反指令说明如表 4-4 所示。

表 4-4 取反指令说明

指令名称	功　　能	对象软元件
取反	其功能是将该指令前的运算结果取反	无

2. 使用举例

取反指令的使用如图 4-4 所示。在绘制梯形图时，取反指令用斜线表示，当 X000 断开时，相当于 X000=OFF，取反变为 ON（相当于 X000 闭合），继电器线圈 Y000 得电。

图 4-4 取反指令的使用

4.1.5 置位与复位指令

1. 指令名称及说明

置位与复位指令说明如表 4-5 所示。

表 4-5 置位与复位指令说明

指令名称（助记符）	功　能	对象软元件
SET	置位指令，其功能是对操作元件进行置位，使其动作保持	Y、M、S、D□.b
RST	复位指令，其功能是对操作元件进行复位，取消动作保持	Y、M、S、T、C、D、R、V、Z、D□.b

2. 使用举例

SET、RST 指令的使用如图 4-5 所示。当常开触点 X000 闭合后，Y000 线圈被置位，开始动作，X000 断开后，Y000 线圈仍维持动作（通电）状态；当常开触点 X001 闭合后，Y000 线圈被复位，动作取消，X001 断开后，Y000 线圈维持动作取消（失电）状态。对于同一元件，SET、RST 指令可反复使用，顺序也可随意，但最后执行者有效。

图 4-5 SET、RST 指令的使用

4.1.6 结果边沿检测指令

结果边沿检测指令是三菱 FX_3 系列 PLC 三代机新增的指令。

1. 指令名称及说明

结果边沿检测指令说明如表 4-6 所示。

表 4-6 结果边沿检测指令说明

指令名称（助记符）	功　能	对象软元件
MEP	结果上升沿检测指令，当该指令之前的运算结果出现上升沿时，指令为 ON（导通状态）；当前方运算结果无上升沿时，指令为 OFF（非导通状态）	无
MEF	结果下降沿检测指令，当该指令之前的运算结果出现下降沿时，指令为 ON（导通状态）；当前方运算结果无下降沿时，指令为 OFF（非导通状态）	无

2. 使用举例

MEP 指令的使用如图 4-6 所示。当 X000 触点处于闭合、X001 触点由断开转为闭合时，MEP 指令前方送来一个上升沿，指令导通，"SET M0"执行，将辅助继电器 M0 置 1。

图 4-6 MEP 指令的使用

MEF 指令的使用如图 4-7 所示。当 X001 触点处于闭合、X000 触点由闭合转为断开时，MEF 指令前方送来一个下降沿，指令导通，"SET M0"执行，将辅助继电器 M0 置 1。

图 4-7 MEF 指令的使用

4.1.7 脉冲微分输出指令

1. 指令名称及说明

脉冲微分输出指令说明如表 4-7 所示。

表 4-7 脉冲微分输出指令说明

指令名称（助记符）	功　　能	对象软元件
PLS	上升沿脉冲微分输出指令，其功能是当检测到输入脉冲上升沿来时，使操作元件得电一个扫描周期	Y、M
PLF	下降沿脉冲微分输出指令，其功能是当检测到输入脉冲下降沿来时，使操作元件得电一个扫描周期	Y、M

2. 使用举例

PLS、PLF 指令的使用如图 4-8 所示。当常开触点 X000 闭合时，一个上升沿脉冲加给 [PLS　M0]，指令执行，M0 线圈得电一个扫描周期，M0 常开触点闭合，[SET　Y000] 指令执行，将 Y000 线圈置位（即让 Y000 线圈得电）；当常开触点 X001 由闭合转为断开时，一个脉冲下降沿加给 [PLF　M1]，指令执行，M1 线圈得电一个扫描周期，M1 常开触点闭合，[RST　Y000] 指令执行，将 Y000 线圈复位（即让 Y000 线圈失电）。

图 4-8 PLS、PLF 指令的使用

4.1.8 程序结束指令

1. 指令名称及说明

程序结束指令说明如表 4-8 所示。

表 4-8 程序结束指令说明

指令名称（助记符）	功　　能	对象软元件
END	程序结束指令，当一个程序结束后，需要在结束位置用 END 指令	无

2. 使用举例

END 指令的使用如图 4-9 所示。当系统运行到 END 指令处时，END 后面的程序将不会执行，系统会由 END 处自动返回，开始下一个扫描周期。如果不在程序结束处使用 END 指令，系统会一直运行到最后的程序步，延长程序的执行周期。

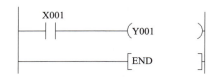

图 4-9 END 指令的使用

4.2 PLC 基本控制线路与梯形图

4.2.1 启动、自锁和停止控制的 PLC 线路与梯形图

启动、自锁和停止控制是 PLC 最基本的控制功能。启动、自锁和停止控制可以采用驱动指令（OUT），也可以采用置位指令（SET、RST）来实现。

1. 采用线圈驱动指令实现启动、自锁和停止控制

线圈驱动指令（OUT）的功能是将输出线圈与右母线连接，它是一种很常用的指令。

采用线圈驱动指令实现启动、自锁和停止控制的 PLC 线路和梯形图如图 4-10 所示。

(a) PLC 接线图

(b) 梯形图

图 4-10 采用线圈驱动指令实现启动、自锁和停止控制的 PLC 线路和梯形图

当按下 PLC 输入端子外接的启动按钮 SB1 时,梯形图程序中的启动触点 X000 闭合,输出线圈 Y000 得电,输出端子 Y0 内部硬触点闭合,Y0 端子与 COM 端子之间内部接通,接触器线圈 KM 得电,主电路中的 KM 主触点闭合,电动机得电启动。

输出线圈 Y000 得电后,除了会使 Y000、COM 端子之间的硬触点闭合外,还会使自锁触点 Y000 闭合,在启动触点 X000 断开后,依靠自锁触点闭合可使线圈 Y000 继续得电,电动机就会继续运转,从而实现自锁控制功能。

当按下 PLC 外接的停止按钮 SB2 时,梯形图程序中的停止触点 X001 断开,输出线圈 Y000 失电,Y0、COM 端子之间的内部硬触点断开,PLC 输出端外接的接触器 KM 线圈失电,主电路中的 KM 主触点断开,电动机失电停转。

2. 采用置位和复位指令实现启动、自锁和停止控制

采用置位和复位指令 SET、RST 实现启动、自锁和停止控制的梯形图如图 4-11 所示,其 PLC 接线图与图 4-10(a)所示线路是一样的。采用置位和复位指令、线圈驱动指令都可以实现启动、自锁和停止控制,两者的 PLC 接线都相同,仅为 PLC 编写输入的梯形图程序不同。

当按下 PLC 外接的启动按钮 SB1 时,梯形图中的启动触点 X000 闭合,[SET Y000] 指令执行,指令执行结果将输出继电器线圈 Y000 置 1,相当于线圈 Y000 得电,使 Y0、COM 端子之间的内部硬触点接通,PLC 外接的接触器线圈 KM 得电,主电路中的 KM 主触点闭合,电动机得电启动。

线圈 Y000 置位后,松开启动按钮 SB1,启动触点 X000 断开,但线圈 Y000 仍保持"1"状态,即仍维持得电状态,电动机就会继续运转,从而实现自锁控制功能。

当按下停止按钮 SB2 时,梯形图程序中的停止触点 X001 闭合,[RST Y000] 指令执行,指令执行结果将输出线圈 Y000 复位,相当于线圈 Y000 失电,Y0、COM 端子之间的内部硬触点断开,接触器线圈 KM 失电,主电路中的 KM 主触点断开,电动机失电停转。

图 4-11 采用置位和复位指令实现启动、自锁和停止控制的梯形图

4.2.2 正、反转联锁控制的 PLC 线路与梯形图

正、反转联锁控制的 PLC 线路与梯形图如图 4-12 所示。

(a) PLC 接线图

图 4-12 正、反转联锁控制的 PLC 线路与梯形图

❶ 正转联锁控制。按下正转按钮 SB1→梯形图程序中的正转触点 X000 闭合→Y000 线圈得电→Y000 自锁触点闭合，Y000 联锁触点断开，Y0 端子与 COM 端子间的内部硬触点闭合→Y000 自锁触点闭合，使线圈 Y000 在 X000 触点断开后仍可得电；Y000 联锁触点断开，使线圈 Y001 即使在 X001 触点闭合（误操作 SB2 引起）时也无法得电，实现联锁控制；Y0 端子与 COM 端子间的内部硬触点闭合，接触器 KM1 线圈得电，主电路中的 KM1 主触点闭合，电动机得电正转。

❷ 反转联锁控制。按下反转按钮 SB2→梯形图程序中的反转触点 X001 闭合→线圈 Y001 得电→Y001 自锁触点闭合，Y001 联锁触点断开，Y1 端子与 COM 端子间的内部硬触点闭合→Y001 自锁触点闭合，使线圈 Y001 在 X001 触点断开后继续得电；Y001 联锁触点断开，使线圈 Y000 即使在 X000 触点闭合（误操作 SB1 引起）时也无法得电，实现联锁控制；Y1 端子与 COM 端子间的内部硬触点闭合，接触器 KM2 线圈得电，主电路中的 KM2 主触点闭合，电动机得电反转。

❸ 停转控制。按下停止按钮 SB3→梯形图程序中的两个停止触点 X002 均断开→线圈 Y000、Y001 均失电→接触器 KM1、KM2 线圈均失电→主电路中的 KM1、KM2 主触点均断开，电动机失电停转。

(b) 梯形图

图 4-12　正、反转联锁控制的 PLC 线路与梯形图（续）

4.2.3　多地控制的 PLC 线路与梯形图

多地控制的 PLC 线路与梯形图如图 4-13 所示，其中图 4-13（b）所示为单人多地控制梯形图，图 4-13（c）所示为多人多地控制梯形图。

(a) PLC 接线图

图 4-13　多地控制的 PLC 线路与梯形图

(b) 单人多地控制梯形图

甲地启动控制：在甲地按下启动按钮 SB1→X000 常开触点闭合→线圈 Y000 得电→Y000 常开自锁触点闭合，Y0 端子内部硬触点闭合→Y000 常开自锁触点闭合，锁定 Y000 线圈供电，Y0 端子内部硬触点闭合使接触器线圈 KM 得电→主电路中的 KM 主触点闭合，电动机得电运转。

甲地停止控制：在甲地按下停止按钮 SB2→X001 常闭触点断开→线圈 Y000 失电→Y000 常开自锁触点断开，Y0 端子内部硬触点断开→接触器线圈 KM 失电→主电路中的 KM 主触点断开，电动机失电停转。

乙地和丙地的启/停控制与甲地控制相同，利用该梯形图可以实现在任何一地进行启/停控制，也可以在一地进行启动，在另一地控制停止。

(c) 多人多地控制梯形图

图 4-13 多地控制的 PLC 线路与梯形图（续）

启动控制：在甲、乙、丙三地同时按下按钮 SB1、SB3、SB5→线圈 Y000 得电→Y000 常开自锁触点闭合，Y0 端子的内部硬触点闭合→Y000 线圈供电锁定，接触器线圈 KM 得电→主电路中的 KM 主触点闭合，电动机得电运转。

停止控制：在甲、乙、丙三地按下 SB2、SB4、SB6 中的某个停止按钮→线圈 Y000 失电→Y000 常开自锁触点断开，Y0 端子内部硬触点断开→Y000 常开自锁触点断开使 Y000 线圈供电切断，Y0 端子的内部硬触点断开使接触器线圈 KM 失电→主电路中的 KM 主触点断开，电动机失电停转。

该梯形图可以实现只有多人在多地同时按下启动按钮才能启动的功能，而在任意一地都可以进行停止控制。

4.2.4 定时控制的 PLC 线路与梯形图

1. 延时启动定时运行控制的 PLC 线路与梯形图

延时启动定时运行控制的 PLC 线路与梯形图如图 4-14 所示，它可以实现的功能是：按下启动按钮 3s 后，电动机启动运行，运行 5s 后自动停止。

图 4-14 延时启动定时运行控制的 PLC 线路与梯形图

PLC 线路与梯形图说明如下。

按下启动按钮SB1 → {[4]X000常闭触点断开
[1]X000常开触点闭合→定时器T0开始3s计时→3s后，[2]T0常开触点闭合

→[2]Y000线圈得电 → {[3]Y000自锁触点闭合，锁定Y000线圈得电
Y0端子的内部硬触点闭合→接触器KM线圈得电→电动机运转
[4]Y000常开触点闭合→由于SB1已断开，故[4]X000触点闭合→定时器T1开始5s计时

→ 5s后，[2]T1常闭触点断开→Y000线圈失电→Y0端子的内部硬触点断开→KM线圈失电→电动机停转

2．多定时器组合控制的 PLC 线路与梯形图

图 4-15 所示为一种典型的多定时器组合控制的 PLC 线路与梯形图，它可以实现的功

能是：按下启动按钮后电动机 B 马上运行，30s 后电动机 A 开始运行，70s 后电动机 B 停转，100s 后电动机 A 停转。

(a) PLC接线图

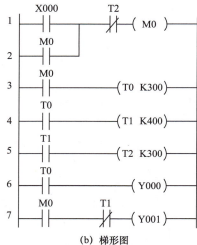

(b) 梯形图

图 4-15　一种典型的多定时器组合控制的 PLC 线路与梯形图

PLC 线路与梯形图说明如下。

4.2.5 定时器与计数器组合延长定时控制的 PLC 线路与梯形图

三菱 FX 系列 PLC 的最大定时时间为 3276.7s（约 54min），采用定时器和计数器可以延长定时时间。定时器与计数器组合延长定时控制的 PLC 线路与梯形图如图 4-16 所示。

(a) PLC 接线图

图 4-16 定时器与计数器组合延长定时控制的 PLC 线路与梯形图

97

(b) 梯形图

图 4-16 定时器与计数器组合延长定时控制的 PLC 线路与梯形图（续）

PLC 线路与梯形图说明如下。

图 4-16 中的定时器 T0 定时单位为 0.1s（100ms），它与计数器 C0 组合使用后，其定时时间 T=30000×0.1s×30000=90000000s=25000h。若需重新定时，可将开关 QS2 断开，让 [2] X000 常闭触点闭合，"RST C0" 指令执行，对计数器 C0 进行复位，然后再闭合 QS2，则会重新开始 250000h 定时。

 4.2.6　多重输出控制的 PLC 线路与梯形图

多重输出控制的 PLC 线路与梯形图如图 4-17 所示。
PLC 线路与梯形图说明如下。

(a) PLC接线图

(b) 梯形图

图 4-17 多重输出控制的 PLC 线路与梯形图

（1）启动控制

按下启动按钮SB1→X000常开触点闭合

Y000自锁触点闭合，锁定输出线圈Y000～Y003供电
Y000线圈得电→Y0端子的内部硬触点闭合→KM1线圈得电→KM1主触点闭合 →HL1灯得电点亮，指示电动机A得电
Y001线圈得电→Y1端子的内部硬触点闭合
Y002线圈得电→Y2端子的内部硬触点闭合→KM2线圈得电→KM2主触点闭合 →HL2灯得电点亮，指示电动机B得电
Y003线圈得电→Y3端子的内部硬触点闭合

（2）停止控制

按下停止按钮SB2→X001常闭触点断开

Y000自锁触点断开，解除输出线圈Y000～Y003供电
Y000线圈失电→Y0端子的内部硬触点断开→KM1线圈失电→KM1主触点断开 →HL1灯失电熄灭，指示电动机A失电
Y001线圈失电→Y1端子的内部硬触点断开
Y002线圈失电→Y2端子的内部硬触点断开→KM2线圈失电→KM2主触点断开 →HL2灯失电熄灭，指示电动机B失电
Y003线圈失电→Y3端子的内部硬触点断开

 4.2.7 过载报警控制的 PLC 线路与梯形图

过载报警控制的 PLC 线路与梯形图如图 4-18 所示。

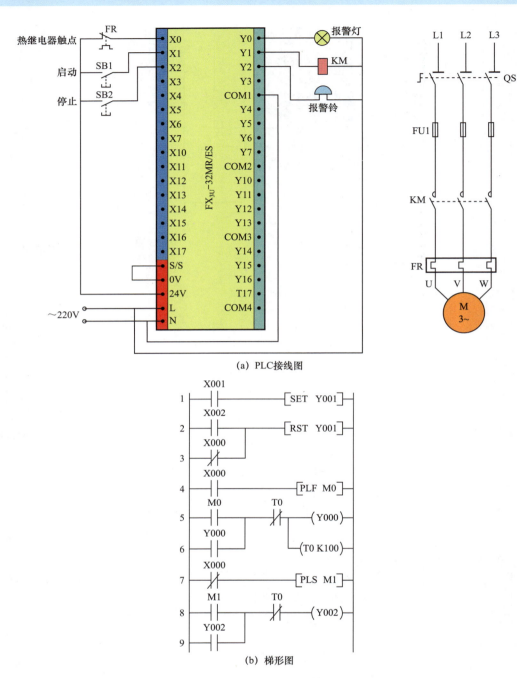

图 4-18 过载报警控制的 PLC 线路与梯形图

PLC 线路与梯形图说明如下。

（1）启动控制

按下启动按钮 SB1 → [1]X001 常开触点闭合 → [SET Y001] 指令执行 → Y001 线圈被置位，即 Y001 线圈得电 → Y1 端子的内部硬触点闭合 → 接触器 KM 线圈得电 → KM 主触点闭合 → 电动机得电运转。

(2) 停止控制

按下停止按钮 SB2 → [2]X002 常开触点闭合 → [RST Y001] 指令执行 → Y001 线圈被复位，即 Y001 线圈失电 → Y1 端子的内部硬触点断开 → 接触器 KM 线圈失电 → KM 主触点断开 → 电动机失电停转。

(3) 过载保护及报警控制

在正常工作时，FR 过载保护触点闭合 →
- [3]X000 常闭触点断开，指令[RST Y001]无法执行
- [4]X000 常开触点闭合，指令[PLF M0]无法执行
- [7]X000 常闭触点断开，指令[PLS M1]无法执行

当电动机过载运行时，热继电器 FR 发热元件动作，其常闭触点 FR 断开 —

[3]X000 常闭触点闭合 → 执行指令[RST Y001] → Y001 线圈失电 → Y1 端子的内部硬触点断开 → KM 线圈失电 → KM 主触点断开 → 电动机失电停转

[4]X000 常开触点由闭合转为断开，产生一个脉冲下降沿 → 指令[PLF M0]执行，M0 线圈得电一个扫描周期 → [5]M0 常开触点闭合 → Y000 线圈得电，定时器 T0 开始 10s 计时 → Y000 线圈得电一方面使[6]Y000 自锁触点闭合来锁定供电，另一方面使报警灯通电点亮

[7]X000 常闭触点由断开转为闭合，产生一个脉冲上升沿 → 指令[PLS M1]执行，M1 线圈得电一个扫描周期 → [8]M1 常开触点闭合 → Y002 线圈得电 → Y002 线圈得电一方面使[9]Y002 自锁触点闭合来锁定供电，另一方面使报警铃通电发声

10s 后，定时器 T0 动作 →
- [8]T0 常闭触点断开 → Y002 线圈失电 → 报警铃失电，停止报警声
- [5]T0 常闭触点断开 → 定时器 T0 复位，同时 Y000 线圈失电 → 报警灯失电熄灭

4.2.8 闪烁控制的 PLC 线路与梯形图

闪烁控制的 PLC 线路与梯形图如图 4-19 所示。

(a) PLC 接线图

图 4-19 闪烁控制的 PLC 线路与梯形图

101

(b) 梯形图

图 4-19 闪烁控制的 PLC 线路与梯形图（续）

将开关 QS 闭合→X000 常开触点闭合→定时器 T0 开始 3s 计时→3s 后，定时器 T0 动作，T0 常开触点闭合→定时器 T1 开始 3s 计时，同时 Y000 得电，Y0 端子的内部硬触点闭合，HL 灯点亮→3s 后，定时器 T1 动作，T1 常闭触点断开→定时器 T0 复位，T0 常开触点断开→Y000 线圈失电，同时定时器 T1 复位→Y000 线圈失电使 HL 灯熄灭；定时器 T1 复位使 T1 闭合，由于开关 QS 仍闭合，X000 常开触点也处于闭合状态，定时器 T0 又重新开始 3s 计时。

以后重复上述过程，HL 灯保持 3s 亮、3s 灭的频率闪烁发光。

4.3 基本指令应用实例一：PLC 控制喷泉

4.3.1 控制要求

系统要求用两个按钮来控制 A、B、C 三组喷头工作（通过控制三组喷头的电动机来实现），三组喷头的排列与工作时序如图 4-20 所示。

(a) 三组喷头的排列

(b) 三组喷头的工作时序

图 4-20 三组喷头的排列与工作时序

系统控制要求：当按下启动按钮后，A 组喷头先喷 5s 后停止，然后 B、C 组喷头同时喷水，5s 后，B 组喷头停止，C 组喷头继续喷 5s 再停止，随后 A、B 组喷头喷 7s，C 组喷头在这 7s 的前 2s 内停止，后 5s 内喷水，接着 A、B、C 三组喷头同时停止 3s，以后重复上述过程。按下停止按钮后，三组喷头同时停止喷水。

4.3.2 PLC 用到的 I/O 端子与连接的输入/输出设备

喷泉控制中 PLC 用到的 I/O 端子与连接的输入/输出设备见表 4-9。

表 4-9　PLC 用到的 I/O 端子与连接的输入 / 输出设备

输入			输出		
输入设备	输入端子	功能说明	输出设备	输出端子	功能说明
SB1	X000	启动控制	KM1 线圈	Y000	驱动电动机 A 工作
SB2	X001	停止控制	KM2 线圈	Y001	驱动电动机 B 工作
			KM3 线圈	Y002	驱动电动机 C 工作

4.3.3　PLC 控制线路

图 4-21 所示为喷泉的 PLC 控制线路。

图 4-21　喷泉的 PLC 控制线路

4.3.4　PLC 控制程序及详解

1. 梯形图程序

图 4-22 所示为喷泉的 PLC 控制梯形图程序。

2. 程序说明

下面结合图 4-21 所示的控制线路和图 4-22 所示的梯形图程序来说明喷泉控制系统的工作原理。

全彩图解三菱 FX_{3S/3G/3U} 系列 PLC 快速入门与提高

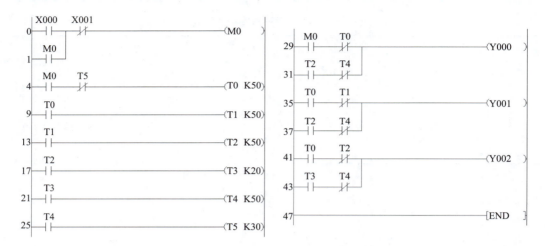

图 4-22 喷泉的 PLC 控制梯形图程序

（1）启动控制

104

(2) 停止控制

按下停止按钮SB2→X001常闭触点断开→M0线圈失电→{ [1]M0自锁触点断开，解除自锁
[4]M0常开触点断开→定时器T0复位 }
→T0所有触点复位，其中[9]T0常开触点断开→定时器T1复位→T1所有触点复位，其中[13]T1常开触点断开使定时器T2复位→T2所有触点复位，其中[17]T2常开触点断开使定时器T3复位→T3所有触点复位，其中[21]T3常开触点断开使定时器T4复位→T4所有触点复位，其中[25]T4常开触点断开使定时器T5复位→T5所有触点复位→[4]T5常闭触点闭合→由于定时器T0~T5所有触点复位，Y000~Y002线圈均无法得电→KM1~KM3线圈失电→电动机A、B、C均停转

4.4 基本指令应用实例二：PLC 控制交通信号灯

4.4.1 控制要求

系统要求用两个按钮来控制交通信号灯工作，交通信号灯的排列与工作时序如图 4-23 所示。

图 4-23 交通信号灯的排列与工作时序

系统控制要求：当按下启动按钮后，南北红灯亮 25s，在南北红灯亮 25s 的时间里，东西绿灯先亮 20s 再以 1 次/s 的频率闪烁 3 次，接着东西黄灯亮 2s，25s 后南北红灯熄灭，熄灭时间维持 30s，在这 30s 时间里，东西红灯一直亮，南北绿灯先亮 25s，然后以 1 次/s 的频率闪烁 3 次，接着南北黄灯亮 2s。以后重复该过程。按下停止按钮后，所有的灯都熄灭。

4.4.2 PLC 用到的 I/O 端子与连接的输入/输出设备

交通信号灯控制中 PLC 用到的 I/O 端子与连接的输入/输出设备见表 4-10。

表 4-10　PLC 控制用到的 I/O 端子与连接的输入/输出设备

输入			输出		
输入设备	输入端子	功能说明	输出设备	输出端子	功能说明
SB1	X000	启动控制	南北红灯	Y000	驱动南北红灯亮
SB2	X001	停止控制	南北绿灯	Y001	驱动南北绿灯亮
			南北黄灯	Y002	驱动南北黄灯亮
			东西红灯	Y003	驱动东西红灯亮
			东西绿灯	Y004	驱动东西绿灯亮
			东西黄灯	Y005	驱动东西黄灯亮

4.4.3　PLC 控制线路

图 4-24 所示为交通信号灯的 PLC 控制线路。

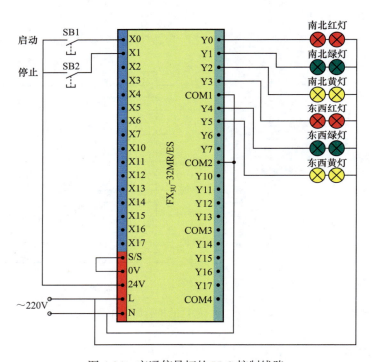

图 4-24　交通信号灯的 PLC 控制线路

4.4.4　PLC 控制程序及详解

1. 梯形图程序

图 4-25 所示为交通信号灯的 PLC 控制梯形图程序。

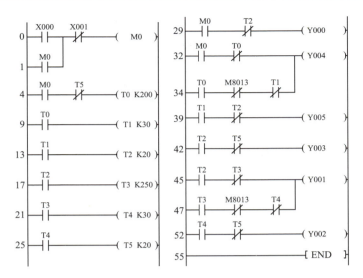

图 4-25 交通信号灯的 PLC 控制梯形图程序

2. 程序说明

下面对照图 4-24 所示的控制线路、图 4-23 所示的工作时序和图 4-25 所示的梯形图程序来说明交通信号灯的控制原理。

在图 4-25 中,采用了一个特殊的辅助继电器 M8013,称作触点利用型特殊继电器,它利用 PLC 自动驱动线圈,用户只能利用它的触点,即梯形图里只能画它的触点。M8013 是一个产生 1s 时钟脉冲的辅助继电器,其高低电平持续时间各为 0.5s。以图 4-25 中 [34] 步为例,当 T0 常开触点闭合时,M8013 常闭触点接通、断开时间分别为 0.5s,Y004 线圈得电、失电时间也都为 0.5s。

（1）启动控制

↳25s后,定时器T3动作→ { [47]T3常开触点闭合→M8013继电器触点以0.5s通、0.5s断的频率工作→Y001线圈以同样的频率得电和失电→南北绿灯以1次/秒的频率闪烁

[21]T3常开触点闭合,定时器T4开始3s计时 }

↳3s后,定时器T4动作→ { [47]T4常闭触点断开→Y001线圈失电→南北绿灯灭
[52]T4常开触点闭合→Y002线圈得电→南北黄灯亮
[25]T4常开触点闭合,定时器T5开始2s计时 }

↳2s后,定时器T5动作→ { [42]T5常闭触点断开→Y003线圈失电→东西红灯灭
[52]T5常闭触点断开→Y002线圈失电→南北黄灯灭
[4]T5常闭触点断开,定时器T0复位,T0所有触点复位 }

↳[9]T0常开触点复位断开使定时器T1复位→[13]T1常开触点复位断开使定时器T2复位→同样,定时器T3、T4、T5也依次复位→定时器T0复位后,[32]T0常开触点闭合,Y004线圈得电,东西绿灯亮;定时器T2复位后,[29]T2常开触点闭合,Y000线圈得电,南北红灯亮;定时器T5复位后,[4]T5常闭触点闭合,定时器T0开始20s计时,以后又会重复前述过程

(2)停止控制

按下停止按钮SB2→X001常闭触点断开→辅助继电器M0线圈失电
{ [1]M0自锁触点断开,解除M0线圈供电
[29]M0常开触点断开→Y000线圈无法得电
[32]M0常开触点断开→Y004线圈无法得电
[4]M0常开触点断开,定时器T0复位,T0所有触点复位 }

↳[9]T0常开触点复位断开使定时器T1复位,T1所有触点均复位→其中[13]T1常开触点复位断开使定时器T2复位→同样,定时器T3、T4、T5也依次复位→定时器T1复位后,[39]T1常开触点断开,Y005线圈无法得电;定时器T2复位后,[42]T2常开触点断开,Y003线圈无法得电;定时器T3复位后,[47]T3常开触点断开,Y001线圈无法得电;定时器T4复位后,[52]T4常开触点断开,Y002线圈无法得电→Y000~Y005线圈均无法得电,所有交通信号灯都熄灭

第5章 步进指令说明与应用实例

步进指令主要用于顺序控制编程。在顺序控制编程时，通常先绘制状态转移图（SFC图），然后按照SFC图编写相应梯形图程序。状态转移图有单分支、选择性分支和并行分支三种方式。

5.1 状态转移图与步进指令

5.1.1 顺序控制与状态转移图

一个复杂的任务往往可以分成若干个小任务，当按一定的顺序完成这些小任务后，整个大任务也就完成了。在生产实践中，顺序控制是指按照一定的顺序逐步控制来完成各个工序的控制方式。在采用顺序控制时，为了直观地表示控制过程，可以绘制顺序控制图。

图 5-1 所示是一种三台电动机顺序控制图，由于每一个步骤称作一个工艺，所以又称工序图。在 PLC 编程时，绘制的顺序控制图称为状态转移图，简称 SFC 图，图 5-1（b）

图 5-1 一种三台电动机顺序控制图

所示为图 5-1（a）对应的状态转移图。

顺序控制有三个要素：转移条件、转移目标和工作任务。在图 5-1（a）中，当上一个工序需要转到下一个工序时必须满足一定的转移条件，如工序 1 要转到下一个工序 2 时，须按下启动按钮 SB2，若不按下启动按钮 SB2，即不满足转移条件，就无法进行下一个工序 2。当转移条件满足后，需要确定转移目标，如工序 1 转移目标是工序 2。每个工序都有具体的工作任务，如工序 1 的工作任务是"启动第一台电动机"。

PLC 编程时绘制的状态转移图与顺序控制图相似，图 5-1（b）中的状态元件（状态继电器）S20 相当于工序 1，"SET Y1"相当于工作任务，S20 的转移目标是 S21，S25 的转移目标是 S0。M8002 和 S0 用来完成准备工作，其中 M8002 为触点利用型辅助继电器，它只有触点，没有线圈，PLC 运行时触点会自动接通一个扫描周期；S0 为初始状态继电器，要在 S0～S9 中选择，其他的状态继电器通常在 S20～S499 中选择（三菱 FX$_{2N}$ 系列）。

5.1.2　步进指令说明

PLC 顺序控制需要用到步进指令，三菱 FX 系列 PLC 有两条步进指令：STL 和 RET。

1. 指令名称及说明

步进指令说明如表 5-1 所示。

表 5-1　步进指令说明

指令名称（助记符）	功　能	对象软元件
STL	步进开始指令，其功能是将步进接点接到左母线	S
RET	步进结束指令，其功能是将子母线返回左母线位置	无

2. 使用举例

（1）STL 指令使用

STL 指令的使用如图 5-2 所示。状态继电器 S 只有常开触点，没有常闭触点，在绘制梯形图时，输入指令"[STL S20]"即能生成 S20 常开触点，常开触点闭合后，其右端相当于子母线，与子母线直接连接的线圈可以直接使用线圈指令。

图 5-2　STL 指令的使用

梯形图说明如下。

当 X000 常开触点闭合时→ [SET S20] 指令执行→状态继电器 S20 被置 1（置位）→ S20 常开触点闭合→ Y000 线圈得电；若 X001 常开触点闭合，Y001 线圈也得电；若 X002 常开触点闭合，[SET S21] 指令执行，状态继电器 S21 被置 1 → S21 常开触点闭合。

（2）RET 指令使用

RET 指令的使用如图 5-3 所示。RET 指令通常用在一系列步进指令的最后，表示状态流程的结束并返回主母线。

图 5-3　RET 指令的使用

5.1.3　步进指令在两种编程软件中的编写形式

在三菱 FXGP/WIN-C（早期小型三菱编程软件）和 GX Developer 编程软件中都可以使用步进指令编写顺序控制程序，但两者的编写方式有所不同。

图 5-4 所示为采用 FXGP/WIN-C 和 GX Developer 编程软件编写的功能完全相同的梯形图程序，虽然两者的指令语句表程序完全相同，但梯形图程序却有区别。采用 FXGP/WIN-C 软件编写的步程序段开始有一个 STL 触点（编程时输入"[STL S0]"即能生成 STL 触点），而采用 GX Developer 软件编写的步程序段无 STL 触点，取而代之的程序段开始是一个独占一行的"[STL S0]"指令。

(a) 由FXGP/WIN-C软件编写　　　　(b) 由GX Developer软件编写

图 5-4　采用两个不同编程软件编写的功能相同的梯形图程序

5.1.4 状态转移图的分支方式

状态转移图的分支方式主要有：单分支方式、选择性分支方式和并行分支方式。图 5-1 (b) 所示的状态转移图采用单分支方式，程序由前向后依次执行，中间没有分支。不复杂的顺序控制常采用单分支方式，较复杂的顺序控制可采用选择性分支方式或并行分支方式。

1. 选择性分支方式

选择性分支方式状态转移图如图 5-5（a）所示，梯形图程序如图 5-5（b）所示。

在状态器 S21 后有两个可选择的分支，当 X1 闭合时执行 S22 分支，当 X4 闭合时执行 S24 分支，如果 X1 较 X4 先闭合，则只执行 X1 所在的分支，X4 所在的分支不执行。

三菱 FX 系列 PLC 最多允许有 8 个可选择的分支。

(a) 状态转移图

(b) 梯形图程序

图 5-5 选择性分支方式

2. 并行分支方式

并行分支方式状态转移图如图 5-6（a）所示，梯形图程序如图 5-6（b）所示。

5.1.5 步进指令编程注意事项

步进指令编程需要注意以下事项。

① 初始状态（S0）应预先驱动，否则程序不能向下执行。驱动初始状态通常采用控制系统的初始条件，若无初始条件，也可用 M8002 或 M8000 触点进行驱动。

② 不同步程序的状态继电器编号不要重复。

③ 当上一个步程序结束，转移到下一个步程序时，上一个步程序中的元件会自动复位（SET、RST 指令作用的元件除外）。

在状态器 S21 后有两个并行的分支,用双线表示,当 X1 闭合时 S22 和 S24 两个分支同时执行,只有当两个分支都执行完成并且 X4 闭合时才能往下执行;若 S23 或 S25 任一条分支未执行完,即使 X4 闭合,也不会执行到 S26。

三菱 FX 系列 PLC 最多允许有 8 个并行的分支。

(a) 状态转移图 (b) 梯形图程序

图 5-6 并行分支方式

④ 在步进顺序控制梯形图中可使用双线圈功能,即在不同步程序中可以使用同一个输出线圈,这是因为 CPU 只执行当前处于活动步的步程序。

⑤ 同一编号的定时器不要在相邻的步程序中使用,在不相邻的步程序中则可以使用。

⑥ 不能同时动作的输出线圈尽量不要设在相邻的步程序中,因为可能出现下一步程序开始执行时上一步程序未完全复位的情况,这样会造成不能同时动作的两个输出线圈同时动作。如果必须这样做,可以在相邻的步程序中采用软联锁保护,即给一个线圈串联另一个线圈的常闭触点。

⑦ 在步程序中可以使用跳转指令。在中断程序和子程序中也不能存在步程序。在步程序中最多可以有 4 级 FOR/NEXT 指令嵌套。

⑧ 在选择分支和并行分支程序中,分支数最多不能超过 8 条,总的支路数不能超过 16 条。

⑨ 如果希望在停电恢复后继续维持停电前的运行状态,则可以使用 S500～S899 停电保持型状态继电器。

5.2 步进指令应用实例一:两种液体混合装置

5.2.1 系统控制要求

两种液体混合装置的结构示意图及控制要求如图 5-7 所示。YV1、YV2 分别为 A、B

液体注入控制电磁阀，电磁阀线圈通电时打开，液体可以流入，YV3 为 C 液体流出控制电磁阀，H、M、L 分别为高、中、低液位传感器。搅拌电动机 M 通过驱动搅拌部件旋转使 A、B 液体充分混合均匀。

两种液体混合装置控制要求如下。

①装置的容器初始状态应为空，三个电磁阀都关闭，搅拌电动机 M 停转。按下启动按钮，YV1 电磁阀打开，注入 A 液体，当 A 液体的液位达到 M 位置时，YV1 关闭；然后 YV2 电磁阀打开，注入 B 液体，当 B 液体的液位达到 H 位置时，YV2 关闭；接着搅拌电动机 M 开始运转搅拌 20s，而后 YV3 电磁阀打开，C 液体（A、B 混合液）流出，当 C 液体的液位下降到 L 位置时，开始 20s 计时，在此期间 C 液体全部流出，20s 后 YV3 关闭，一个完整的周期完成。以后自动重复上述过程。

②当按下停止按钮后，装置要完成一个周期才停止。

③可以用手动方式控制 A、B 液体的注入和 C 液体的流出，也可以手动控制搅拌电动机的运转。

图 5-7　两种液体混合装置的结构示意图及控制要求

5.2.2　PLC 用到的 I/O 端子及连接的输入/输出设备

两种液体混合装置中 PLC 用到的 I/O 端子及连接的输入/输出设备见表 5-2。

表 5-2　PLC 用到的 I/O 端子及连接的输入/输出设备

输入			输出		
输入设备	输入端子	功能说明	输出设备	输出端子	功能说明
SB1	X0	启动控制	KM1 线圈	Y1	控制 A 液体电磁阀
SB2	X1	停止控制	KM2 线圈	Y2	控制 B 液体电磁阀
SQ1	X2	检测低液位 L	KM3 线圈	Y3	控制 C 液体电磁阀
SQ2	X3	检测中液位 M	KM4 线圈	Y4	驱动搅拌电动机工作
SQ3	X4	检测高液位 H			
QS	X10	手动/自动控制切换（ON：自动；OFF：手动）			
SB3	X11	手动控制 A 液体流入			
SB4	X12	手动控制 B 液体流入			
SB5	X13	手动控制 C 液体流出			
SB6	X14	手动控制搅拌电动机			

5.2.3 PLC控制线路

图 5-8 所示为两种液体混合装置的 PLC 控制线路。

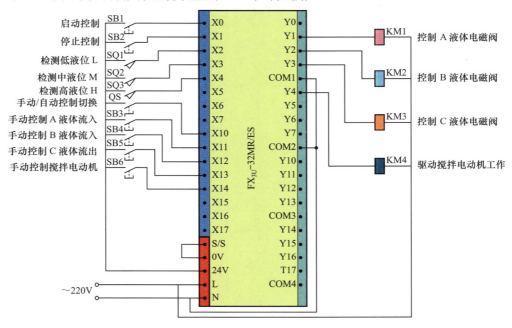

图 5-8 两种液体混合装置的 PLC 控制线路

5.2.4 PLC控制程序及详解

1．梯形图程序

两种液体混合装置的 PLC 控制梯形图程序如图 5-9 所示，该程序使用三菱 FXGP/WIN-C 软件编写，也可以使用三菱 GX Developer 软件编写，但要注意步进指令使用方式与 FXGP/WIN-C 软件有所不同，具体区别可见图 5-4。

2．程序说明

下面结合图 5-8 所示的控制线路和图 5-9 所示的梯形图程序来说明两种液体混合装置的工作原理。

两种液体混合装置有自动和手动两种控制方式，它由开关 QS 来决定（QS 闭合：自动控制；QS 断开：手动控制）。要让装置工作在自动控制方式，除了开关 QS 应闭合外，装置还须满足自动控制的初始条件（又称原点条件），否则系统将无法进入自动控制方式。装置的原点条件是 L、M、H 液位传感器的开关 SQ1、SQ2、SQ3 均断开，电磁阀 YV1、YV2、YV3 均关闭，电动机 M 停转。

（1）检测原点条件

图 5-9 中的第 0 梯级程序用来检测原点条件。在自动控制工作前，若装置中的 C 液体

位置高于液位传感器 L → SQ1 闭合→ X002 常闭触点断开，或 Y001 ～ Y004 常闭触点断开（由 Y000 ～ Y003 线圈得电引起，电磁阀 YV1、YV2、YV3 和电动机 M 会因此得电工作），均会使辅助继电器 M0 线圈无法得电。第 16 梯级中的 M0 常开触点断开，无法对状态继电器 S20 置位；第 35 梯级中的 S20 常开触点断开，S21 无法被置位，这样会依次使 S21、S22、S23、S24 常开触点无法闭合，装置无法进入自动控制状态。

图 5-9　两种液体混合装置的 PLC 控制梯形图程序

如果是因为 C 液体未排完而使装置不满足自动控制的原点条件，可手工操作 SB5 按钮，使 X013 常开触点闭合，Y003 线圈得电，接触器 KM3 线圈得电，KM3 触点闭合接通电磁阀 YV3 线圈电源，YV3 打开，将 C 液体从装置容器中放完，液位传感器 L 的 SQ1 断开，

X002 常闭触点闭合，M0 线圈得电，从而满足自动控制所需的原点条件。

（2）自动控制过程

在启动自动控制前，需要做一些准备工作，包括操作准备和程序准备。

① 操作准备。将手动/自动切换开关 QS 闭合，选择自动控制方式。图 5-9 中第 16 梯级中的 X010 常开触点闭合，为接通自动控制程序段做准备；第 22 梯级中的 X010 常闭触点断开，切断手动控制程序段。

② 程序准备。在启动自动控制前，第 0 梯级程序会检测原点条件，若满足原点条件，则辅助继电器线圈 M0 得电，第 16 梯级中的 M0 常开触点闭合，为接通自动控制程序段做准备。另外，当程序运行到 M8002（触点利用型辅助继电器，只有触点没有线圈）时，M8002 自动接通一个扫描周期，"SET S0"指令执行，将状态继电器 S0 置位，第 16 梯级中的 S0 常开触点闭合，也为接通自动控制程序段做准备。

③ 启动自动控制。按下启动按钮 SB1 → [16]X000 常开触点闭合→状态继电器 S20 置位→ [35]S20 常开触点闭合→ Y001 线圈得电→ Y1 端子的内部硬触点闭合→ KM1 线圈得电→主电路中 KM1 主触点闭合（图 5-9 中未画出主电路部分）→电磁阀 YV1 线圈通电，阀门打开，注入 A 液体→当 A 液体高度到达液位传感器 M 位置时，传感器开关 SQ2 闭合→ [37]X003 常开触点闭合→状态继电器 S21 被置位→ [40]S21 常开触点闭合，同时 S20 自动复位→ [35]S20 常开触点断开→ Y002 线圈得电，Y001 线圈失电→电磁阀 YV2 阀门打开，注入 B 液体→当 B 液体高度到达液位传感器 H 位置时，传感器开关 SQ3 闭合→ [42]X004 常开触点闭合→状态继电器 S22 被置位→ [45]S22 常开触点闭合，同时 S21 自动复位→ [40]S21 常开触点断开→ Y004 线圈得电，Y002 线圈失电→搅拌电动机 M 运转，同时定时器 T0 开始 20s 计时→ 20s 后，定时器 T0 动作→ [50]T0 常开触点闭合→状态继电器 S23 置位→ [53]S23 常开触点闭合→ Y003 线圈被置位→电磁阀 YV3 打开，C 液体流出→当液体下降到液位传感器 L 位置时，传感器开关 SQ1 断开→ [10]X002 常开触点断开（在液体高于 L 位置时 SQ1 处于闭合状态）→下降沿脉冲会为继电器 M1 线圈接通一个扫描周期→ [55]M1 常开触点闭合→状态继电器 S24 被置位→ [58]S24 常开触点闭合，同时 [53]S23 常开触点断开，由于 Y003 线圈是置位得电，故不会失电→ [58]S24 常开触点闭合后，定时器 T1 开始 20s 计时→ 20s 后，[62]T1 常开触点闭合，Y003 线圈被复位→电磁阀 YV3 关闭，与此同时，S20 线圈得电→ [35]S20 常开触点闭合，开始下一次自动控制。

④ 停止控制。在自动控制过程中，若按下停止按钮 SB2 → [6]X001 常开触点闭合→ [6] 辅助继电器 M2 得电→ M2 自锁触点闭合，锁定供电；[68]M2 常闭触点断开，状态继电器 S20 无法得电，[16]S0 常开触点断开；[64]M2 常开触点闭合→当程序运行到 [64] 时，T1 常开触点闭合，状态继电器 S0 得电→ [16]S0 常开触点闭合，但由于常开触点 X000 处于断开状态（SB1 断开），状态继电器 S20 无法被置位→ [35]S20 常开触点断开，自动控制程序段无法运行。

（3）手动控制过程

将手动/自动切换开关 QS 断开，选择手动控制方式→ [16]X010 常开触点断开，状态继电器 S20 无法被置位→ [35]S20 常开触点断开，无法进入自动控制；[22]X010 常闭触点闭合，接通手动控制程序→按下 SB3，X011 常开触点闭合，Y001 线圈得电，电磁阀 YV1

117

打开，注入 A 液体→松开 SB3，X011 常闭触点断开，Y001 线圈失电，电磁阀 YV1 关闭，停止注入 A 液体→按下 SB4 注入 B 液体，松开 SB4 停止注入 B 液体→按下 SB5 排出 C 液体，松开 SB5 停止排出 C 液体→按下 SB6 搅拌液体，松开 SB5 停止搅拌液体。

5.3 步进指令应用实例二：简易机械手

5.3.1 系统控制要求

简易机械手的结构示意图及控制要求如图 5-10 所示。M1 为控制机械手左右移动的电动机，M2 为控制机械手上下升降的电动机，YV 线圈用来控制机械手夹紧、放松，SQ1 为左到位检测开关，SQ2 为右到位检测开关，SQ3 为上到位检测开关，SQ4 为下到位检测开关，SQ5 为工件检测开关。

简易机械手控制要求如下。

①机械手要将工件从工位 A 移到工位 B 处。

②机械手的初始状态（原点条件）是机械手应停在工位 A 的上方，SQ1、SQ3 均闭合。

③若原点条件满足且 SQ5 闭合（工件 A 处有工件），按下启动按钮，机械按"原点→下降→夹紧→上升→右移→下降→放松→上升→左移→原点停止"的步骤工作。

图 5-10 简易机械手的结构示意图及控制要求

5.3.2 PLC 用到的 I/O 端子及连接的输入/输出设备

简易机械手中 PLC 用到的 I/O 端子及连接的输入/输出设备见表 5-3。

表 5-3 PLC 用到的 I/O 端子及连接的输入/输出设备

输入			输出		
输入设备	输入端子	功能说明	输出设备	输出端子	功能说明
SB1	X0	启动控制	KM1 线圈	Y0	控制机械手右移
SB2	X1	停止控制	KM2 线圈	Y1	控制机械手左移
SQ1	X2	左到位检测	KM3 线圈	Y2	控制机械手下降
SQ2	X3	右到位检测	KM4 线圈	Y3	控制机械手上升
SQ3	X4	上到位检测	KM5 线圈	Y4	控制机械手夹紧
SQ4	X5	下到位检测			
SQ5	X6	工件检测			

5.3.3 PLC 控制线路

图 5-11 所示为简易机械手的 PLC 控制线路。

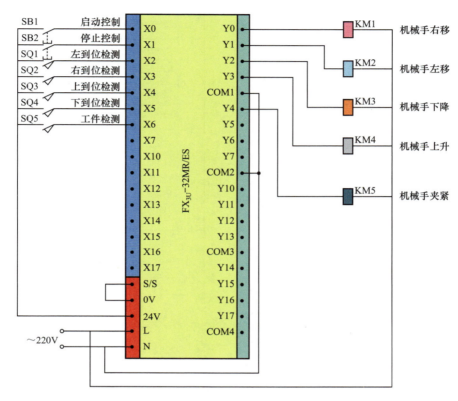

图 5-11 简易机械手的 PLC 控制线路

  5.3.4 PLC 控制程序及详解

1．梯形图程序

简易机械手的 PLC 控制梯形图程序如图 5-12 所示。

2．程序说明

下面结合图 5-11 所示的控制线路和图 5-12 所示的梯形图程序来说明简易机械手的工作原理。

武术运动员在表演武术时，通常会在表演场地某位置站好，然后开始进行各种武术套路表演，表演结束后会收势成表演前的站立状态。同样，大多数机电设备在工作前先要回到初始位置（相当于运动员表演前的站立位置），然后在程序的控制下，机电设备开始各种操作，操作结束后又会回到初始位置，机电设备的初始位置也称原点。

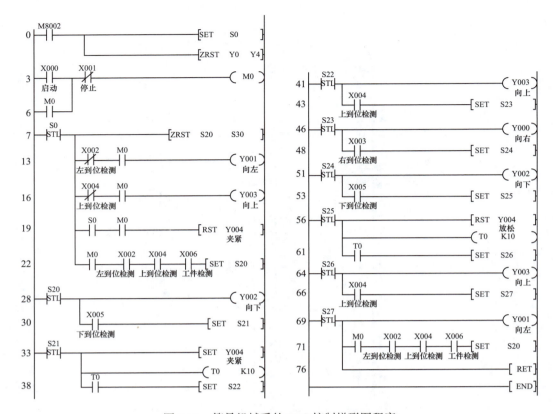

图 5-12　简易机械手的 PLC 控制梯形图程序

（1）初始化操作

当 PLC 通电并处于 "RUN" 状态时，程序会先进行初始化操作。程序运行时，M8002 会接通一个扫描周期，线圈 Y0～Y4 先被 ZRST 指令（该指令的用法见第 6 章）批量复位，同时状态继电器 S0 被置位，[7]S0 常开触点闭合，状态继电器 S20～S30 被 ZRST 指令批量复位。

（2）启动控制

① 原点条件检测。[13]～[28]之间为原点检测程序。按下启动按钮 SB1→[3]X000 常开触点闭合，辅助继电器 M0 线圈得电，M0 自锁触点闭合，锁定供电→同时 [19]M0 常开触点闭合，Y004 线圈被复位，接触器 KM5 线圈失电，机械手夹紧线圈失电而放松→[13]、[16]、[22]M0 常开触点也均闭合。若机械手未左到位，开关 SQ1 闭合，[13]X002 常闭触点闭合，Y001 线圈得电，接触器 KM1 线圈得电，通过电动机 M1 驱动机械手右移，右移到位后 SQ1 断开，[13]X002 常闭触点断开；若机械手未上到位，开关 SQ3 闭合，[16]X004 常闭触点闭合，Y003 线圈得电，接触器 KM4 线圈得电，通过电动机 M2 驱动机械手上升，上升到位后 SQ3 断开，[16]X004 常闭触点断开。如果机械手左到位、上到位且工位 A 有工件（开关 SQ5 闭合），则 [22]X002、X004、X006 常开触点均闭合，状态继电器 S20 被置位，[28]S20 常开触点闭合，开始控制机械手搬运工件。

② 机械手搬运工件控制。[28]S20 常开触点闭合→Y002 线圈得电，KM3 线圈得电，通过电动机 M2 驱动机械手下移，当下移到位后，下到位开关 SQ4 闭合，[30]X005 常开触点闭合，状态继电器 S21 被置位→[33]S21 常开触点闭合→Y004 线圈被置位，接触器 KM5 线圈得电，夹紧线圈得电将工件夹紧，与此同时，定时器 T0 开始 1s 计时→1s 后，[38]T0 常开触点闭合，状态继电器 S22 被置位→[41]S22 常开触点闭合→Y003 线圈得电，KM4 线圈得电，通过电动机 M2 驱动机械手上移，当上移到位后，开关 SQ3 闭合，[43]X004 常开触点闭合，状态继电器 S23 被置位→[46]S23 常开触点闭合→Y000 线圈得电，KM1 线圈得电，通过电动机 M1 驱动机械手右移，当右移到位后，开关 SQ2 闭合，[48]X003 常开触点闭合，状态继电器 S24 被置位→[51]S24 常开触点闭合→Y002 线圈得电，KM3 线圈得电，通过电动机 M2 驱动机械手下降，当下降到位后，开关 SQ4 闭合，[53]X005 常开触点闭合，状态继电器 S25 被置位→[56]S25 常开触点闭合→Y004 线圈被复位，接触器 KM5 线圈失电，夹紧线圈失电将工件放下，与此同时，定时器 T0 开始 1s 计时→1s 后，[61]T0 常开触点闭合，状态继电器 S26 被置位→[64]S26 常开触点闭合→Y003 线圈得电，KM4 线圈得电，通过电动机 M2 驱动机械手上升，当上升到位后，开关 SQ3 闭合，[66]X004 常开触点闭合，状态继电器 S27 被置位→[69]S27 常开触点闭合→Y001 线圈得电，KM2 线圈得电，通过电动机 M1 驱动机械手左移，当左移到位后，开关 SQ1 闭合，[71]X002 常开触点闭合，如果上到位开关 SQ3 和工件检测开关 SQ5 均闭合，则状态继电器 S20 被置位→[28]S20 常开触点闭合，开始下一次工件搬运。若工位 A 无工件，则 SQ5 断开，机械手会停在原点位置。

（3）停止控制

当按下停止按钮 SB2 时→[3]X001 常闭触点断开→辅助继电器 M0 线圈失电→[6]、[13]、[16]、[19]、[22]、[71]M0 常开触点均断开，其中 [6]M0 常开触点断开解除 M0 线圈供电，其他 M0 常开触点断开使状态继电器 S20 无法置位，[28]S20 步进触点无法闭合，[28] ～ [76] 之间的程序无法运行，机械手不工作。

5.4 步进指令应用实例三：大小铁球分拣机

5.4.1 系统控制要求

大小铁球分拣机的结构示意图及控制要求如图 5-13 所示。M1 为传送带电动机，通过传送带驱动机械手臂向左或向右移动；M2 为电磁铁升降电动机，用于驱动电磁铁 YA 上移或下移；SQ1、SQ4、SQ5 分别为混装球箱、小球箱、大球箱的定位开关，当机械手臂移到某球箱上方时，相应的定位开关闭合；SQ2、SQ3 分别为上限位开关和下限位开关；SQ6 为接近开关，当铁球靠近时开关闭合，表示电磁铁下方有球存在。

大小铁球分拣机控制要求及工作过程如下。

❶ 分拣机要从混装球箱中将大小球分拣出来，并将小球放入小球箱内，大球放入大球箱内。

❷ 分拣机的初始状态（原点条件）是机械手臂应停在混装球箱上方，SQ1、SQ3 均闭合。

❸ 在工作时，若 SQ6 闭合，则电动机 M2 驱动电磁铁 YA 下移，2s 后，给电磁铁通电从混装球箱中吸引铁球，若此时 SQ2 断开，表示吸引的是大球；若 SQ2 闭合，则吸引的是小球。然后电磁铁上移，SQ3 闭合后，电动机 M1 带动机械手臂右移。如果电磁铁吸引的是小球，则机械手臂移至 SQ4 处停止，电磁铁下移，将小球放入小球箱（让电磁铁失电），而后电磁铁上移，机械手臂回归原位；如果电磁铁吸引的是大球，则机械手臂移至 SQ5 处停止，电磁铁下移，将大球放入大球箱，而后电磁铁上移，机械手臂回归原位。

图 5-13　大小铁球分拣机的结构示意图及控制要求

5.4.2　PLC 用到的 I/O 端子及连接的输入 / 输出设备

大小铁球分拣机中 PLC 用到的 I/O 端子及连接的输入 / 输出设备见表 5-4。

表 5-4　PLC 用到的 I/O 端子及连接的输入 / 输出设备

输入			输出		
输入设备	输入端子	功能说明	输出设备	输出端子	功能说明
SB1	X000	启动控制	HL	Y000	工作指示
SQ1	X001	混装球箱定位	KM1 线圈	Y001	电磁铁上升控制
SQ2	X002	电磁铁下限位	KM2 线圈	Y002	电磁铁下降控制
SQ3	X003	电磁铁上限位	KM3 线圈	Y003	机械手臂左移控制
SQ4	X004	小球箱定位	KM4 线圈	Y004	机械手臂右移控制
SQ5	X005	大球箱定位	KM5 线圈	Y005	电磁铁吸合控制
SQ6	X006	铁球检测			

5.4.3 PLC 控制线路

图 5-14 所示为大小铁球分拣机的 PLC 控制线路。

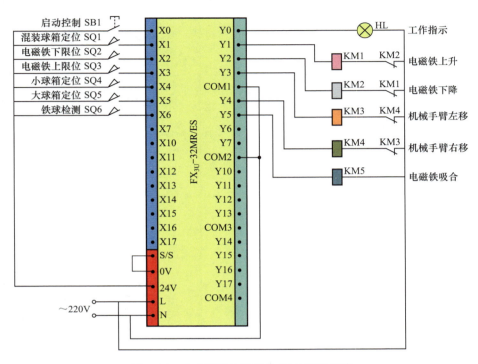

图 5-14 大小铁球分拣机的 PLC 控制线路

5.4.4 PLC 控制程序及详解

1．梯形图程序

大小铁球分拣机的 PLC 控制梯形图程序如图 5-15 所示。

2．程序说明

下面结合图 5-13 所示的分拣机结构示意图及控制要求、图 5-14 所示的 PLC 控制线路和图 5-15 所示的梯形图程序来说明分拣机的工作原理。

（1）检测原点条件

图 5-15 中的第 0 梯级程序用来检测分拣机是否满足原点条件。分拣机的原点条件有：①机械手臂停止在混装球箱上方（会使定位开关 SQ1 闭合，[0]X001 常开触点闭合）；②电磁铁处于上限位位置（会使上限位开关 SQ3 闭合，[0]X003 常开触点闭合）；③电磁铁未通电（Y005 线圈无电，电磁铁也无供电，[0]Y005 常闭触点闭合）；④有铁球处于电磁铁正下方（会使铁球检测开关 SQ6 闭合，[0]X006 常开触点闭合）。这四点都满足后，[0]

Y000 线圈得电，[8]Y000 常开触点闭合，同时 Y0 端子的内部硬触点接通，指示灯 HL 亮。HL 不亮，则说明原点条件不满足。

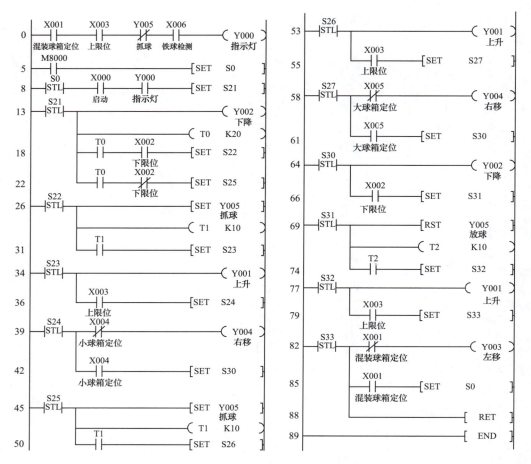

图 5-15　大小铁球分拣机的 PLC 控制梯形图程序

（2）工作过程

M8000 为运行监控辅助继电器，只有触点没有线圈，在程序运行时触点一直处于闭合状态。M8000 闭合后，初始状态继电器 S0 被置位，[8]S0 常开触点闭合。

按下启动按钮 SB1 → [8]X000 常开触点闭合→状态继电器 S21 被置位 → [13]S21 常开触点闭合→ Y002 线圈得电，通过接触器 KM2 使电动机 M2 驱动电磁铁下移，与此同时，定时器 T0 开始 2s 计时→ 2s 后，[18]、[22]T0 常开触点均闭合，若下限位开关 SQ2 闭合，表明电磁铁接触为小球，[18]X002 常开触点闭合，[22]X002 常闭触点断开，状态继电器 S22 被置位，[26]S22 常开触点闭合，开始执行抓小球控制程序；若下限位开关 SQ2 断开，表明电磁铁接触为大球，[18]X002 常开触点断开，[22]X002 常闭触点闭合，状态继电器 S25 被置位，[45]S25 常开触点闭合，开始执行抓大球控制程序。

① 小球抓取过程。[26]S22 常开触点闭合后，Y005 线圈被置位，通过 KM5 使电磁铁通电抓取小球，同时定时器 T1 开始 1s 计时→ 1s 后，[31]T1 常开触点闭合，状态继电器

S23 被置位→[34]S23 常开触点闭合，Y001 线圈得电，通过 KM1 使电动机 M2 驱动电磁铁上升→当电磁铁上升到位后，上限位开关 SQ3 闭合，[36]X003 常开触点闭合，状态继电器 S24 被置位→[39]S24 常开触点闭合，Y004 线圈得电，通过 KM4 使电动机 M1 驱动机械手臂右移→当机械手臂移到小球箱上方时，小球箱定位开关 SQ4 闭合→[39]X004 常闭触点断开，Y004 线圈失电，机械手臂停止移动，同时[42]X004 常开触点闭合，状态继电器 S30 被置位，[64]S30 常开触点闭合，开始放球过程。

② 放球并返回过程。[64]S30 常开触点闭合后，Y002 线圈得电，通过 KM2 使电动机 M2 驱动电磁铁下降，当下降到位后，下限位开关 SQ2 闭合→[66]X002 常开触点闭合，状态继电器 S31 被置位→[69]S31 常开触点闭合→Y005 线圈被复位，电磁铁失电，将球放入球箱，与此同时，定时器 T2 开始 1s 计时→1s 后，[74]T2 常开触点闭合，状态继电器 S32 被置位→[77]S32 常开触点闭合→Y001 线圈得电，通过 KM1 使电动机 M2 驱动电磁铁上升→当电磁铁上升到位后，上限位开关 SQ3 闭合，[79]X003 常开触点闭合，状态继电器 S33 被置位→[82]S33 常开触点闭合→Y003 线圈得电，通过 KM3 使电动机 M1 驱动机械手臂左移→当机械手臂移到混装球箱上方时，混装球箱定位开关 SQ1 闭合→[82]X001 常闭触点断开，Y003 线圈失电，电动机 M1 停转，机械手臂停止移动，与此同时，[85]X001 常开触点闭合，状态继电器 S0 被置位，[8]S0 常开触点闭合，若按下启动按钮 SB1，则开始下一次抓球过程。

③ 大球抓取过程。[45]S25 常开触点闭合后，Y005 线圈被置位，通过 KM5 使电磁铁通电抓取大球，同时定时器 T1 开始 1s 计时→1s 后，[50]T1 常开触点闭合，状态继电器 S26 被置位→[53]S26 常开触点闭合，Y001 线圈得电，通过 KM1 使电动机 M2 驱动电磁铁上升→当电磁铁上升到位后，上限位开关 SQ3 闭合，[55]X003 常开触点闭合，状态继电器 S27 被置位→[58]S27 常开触点闭合，Y004 线圈得电，通过 KM4 使电动机 M1 驱动机械手臂右移→当机械手臂移到大球箱上方时，大球箱定位开关 SQ5 闭合→[58]X005 常闭触点断开，Y004 线圈失电，机械手臂停止移动，同时[61]X005 常开触点闭合，状态继电器 S30 被置位，[64]S30 常开触点闭合，开始放球过程。大球的放球与返回过程与小球完全一样，不再赘述。

三菱 FX$_{3S/3G/3U}$ 应用指令全精解（一）

　　PLC 的指令分为基本指令、步进指令和应用指令（又称功能指令）。基本指令和步进指令的操作对象主要是继电器、定时器和计数器类的软元件，用于替代继电器控制线路进行顺序逻辑控制。为了适应现代工业自动控制需要，现在的 PLC 都增加了大量的应用指令，应用指令使 PLC 具有强大的数据运算和特殊处理功能，从而大大扩展了 PLC 的应用范围。

　　三菱 FX 系列 PLC 可分为一代机、二代机和三代机，由于三代机是在一、二代机的基础上发展起来的，故其指令较一代机增加了很多。一代机最多支持 118 条指令（基本指令 27 条，步进指令 2 条，应用指令 89 条），二代机最多支持 161 条指令（基本指令 27 条，步进指令 2 条，应用指令 132 条），三代机最多支持 249 条指令（基本指令 29 条，步进指令 2 条，应用指令 218 条）。

6.1　应用指令基础知识

6.1.1　应用指令的格式

　　应用指令由指令符号、功能号和操作数等组成。应用指令的格式（以平均值指令为例）如表 6-1 所示。

表 6-1　应用指令的格式

指令名称	指令符号	功 能 号	操 作 数		
			源操作数（S）	目标操作数（D）	其他操作数（n）
平均值指令	MEAN	FNC45	KnX、KnY、KnS、KnM、T、C、D	KnX、KnY、KnS、KnM、T、C、D、R、V、Z、变址修饰	Kn、Hn（n =1～64）

　　应用指令格式说明如下。

　　① 指令符号：用来规定指令的操作功能，一般由字母（英文单词或单词缩写）组成。表 6-1 中的 MEAN 为指令符号，其含义是对操作数取平均值。

　　② 功能号：应用指令的代码号，每个应用指令都有自己的功能号，如 MEAN 指令的功能号为 FNC45。在编写梯形图程序时，如果要使用某应用指令，须输入该指令的指令符号；而采用手持编程器编写应用指令时，要输入该指令的功能号。

③ 操作数：又称操作元件，通常由源操作数[S]、目标操作数[D]和其他操作数[n]组成。

操作数中的 K 表示十进制数，H 表示十六制数，n 为常数，X 为输入继电器，Y 为输出继电器，S 为状态继电器，M 为辅助继电器，T 为定时器，C 为计数器，D 为数据寄存器，R 为扩展寄存器（外接存储盒时才能使用），V、Z 为变址寄存器，变址修饰是指软元件地址（编号）加上 V、Z 值得到新地址所指的元件。

如果源操作数和目标操作数不止一个，可分别用 [S1]、[S2]、[S3] 和 [D1]、[D2]、[D3] 表示。

举例：在图 6-1 中，程序的功能是在常开触点 X000 闭合时，MOV 指令执行，将十进制数 100 送入数据寄存器 D10。

图 6-1 应用指令格式说明

 6.1.2 应用指令的规则

1. 指令执行形式

三菱 FX 系列 PLC 的应用指令有连续执行型和脉冲执行型两种形式。图 6-2（a）中的 MOV 为连续执行型应用指令，当常开触点 X000 闭合后，[MOV D10 D12] 指令在每个扫描周期都被重复执行。图 6-2（b）中的 MOVP 为脉冲执行型应用指令（在 MOV 指令后加 P 表示脉冲执行），[MOVP D10 D12] 指令仅在 X000 由断开转为闭合的瞬间执行一次（闭合后不再执行）。

图 6-2 两种执行形式的应用指令

2. 数据长度

应用指令可处理 16 位和 32 位数据。

（1）16 位数据

16 位数据结构如图 6-3 所示，其中最高位为符号位，其余为数据位。符号位的功能是指示数据位的正负，符号位为 0 表示数据为正数，符号位为 1 表示数据为负数。

图 6-3 16 位数据结构

（2）32 位数据

一个数据寄存器可存储 16 位数据，相邻的两个数据寄存器组合起来可以存储 32 位数据。32 位数据结构如图 6-4 所示。

在应用指令前加 D 表示其处理数据为 32 位，在图 6-5 中，当常开触点 X000 闭合时，MOV 指令执行，将数据寄存器 D10 中的 16 位数据送入数据寄存器 D12；当常开触点 X001 闭合时，DMOV 指令执行，将数据寄存器 D21 和 D20 中的 16 位数据拼成 32 位数据送入数据寄存器 D23 和 D21，其中 D21 → D23，D20 → D22。脉冲执行符号 P 和 32 位数据处理符号 D 可同时使用。

图 6-4　32 位数据结构

图 6-5　16 位和 32 位数据执行指令使用说明

（3）字元件和位元件

字元件是指处理数据的元件，如数据寄存器和定时器、计数器等。位元件是指只有断开和闭合两种状态的元件，如输入继电器 X、输出继电器 Y、辅助继电器 M 和状态继电器 S 等。

多个位元件组合可以构成字元件，位元件在组合时 4 个元件组成一个单元，位元件组合可用"Kn+ 首元件编号"来表示，n 为单元数。例如，K1M0 表示 M0 ～ M3 四个位元件组合，K4M0 表示位元件 M0 ～ M15 组合成 16 位字元件（M15 为最高位，M0 为最低位），K8M0 表示位元件 M0 ～ M31 组合成 32 位字元件。其他的位元件组成字元件如 K4X0、K2Y10、K1S10 等。

在进行 16 位数据操作时，n 在 1 ～ 3 之间，参与操作的位元件只有 4 ～ 12 位，不足部分用 0 补足，由于最高位只能为 0，所以意味着只能处理正数。在进行 32 位数据操作时，n 在 1 ～ 7 之间，参与操作的位元件有 4 ～ 28 位，不足的部分用 0 补足。在采用"Kn+ 首元件编号"方式组合成字元件时，首元件可以任选，但为了避免混乱，通常选尾数为 0 的元件作为首元件，如 M0、M10、M20 等。

不同长度的字元件在进行数据传递时，一般遵循以下规则。

① 长字元件→短字元件传递数据，长字元件低位数据传送给短字元件。

② 短字元件→长字元件传递数据，短字元件数据传送给长字元件低位，长字元件高位全部变为 0。

3. 变址寄存器与变址修饰

三菱 FX 系列 PLC 有 V、Z 两种 16 位变址寄存器，可以像数据寄存器一样进行读写操作。变址寄存器 V、Z 编号分别为 V0 ～ V7、Z0 ～ Z7，常用在传送、比较指令中，用来修改操作对象的元件号。例如，在图 6-6 所示左梯形图中，如果 V0=18（即变址寄存器 V 存储的数据为 18），Z0=20，则 D2V0 表示 D（2+V0）=D20，D10Z0 表示 D（10+Z0）= D30，指令执行的操作是将数据寄存器 D20 中的数据送入 D30 中，因此图 6-6 中两个梯形图的功能是等效的。

图 6-6 变址寄存器的使用说明一

变址寄存器可操作的元件有输入继电器 X、输出继电器 Y、辅助继电器 M、状态继电器 S、指针 P 和由位元件组成的字元件的首元件。比如，KnM0Z 允许使用，由于变址寄存器不能改变 n 的值，故 K2ZM0 是错误的。利用变址寄存器在某些方面可以简化编程。图 6-7 中的程序采用了变址寄存器，在常开触点 X000 闭合时，先分别将数据 6 送入变址寄存器 V0 和 Z0，然后将数据寄存器 D6 中的数据送入 D16。

将软元件地址（编号）与变址寄存器中的值相加得到的结果作为新软元件的地址，称为变址修饰。

图 6-7 变址寄存器的使用说明二

6.1.3 PLC 数值的种类及转换

1. 数值的种类

PLC 数值的种类主要有十进制数（DEC）、八进制数（OCT）、十六进制数（HEX）、二进制数（BIN）和 BCD 数（二进制表示的十进制数）。

在 PLC 中，十进制数主要用作常数（如 K9、K18）和除输入、输出继电器以外的内部软元件的编号（如 M0、M9、M10），八进制数主要用作输入继电器和输出继电器的软元件编号（如 X001～X007、Y010～Y017），十六进制数主要用作常数（如 H8、H1A），二进制数主要用于 PLC 内部运算处理，BCD 数主要用于 BCD 数字开关和 7 段码显示器。

2. 数值的转换

（1）二进制数与十进制数的相互转换

二进制数转换成十进制数的方法：将二进制数各位数码与位权相乘后求和，就能得到十进制数。

例如，$(101.1)_2 = 1 \times 2^2 + 0 \times 2^1 + 1 \times 2^0 + 1 \times 2^{-1} = 4 + 0 + 1 + 0.5 = (5.5)_{10}$。

十进制数转换成二进制数的方法：采用除以 2 取余法，即将十进制数依次除以 2，并依次记下余数，一直除到商数为 0，最后把全部余数按相反次序排列，就得到二进制数。

例如，将十进制数 $(29)_{10}$ 转换成二进制数，方法为

```
2 | 29    余 1    a₀  低位
2 | 14    余 0    a₁
2 | 7     余 1    a₂
2 | 3     余 1    a₃
2 | 1     余 1    a₄  高位
    0
```

即 $(29)_{10}=(11101)_2$。

(2) 二进制数与十六进制数的相互转换

二进制数转换成十六进制数的方法：从小数点起向左、右按4位分组，不足4位的，整数部分可在最高位的左边加"0"补齐，小数点部分不足4位的，可在最低位右边加"0"补齐，每组用与其对应的十六进制数代替，将各个十六进制数依次写出即可。

例如，将二进制数 $(1011000110.111101)_2$ 转换成十六进制数，方法为

注：十六进制数的16位数码为0、1、2、3、4、5、6、7、8、9、A、B、C、D、E、F，分别与二进制数0000、0001、0010、0011、0100、0101、0110、0111、1000、1001、1010、1011、1100、1101、1110、1111相对应。

十六进制数转换成二进制数的方法：从左到右将待转换的十六进制数中的每个数依次用4位二进制数表示。

例如，将十六进制数 $(13AB.6D)_{16}$ 转换成2进制数，方法为

(3) BCD数与十进制数的相互转换

十进制数转换成BCD数的方法：将十进制数的0、1、2、3、4、5、6、7、8、9分别用4位二进制数0000、0001、0010、0011、0100、0101、0110、0111、1000、1001表示，得到的数即为BCD数。

例如，十制数15的"5"转换成BCD数为"0101"，"1"转换成BCD数为"0001"，那么15转换成BCD数为00010101。十进制数15转换成二进制数（又称BIN数）为1111。

BCD数转换成十进制数的方法：先把BCD数按4位分成一组（从低到高，高位不足4位补0），然后将其中的0000、0001、0010、0011、0100、0101、0110、0111、1000、1001分别用0、1、2、3、4、5、6、7、8、9表示，得到的数即为十进制数。

例如，BCD数010011有6位，高位补两个0后分成两组（4位一组）为0001和0011，0001用十进制数1表示，0011用十进制数3表示，则BCD数010011转换成十进制数为13。

PLC常用类型的数值对照见表6-2，比如十进制数12，用八进制数表示为14，用十六进制数表示为0C，用二进制数表示为00001100，用BCD数表示为00010010。

表 6-2 PLC 常用类型的数值对照表

十进制数（DEC）	八进制数（OCT）	十六进制数（HEX）	二进制数（BIN）		BCD	
0	0	00	0000	0000	0000	0000
1	1	01	0000	0001	0000	0001
2	2	02	0000	0010	0000	0010
3	3	03	0000	0011	0000	0011
4	4	04	0000	0100	0000	0100
5	5	05	0000	0101	0000	0101
6	6	06	0000	0110	0000	0110
7	7	07	0000	0111	0000	0111
8	10	08	0000	1000	0000	1000
9	11	09	0000	1001	0000	1001
10	12	0A	0000	1010	0001	0000
11	13	0B	0000	1011	0001	0001
12	14	0C	0000	1100	0001	0010
13	15	0D	0000	1101	0001	0011
14	16	0E	0000	1110	0001	0100
15	17	0F	0000	1111	0001	0101
16	20	10	0001	0000	0001	0110
⋮	⋮	⋮	⋮	⋮	⋮	⋮
99	143	63	0110	0011	1001	1001
⋮	⋮	⋮	⋮	⋮	⋮	⋮

6.2 程序流程类指令

6.2.1 指令一览表

程序流程类指令有 10 条，各指令的功能号、符号、形式、名称和支持的 PLC 系列如表 6-3 所示。

表 6-3 程序流程类指令

功能号	指令符号	指令形式	指令名称	支持的 PLC 系列								
				FS_{3S}	FS_{3G}	FX_{3GC}	FX_{3U}	FX_{3UC}	FX_{1S}	FX_{1N}	FX_{1NC}	FX_{2N}	FX_{2NC}
FNC00	CJ(P)	⊢[CJ Pn]	条件跳转	○	○	○	○	○	○	○	○	○	○
FNC01	CALL(P)	⊢[CALL Pn]	子程序调用	○	○	○	○	○	○	○	○	○	○
FNC02	SRET	⊢[SRET]	子程序返回		○	○	○	○		○	○	○	○

(续表)

功能号	指令符号	指令形式	指令名称	支持的 PLC 系列								
				FS_{3S}	FS_{3G}	FX_{3GC}	FX_{3U}	FX_{3UC}	FX_{1S}	FX_{1N}	FX_{1NC}	FX_{2N}	FX_{2NC}
FNC03	IRET	—[IRET]—	中断返回	○	○	○	○	○	○	○	○	○
FNC04	EI	—[EI]—	允许中断	○	○	○	○	○	○	○	○	○
FNC05	DI	—[DI]—	禁止中断	○	○	○	○	○	○	○	○	○
FNC06	FEND	—[FEND]—	主程序结束	○	○	○	○	○	○	○	○	○
FNC07	WDT (P)	—∥—[WDT]—	刷新监视定时器（看门狗定时器）	○	○	○	○	○	○	○	○	○
FNC08	FOR	—[FOR S]—	循环开始	○	○	○	○	○	○	○	○	○
FNC09	NEXT	—[NEXT]—	循环结束	○	○	○	○	○	○	○	○	○

6.2.2 指令精解（FNC00 ～ FNC09）

1. 条件跳转指令

（1）指令格式

条件跳转指令格式如表 6-4 所示。

表 6-4 条件跳转指令格式

指令名称与功能号	指令符号	指令形式与功能说明	操 作 数
			Pn（指针编号）
条件跳转 (FNC00)	CJ (P)	—∥—[CJ Pn] 程序跳转到指针 Pn 处执行	P0 ～ P63（FX_{1S}）、P0 ～ P127（FX_{1N}、FX_{2N}）、P0 ～ P255（FX_{3S}）、P0 ～ P2047（FX_{3G}）、P0 ～ P4095（FX_{3U}），Pn 可变址修饰

（2）使用说明

条件跳转指令的使用如图 6-8 所示。在图 6-8（a）中，当常开触点 X020 闭合时，"CJ P9"指令执行，程序会跳转到 CJ 指令指定的标记（指针）P9 处，并从该处开始往后执行程序，跳转指令与标记之间的程序将不会执行。如果 X020 处于断开状态，则程序不会跳转，而

图 6-8 条件跳转指令的使用

是往下执行。当执行到常开触点 X021 所在行时，若 X021 闭合，CJ 指令执行会使程序跳转到 P9 处。在图 6-8（b）中，当常开触点 X022 闭合时，CJ 指令执行会使程序跳转到 P10 处，并从 P10 处开始往下执行程序。

在 FXGP/WIN-C 编程软件输入标记 P* 的操作如图 6-9（a）所示，将光标移到某程序左母线步标号处，然后按键盘上的 P 键，在弹出的对话框中输入数字，单击"确定"按钮即可输入标记。在 GX Developer 编程软件输入标记 P* 的操作如图 6-9（b）所示，在程序左母线步标号处双击，弹出"梯形图输入"对话框，输入标记号，单击"确定"按钮即可。

(a) 在FXGP/WIN-C编程软件中输入标记　　　　(b) 在GX Developer编程软件中输入标记

图 6-9　标记 P* 的输入说明

2．子程序调用和返回指令

（1）指令格式

子程序调用和返回指令格式如表 6-5 所示。

表 6-5　子程序调用和返回指令格式

指令名称与功能号	指令符号	指令形式与功能说明	操作数 Pn（指针编号）
子程序调用（FNC01）	CALL（P）	跳转执行指针 Pn 处的子程序。最多嵌套 5 级	P0～P63（FX_{1S}）、P0～P127（FX_{1N}、FX_{2N}）、P0～P255（FX_{3S}）、P0～P2047（FX_{3G}）、P0～P4095（FX_{3U}），Pn 可变址修饰
子程序返回（FNC02）	SRET	从当前子程序返回上一级程序	无

（2）使用说明

子程序调用和返回指令的使用如图 6-10 所示。

在使用子程序调用和返回指令时要注意以下几点：

① 一些常用或多次使用的程序可以写成子程序，然后进行调用。

② 子程序要求写在主程序结束指令"FEND"之后。

③ 子程序中可做嵌套，嵌套最多可做 5 级。

④ CALL 指令和 CJ 指令的操作数不能为同一标记，但不同嵌套的 CALL 指令可调用同一标记处的子程序。

⑤ 在子程序中，要求使用定时器 T192～T199 和 T246～T249。

133

当常开触点 X001 闭合时，"CALL P11"指令执行，程序会跳转并执行标记 P11 处的子程序 1；如果常开触点 X002 闭合，"CALL P12"指令执行，程序会跳转并执行标记 P12 处的子程序 2。子程序 2 执行到返回指令"SRET"时，会跳转到子程序 1，而子程序 1 通过其"SRET"指令返回主程序。从图 6-10 中可以看出，子程序 1 中包含有跳转到子程序 2 的指令，这种方式称为嵌套。

图 6-10 子程序调用和返回指令的使用

3．中断指令

在生活中，人们经常会遇到这样的情况：当你正在书房看书时，突然客厅的电话响了，你就会停止看书，转而去接电话，接完电话后又接着去看书。这种停止当前工作，转而去做其他工作，做完后又返回来做先前工作的现象称为中断。

PLC 也有类似的中断现象，当 PLC 正在执行某程序时，如果突然出现意外情况（中断输入），就需要停止当前正在执行的程序，转而去处理意外情况（去执行中断程序），处理完后又接着执行原来的程序。

（1）指令格式

中断指令有三条，其格式如表 6-6 所示。

表 6-6 中断指令格式

指令名称与功能号	指令符号	指令形式	指令说明
中断返回 （FNC03）	IRET	⊢─[IRET]─	从当前中断子程序返回上一级程序
允许中断 （FNC04）	EI	⊢─[EI]─	开启中断
禁止中断 （FNC05）	DI	⊢─[DI]─	关闭中断

（2）使用说明

中断指令的使用如图 6-11 所示。

下面对照图 6-11 说明中断指令的使用要点。

① 中断允许。EI 至 DI 指令之间或 EI 至 FEND 指令之间为中断允许范围（开中断范围），即程序运行到它们之间时，如果有中断输入，程序会马上跳转执行相应的中断程序。

② 中断禁止。DI 至 EI 指令之间为中断禁止范围（关中断范围），当程序在此范围内运行时出现中断输入，不会马上跳转执行中断程序，而是将中断输入保存下来，等到程序运行完 EI 指令后才跳转执行中断程序。

图 6-11 中断指令的使用

③ 输入中断指针。图中标记处的 I001 和 I101 为中断指针，其含义如下。

三菱 FX 系列 PLC 可使用 6 个输入中断指针，表 6-7 列出了这些输入中断指针的编号和相关内容。

表 6-7 三菱 FX 系列 PLC 的中断指针编号和相关内容

中断输入	指针编号		禁止中断
	上升中断	下降中断	（RUN → STOP 清除）
X000	I001	I000	M8050
X001	I101	I100	M8051
X002	I201	I200	M8052
X003	I301	I300	M8053
X004	I401	I400	M8054
X005	I501	I500	M8055

对照表 6-7 不难理解图 6-11 所示梯形图的工作原理：当程序运行在开中断范围内时，若 X000 触点由断开转为闭合，即 OFF → ON（如 X000 端子外接按钮闭合），则程序马上跳转执行中断指针 I001 处的中断程序，执行到"IRET"指令时，程序又返回主程序；当

程序从 EI 指令往 DI 指令运行时，若 X010 触点闭合，特殊辅助继电器 M8050 得电，则将中断输入 X000 设为无效。这时如果 X000 触点由断开转为闭合，则程序不会执行中断指针 I001 处的中断程序。

④ 定时器中断。当需要每隔一定的时间就反复执行某段程序时，可采用定时器中断。三菱 FX$_{1S}$、FX$_{1N}$ 系列 PLC 无定时器中断功能，三菱 FX$_{2N}$、FX$_{3S}$、FX$_{3G}$、FX$_{3U}$ 系列 PLC 可使用 3 个定时器中断指针。定时器中断指针含义如下。

定时器中断指针 I6 □□、I7 □□、I8 □□可分别用 M8056、M8057、M8058 禁止（PLC 由 RUN → STOP 时清除禁止）。

⑤ 计数器中断。当高速计数器增计数时可使用计数器中断，仅三菱 FX$_{3U}$ 系列 PLC 支持计数器中断。计数器中断指针含义如下。

I 0 □ 0
　└─ 计数器中断指针（1～6）

指针编号	中断禁止标志位
I010、I020、I030、I040、I050、I060	M8059（RUN → STOP 时清除禁止）

4．主程序结束指令

主程序结束指令格式如表 6-8 所示。

表 6-8　主程序结束指令格式

指令名称与功能号	指令符号	指令形式	指令说明
主程序结束（FNC06）	FEND	─[FEND]─	主程序结束

主程序结束指令使用要点如下。

① FEND 表示一个主程序结束，执行该指令后，程序返回第 0 步。

② 多次使用 FEND 指令时，子程序或中断程序要写在最后的 FEND 指令与 END 指令之间，且必须以 RET 指令（针对子程序）或 IRET 指令（针对中断程序）结束。

5．刷新监视定时器指令

（1）指令格式

刷新监视定时器（看门狗定时器）指令格式如表 6-9 所示。

表 6-9　刷新监视定时器指令格式

指令名称与功能号	指令符号	指令形式	指令说明
刷新监视定时器（FNC07）	WDT（P）	─┤├─[WDT]─	对监视定时器（看门狗定时器）进行刷新

(2)使用说明

PLC 运行时,若一个运行周期(从 0 步运行到 END 或 FENT)超过 200ms,则内部运行监视定时器(又称看门狗定时器)会让 PLC 的 CPU 出错指示灯变亮,同时 PLC 停止工作。为了解决这个问题,可使用刷新监视定时器指令对监视定时器(D8000)进行刷新(清0)。刷新监视定时器指令的使用如图 6-12(a)所示,若一个程序运行需 240ms,则可在 120ms 程序处插入一个 WDT 指令,对监视定时器 D8000 进行刷新,使之重新计时。

为了使 PLC 扫描周期超过 200ms,还可以使用 MOV 指令将希望运行的时间写入特殊数据寄存器 D8000 中,如图 6-12(b)所示,该程序将 PLC 扫描周期设为 300ms。

(a)说明图　　　　　　　　　　　(b)指令使用举例

图 6-12　刷新监视定时器指令的使用

6. 循环开始与结束指令

(1)指令格式

循环开始与结束指令格式如表 6-10 所示。

表 6-10　循环开始与结束指令格式

指令名称与功能号	指令符号	指令形式	指令说明	操作数 S(16 位,1～32767)
循环开始 (FNC08)	FOR	[FOR S]	将 FOR～NEXT 之间的程序执行 S 次	K、H、KnX、KnY、KnS、KnM、T、C、D、V、Z、变址修饰、R(仅 FX$_{3G/3U}$)
循环结束 (FNC09)	NEXT	[NEXT]	循环程序结束	无

(2)使用说明

循环开始与结束指令的使用如图 6-13 所示。

FOR 与 NEXT 指令使用要点如下。

① FOR 与 NEXT 之间的程序可重复执行 S 次,S 由编程设定,S=1～32767。

② 循环程序执行完设定的次数后,紧接着执行 NEXT 指令后面的程序步。

③ 在 FOR～NEXT 程序之间最多可嵌套 5 层其他的 FOR～NEXT 程序,嵌套时应避免出现以下情况:

- 缺少 NEXT 指令;
- NEXT 指令写在 FOR 指令前;
- NEXT 指令写在 FEND 或 END 之后;
- NEXT 指令个数与 FOR 指令个数不一致。

"FOR K4"指令设定 A 段程序（FOR～NEXT 之间的程序）循环执行 4 次，"FOR D0"指令设定 B 段程序循环执行 D0（数据寄存器 D0 中的数值）次。若 D0=2，则 A 段程序反复执行 4 次，而 B 段程序会执行 4×2=8 次。这是因为运行到 B 段程序时，B 段程序需要反复运行 2 次，然后往下执行，当执行到 A 段程序 NEXT 指令时，又返回 A 段程序头部重新开始运行，直至 A 段程序从头到尾执行 4 次。

图 6-13 循环开始与结束指令的使用

6.3 传送与比较类指令

6.3.1 指令一览表

传送与比较类指令有 14 条，各指令的功能号、符号、形式、名称及支持的 PLC 系列如表 6-11 所示。

表 6-11 传送与比较类指令

功能号	指令符号	指令形式	指令名称	支持的 PLC 系列								
				FS$_{3S}$	FS$_{3G}$	FX$_{3GC}$	FX$_{3U}$	FX$_{3UC}$	FX$_{1S}$	FX$_{N}$	FX$_{1NC}$	FX$_{2N}$	FX$_{2NC}$
FNC10	CMP	─┤├─ CMP S1 S2 D	比较	○	○	○	○	○	○	○	○	○	○
FNC11	ZCP	─┤├─ ZCP S1 S2 S D	区间比较	○	○	○	○	○	○	○	○	○	○
FNC12	MOV	─┤├─ MOV S D	传送	○	○	○	○	○	○	○	○	○	○
FNC13	SMOV	─┤├─ SMOV S m1 m2 D n	移位传送	○	○	○	○	○	—	—	—	○	○
FNC14	CML	─┤├─ CML S D	取反传送	○	○	○	○	○	—	—	—	○	○
FNC15	BMOV	─┤├─ BMOV S D n	成批传送	○	○	○	○	○	—	○	○	○	○
FNC16	FMOV	─┤├─ FMOV S D n	多点传送	○	○	○	○	○	—	—	—	○	○
FNC17	XCH	─┤├─ XCH D1 D2	数据交换	—	—	○	○	○	—	—	—	○	○
FNC18	BCD	─┤├─ BCD S D	BCD 转换	○	○	○	○	○	○	○	○	○	○
FNC19	BIN	─┤├─ BIN S D	BIN 转换	○	○	○	○	○	○	○	○	○	○
FNC102	ZPUSH	─┤├─ ZPUSH D	变址寄存器成批保存	—	—	○	○	○	—	—	—	—	—
FNC103	ZPOP	─┤├─ ZPOP D	变址寄存器恢复	—	—	○	○	○	—	—	—	—	—
FNC278	RBFM	─┤├─ RBFM m1 m2 D n1 n2	BFM 分割读出	—	—	—	○	○	—	—	—	—	—
FNC279	WBFM	─┤├─ WBFM m1 m2 S n1 n2	BFM 分割写入	—	—	—	○	○	—	—	—	—	—

6.3.2 指令精解（FNC10～FNC19、FNC102、FNC103、FNC278、FNC279）

1. 比较指令

（1）指令格式

比较指令格式如表 6-12 所示。

表 6-12 比较指令格式

指令名称与功能号	指令符号	指令形式与功能说明	操作数	
			S1、S2（16/32 位）	D（位型）
比较 (FNC10)	(D) CMP (P)	⊢⊣ [CMP S1 S2 D] 将 S1 与 S2 进行比较，若 S1>S2，将 D 置 ON；若 S1=S2，将 D+1 置 ON；若 S1<S2，将 D+2 置 ON	K、H、KnX、KnY、KnS、KnM、T、C、D、V、Z、变址修饰、R（仅 FX$_{3G/3U}$）	Y、M、S、D□.b（仅 FX$_{3U}$）、变址修饰

（2）使用说明

比较指令的使用如图 6-14 所示。

图 6-14 比较指令的使用

CMP 指令有两个源操作数 K100、C10 和一个目标操作数 M0（位元件）。当常开触点 X000 闭合时，CMP 指令执行，将源操作数 K100 和计数器 C10 的当前值进行比较，根据比较结果来驱动目标操作数指定的三个连号位元件。若 K100>C10，M0 常开触点闭合；若 K100=C10，M1 常开触点闭合；若 K100<C10，M2 常开触点闭合。

在指定 M0 为 CMP 的目标操作数时，M0、M1、M2 三个连号元件会被自动占用。在 CMP 指令执行后，这三个元件必定有一个处于 ON。当常开触点 X000 断开后，这三个元件的状态仍会保持，要恢复它们的原状态，可采用复位指令。

2. 区间比较指令

（1）指令格式

区间比较指令格式如表 6-13 所示。

表 6-13 区间比较指令格式

指令名称与功能号	指令符号	指令形式与功能说明	操作数	
			S1、S2、S（16/32 位）	D（位型）
区间比较 (FNC11)	(D) ZCP (P)	⊢⊣ [ZCP S1 S2 S D] 将 S 与 S1（小值）、S2（大值）进行比较，若 S<S1，将 D 置 1；若 S1≤S≤S2，将 D+1 置 1；若 S>S2，将 D+2 置 1	K、H、KnX、KnY、KnS、KnM、T、C、D、V、Z、变址修饰、R（仅 FX$_{3G/3U}$）	Y、M、S、D□.b（仅 FX$_{3U}$）、变址修饰

(2) 使用说明

区间比较指令的使用如图 6-15 所示。使用区间比较指令时，要求第一源操作数 S1 小于第二源操作数 S2。

ZCP 指令有三个源操作数和一个目标操作数，前两个源操作数用于将数据分为三个区间，再将第三个源操作数在这三个区间进行比较，根据比较结果来驱动目标操作数指定的三个连号位元件。若 C30<K100，M3 置 1，M3 常开触点闭合；若 K100≤C30≤K120，M4 置 1，M4 常开触点闭合；若 C30>K120，M5 置 1，M5 常开触点闭合。

图 6-15 区间比较指令的使用

3. 传送指令

(1) 指令格式

传送指令格式如表 6-14 所示。

表 6-14 传送指令格式

指令名称与功能号	指令符号	指令形式与功能说明	操作数	
			S（16/32 位）	D（16/32 位）
传送 (FNC12)	(D) MOV (P)	─┤├─[MOV S D]─ 将 S 值传送给 D	K、H、KnX、KnY、KnS、KnM、T、C、D、V、Z、变址修饰、R（仅 FX$_{3G/3U}$）	KnY、KnS、KnM、T、C、D、V、Z、变址修饰

(2) 使用说明

传送指令的使用如图 6-16 所示。当常开触点 X000 闭合时，MOV 指令执行，将 K100（十进制数 100）送入数据寄存器 D10 中，由于 PLC 寄存器只能存储二进制数，因此将

图 6-16 传送指令的使用

梯形图写入 PLC 前，编程软件会自动将十进制数转换成二进制数。

4. 移位传送指令

(1) 指令格式

移位传送指令格式如表 6-15 所示。

表 6-15 移位传送指令格式

指令名称与功能号	指令符号	指令形式	操作数	
			m1、m2、n	S（16 位）、D（16 位）
移位传送 (FNC13)	SMOV (P)	─┤├─[SMOV S m1 m2 D n]─ 指令功能见后面的指令使用说明	常数 K、H	KnX（S 可用，D 不可用）、KnY、KnS、KnM、T、C、D、V、Z、R（仅 FX$_{3G/3U}$）、变址修饰

（2）使用说明

移位传送指令的使用如图 6-17 所示。当常开触点 X000 闭合时，SMOV 指令执行，首先将源数据寄存器 D1 中的 16 位二进制数据转换成 4 组 BCD 数，然后将这 4 组 BCD 数中的第 4 组（m1=K4）的低 2 组（m2=K2）移入目标寄存器 D2 第 3 组（n=K3）的低 2 组（m2=K2）中，D2 中的第 4、1 组数据保持不变，再将形成的新 4 组 BCD 数转换成 16 位二进制数。例如，初始 D1 中的数据为 4567，D2 中的数据为 1234，执行 SMOV 指令后，D1 中的数据不变，仍为 4567，而 D2 中的数据将变成 1454。

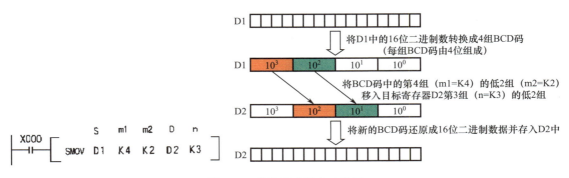

图 6-17　移位传送指令的使用

5. 取反传送指令

（1）指令格式

取反传送指令格式如表 6-16 所示。

表 6-16　取反传送指令格式

指令名称与功能号	指令符号	指令形式与功能说明	操　作　数	
			S（16/32 位）、D（16/32 位）	
取反传送 (FNC14)	(D) CML (P)	将 S 的各位数取反再传送给 D	（S 可用 K、H 和 KnX，D 不可用） KnY、KnS、KnM、T、C、D、V、Z、R（仅 FX$_{3G/3U}$）、变址修饰	

（2）使用说明

取反传送指令的使用如图 6-18 所示，当常开触点 X000 闭合时，CML 指令执行，将

图 6-18　取反传送指令的使用

数据寄存器 D0 中的低 4 位数据取反，再将取反的低 4 位数据按低位到高位的顺序分别送入 4 个输出继电器 Y000～Y003 中。

6．成批传送指令

（1）指令格式

成批传送指令格式如表 6-17 所示。

表 6-17　成批传送指令格式

指令名称与功能号	指令符号	指令形式与功能说明	操作数		
			S（16位）、D（16位）		n（≤512）
成批传送（FNC15）	BMOV（P）	BMOV S D n　将 S 为起始的 n 个连号元件的值传送给 D 为起始的 n 个连号元件	KnX（S 可用，D 不可用）、KnY、KnS、KnM、T、C、D、R（仅 FX$_{3G/3U}$）、变址修饰		K、H、D

（2）使用说明

成批传送指令的使用如图 6-19 所示。当常开触点 X000 闭合时，BMOV 指令执行，将源操作元件 D5 为起始的 n（n=3）个连号元件中的数据批量传送到目标操作元件 D10 为起始的 n 个连号元件中，即将 D5、D6、D7 三个数据寄存器中的数据分别同时传送到 D10、D11、D12 中。

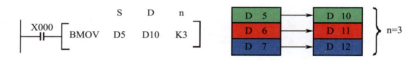

图 6-19　成批传送指令的使用

7．多点传送指令

（1）指令格式

多点传送指令格式如表 6-18 所示。

表 6-18　多点传送指令格式

指令名称与功能号	指令符号	指令形式与功能说明	操作数	
			S、D（16/32 位）	n（16 位）
多点传送（FNC16）	(D)FMOV(P)	FMOV S D n　将 S 值同时传送给 D 为起始的 n 个元件	（S 可用 K、H、KnX、V、Z，D 不可用）KnY、KnS、KnM、T、C、D、R（仅 FX$_{3G/3U}$）、变址修饰	K、H

（2）使用说明

多点传送指令的使用如图 6-20 所示。当常开触点 X000 闭合时，FMOV 指令执行，将源操作数 0（K0）同时送入以 D0 开头的 10（n=K10）个连号数据寄存器（D0～D9）中。

图 6-20　多点传送指令的使用

8．数据交换指令

（1）指令格式

数据交换指令格式如表 6-19 所示。

表 6-19　数据交换指令格式

指令名称与功能号	指令符号	指令形式	操作数	
			D1（16/32 位）、D2（16/32 位）	
数据交换 (FNC17)	(D) XCH (P)	⊢⊢─[XCH D1 D2] 将 D1 和 D2 的数据相互交换	KnY、KnS、KnM、T、C、D、V、Z、R（仅 FX$_{3G/3U}$）、变址修饰	

（2）使用说明

数据交换指令的使用如图 6-21 所示。当常开触点 X000 闭合时，XCHP 指令执行，将目标操作数 D10、D11 中的数据相互交换。若指令执行前 D10=100，D11=101，则指令执行后，D10=101，D11=100。如果使用连续执行指令 XCH，则每个扫描周期数据都要交换，很难预知执行结果，所以一般采用脉冲执行指令 XCHP 进行数据交换。

图 6-21　数据交换指令的使用

9．BCD 转换指令

（1）指令格式

BCD 转换指令格式如表 6-20 所示。

表 6-20　BCD 转换指令格式

指令名称与功能号	指令符号	指令形式与功能说明	操作数	
			S（16/32 位）、D（16/32 位）	
BCD 转换 (FNC18)	(D) BCD (P)	⊢⊢─[BCD S D] 将 S 中的二进制数（BIN 数）转换成 BCD 数，再传送给 D	KnX（S 可用，D 不可用）、KnY、KnS、KnM、T、C、D、V、Z、R（仅 FX$_{3G/3U}$）、变址修饰	

（2）使用说明

BCD 转换指令的使用如图 6-22 所示。当常开触点 X000 闭合时，BCD 指令执行，将源操作元件 D10 中的二进制数转换成 BCD 数，再存入目标操作元件 D12 中。三菱 FX 系列 PLC 内部在四则运算和增量、减量运算时，都是以二进制方式进行的。

图 6-22 BCD 转换指令的使用

10．BIN 转换指令

（1）指令格式

BIN 转换指令格式如表 6-21 所示。

表 6-21　BIN 转换指令格式

指令名称与功能号	指令符号	指令形式与功能说明	操作数	
			S（16/32 位）、D（16/32 位）	
BIN 转换（FNC19）	(D)BIN(P)	⊢⊣ BIN S D　将 S 中的 BCD 数转换成 BIN 数，再传送给 D	KnX（S 可用，D 不可用）、KnY、KnS、KnM、T、C、D、V、Z、R（仅 FX3G/3U）、变址修饰	

（2）使用说明

BIN 转换指令的使用如图 6-23 所示。当常开触点 X000 闭合时，BIN 指令执行，将源操作元件 X000～X007 构成的两组 BCD 数转换成二进制数码（BIN 码），再存入目标操作元件 D13 中。若 BIN 指令的源操作数不是 BCD 数，则会发生运算错误，如 X007～X000 的数据为 10110100，该数据的前 4 位 1011 转换成十进制数为 11，它不是 BCD 数，因为单组 BCD 数不能大于 9，单组 BCD 数只能在 0000～1001 范围内。

图 6-23　BIN 转换指令的使用

11．变址寄存器成批保存指令

（1）指令格式

变址寄存器成批保存指令格式如表 6-22 所示。

表 6-22 变址寄存器成批保存指令格式

指令名称与功能号	指令符号	指令形式与功能说明	操作数 D（16位）
变址寄存器成批保存（FNC102）	ZPUSH（P）	将变址寄存器 V0、Z0、…、V7、Z7 的数据分别保存到 D+1、D+2、…、D+15、D+16，D 存放成批保存的次数，每批量保存一次，D 值增 1	D、R

（2）使用说明

变址寄存器成批保存指令的使用如图 6-24 所示。当常开触点 X000 闭合时，ZPUSH 指令执行，将变址寄存器 V0、Z0、…、V7、Z7 的数据分别保存到 D1、D2、…、D15、D16，D0 存放成批保存的次数，每成批保存一次，D0 值会增 1。

图 6-24 变址寄存器成批保存指令的使用

12. 变址寄存器恢复指令

（1）指令格式

变址寄存器恢复指令格式如表 6-23 所示。

表 6-23 变址寄存器恢复指令格式

指令名称与功能号	指令符号	指令形式与功能说明	操作数 D（16位）
变址寄存器恢复（FNC103）	ZPOP（P）	将 D+1、D+2、…、D+15、D+16 中的数据分别恢复到 V0、Z0、…、V7、Z7，D 存放成批保存的次数，每批量恢复一次，D 值减 1。ZPOP 应与 ZPUSH 成对使用	D、R

（2）使用说明

变址寄存器恢复指令的使用如图 6-25 所示。当常开触点 X000 闭合时，ZPOP 指令执行，

图 6-25 变址寄存器恢复指令的使用

将 D1、D2、…、D15、D16 中的数据分别恢复到 V0、Z0、…、V7、Z7，D0 存放成批保存的次数，每成批恢复一次，D0 值会减 1。

13．BFM 分割读出指令

（1）指令格式

BFM 分割读出指令格式如表 6-24 所示。

表 6-24　BFM 分割读出指令格式

指令名称与功能号	指令符号	指令形式与功能说明	操作数（16 位）	
			m1、m2、n1、n2	D
BFM 分割读出（FNC278）	RBFM	⊣├─[RBFM m1 m2 D n1 n2]─ 将与 PLC 连接的 m1 号特殊功能单元（或模块）的 BFM#m2 为起始的 n1 个元件数据以每个扫描周期读取 n2 点的方式，读出并传送给 D 为起始的 n1 个元件	K、H、D、R m1：0～7 m2：0～32766 n1、n2：1～32767	D、R、变址修饰

（2）使用说明

当 PLC 基本单元连接特殊功能单元（或模块）时，将自动为各单元分配单元号，如图 6-26 所示，基本单元的单元号为 0，最靠近基本单元的特殊功能单元的单元号为 1，然后依次是 2、3…，输入/输出扩展模块内部无存储器，没有单元号。特殊功能单元（或模块）内部有存储器，称为 BFM（缓冲存储区），16 位 RAM 存储器最大有 32767 点，其编号为 BFM#0～#32767。

[图示：单元No.0 FX3UC-32MT-LT(-2)型基本单元 | 单元No.1 输入/输出扩展模块 | 特殊功能模块 | 单元No.2 特殊功能模块 | 输入/输出扩展模块 | 单元No.3 特殊功能模块]

图 6-26　特殊功能单元（或模块）单元号的分配

BFM 分割读出指令的功能是将特殊功能单元（或模块）的 BFM 数据批量读入 PLC 基本单元，其使用如图 6-27 所示。当常开触点 M5 闭合时，RBFM 指令执行，将 2 号特殊功能单元(或模块)的 BFM#2001～#2080 共 80 点数据以每个扫描周期读取 16 点的方式，读出并传送给 D200～D279。如果一个扫描周期读取的点数很多，为避免整个程序运行时间超出 200ms 而导致 PLC 运行出错，可将看门狗定时器 D8000 的时间值设置大于 200ms。

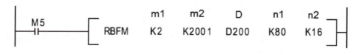

图 6-27　BFM 分割读出指令的使用

14．BFM 分割写入指令

（1）指令格式

BFM 分割写入指令格式如表 6-25 所示。

表 6-25　BFM 分割写入指令格式

指令名称与功能号	指令符号	指令形式与功能说明	操作数（16 位）	
			m1、m2、n1、n2	S
BFM 分割写入（FNC279）	WBFM	⊣⊢─[WBFM m1 m2 S n1 n2]─ 以每个扫描周期写 n2 点的方式，将 S 为起始的 n1 个元件数据写入与 PLC 连接的 m1 号特殊功能单元（或模块）的 BFM#m2 为起始的 n1 个元件中	K、H、D、R m1：0～7 m2：0～32766 n1、n2：1～32767	D、R、变址修饰

（2）使用说明

BFM 分割写入指令的功能是将数据批量写入特殊功能单元（或模块）的 BFM。BFM 分割写入指令的使用如图 6-28 所示。当常开触点 M0 闭合时，WBFM 指令执行，以每个扫描周期写 16 点的方式，将 D100～D179 共 80 个元件数据写入与 PLC 连接的 2 号特殊功能单元（或模块）的 BFM#1001～#1080。

```
        m1    m2    S    n1   n2
─┤M0├──[ WBFM K2  K1001 D100 K80 K16 ]─
```

图 6-28　BFM 分割写入指令的使用

6.4　四则运算与逻辑运算类指令

6.4.1　指令一览表

四则运算与逻辑运算类指令有 10 条，各指令的功能号、符号、形式、名称及支持的 PLC 系列如表 6-26 所示。

表 6-26　四则运算与逻辑运算类指令

功能号	指令符号	指令形式	指令名称	支持的 PLC 系列								
				FS$_{3S}$	FS$_{3G}$	FX$_{3GC}$	FX$_{3U}$	FX$_{3UC}$	FX$_{1S}$	FX$_{1N}$	FX$_{1NC}$	FX$_{2N}$	FX$_{2NC}$
FNC20	ADD	ADD S1 S2 D	BIN 加法运算	○	○	○	○	○	○	○	○	○	○
FNC21	SUB	SUB S1 S2 D	BIN 减法运算	○	○	○	○	○	○	○	○	○	○
FNC22	MUL	MUL S1 S2 D	BIN 乘法运算	○	○	○	○	○	○	○	○	○	○
FNC23	DIV	DIV S1 S2 D	BIN 除法运算	○	○	○	○	○	○	○	○	○	○
FNC24	INC	INC D	BIN 加 1	○	○	○	○	○	○	○	○	○	○
FNC25	DEC	DEC D	BIN 减 1	○	○	○	○	○	○	○	○	○	○
FNC26	WAND	WAND S1 S2 D	逻辑与	○	○	○	○	○	○	○	○	○	○
FNC27	WOR	WOR S1 S2 D	逻辑或	○	○	○	○	○	○	○	○	○	○
FNC28	WXOR	WXOR S1 S2 D	逻辑异或	○	○	○	○	○	○	○	○	○	○
FNC29	NEG	NEG D	补码	—	—	○	○	○	—	—	—	○	○

6.4.2 指令精解（FNC20～FNC29）

1. BIN 加法运算指令

（1）指令格式

BIN 加法运算指令格式如表 6-27 所示。

表 6-27 BIN 加法运算指令格式

指令名称与功能号	指令符号	指令形式与功能说明	操作 数		
			S1、S2、D（三者均为 16/32 位）		
BIN 加法运算（FNC20）	(D)ADD(P)	ADD S1 S2 D S1+S2 → D	(S1、S2 可用 K、H、KnX，D 不可用） KnY、KnS、KnM、T、C、D、V、Z、R（仅 $FX_{3G/3U}$）、变址修饰		

（2）使用说明

BIN 加法运算指令的使用如图 6-29 所示。

在图 6-29（a）中，当常开触点 X000 闭合时，ADD 指令执行，将两个源操作元件 D10 和 D12 中的数据相加，结果存入目标操作元件 D14 中。源操作数可正可负，它们以代数形式相加，如 5+（−7）=−2。

在图 6-29（b）中，当常开触点 X000 闭合时，DADD 指令执行，将源操作元件 D11、D10 和 D13、D12 分别组成 32 位数据再相加，结果存入目标操作元件 D15、D14 中。当进行 32 位数据运算时，要求每个操作数是两个连号的数据寄存器，为了确保不重复，指定的元件最好为偶数编号。

在图 6-29（c）中，当常开触点 X001 闭合时，ADDP 指令执行，将 D0 中的数据加 1，结果仍存入 D0 中。当一个源操作数和一个目标操作数为同一元件时，最好采用脉冲执行型加法运算指令 ADDP，因为若是连续型加法运算指令，则每个扫描周期指令都要执行一次，所得结果很难确定。

```
       S1   S2   D
X000  ┌─────────────┐
──┤├──┤ ADD D10 D12 D14 │   (D10) + (D12) → (D14)
       └─────────────┘
              (a) 指令使用举例一

X000  ┌──────────────┐
──┤├──┤ DADD D10 D12 D14 │  (D11、D10) + (D13、D12) → (D15、D14)
       └──────────────┘
              (b) 指令使用举例二

X001  ┌─────────────┐
──┤├──┤ ADDP D0 K1 D0 │     (D0) +1 → (D0)
       └─────────────┘
              (c) 指令使用举例三
```

图 6-29 BIN 加法运算指令的使用

在进行加法运算时，若运算结果为 0，0 标志继电器 M8020 会动作；若运算结果超出 −32768～+32767（16 位数相加）或 −2147483648～+2147483647（32 位数相加）范围，则借位标志继电器 M8022 会动作。

2．BIN 减法运算指令

（1）指令格式

BIN 减法运算指令格式如表 6-28 所示。

表 6-28　BIN 减法运算指令格式

指令名称与功能号	指令符号	指令形式与功能说明	操作数	
			S1、S2、D（三者均为 16/32 位）	
BIN 减法运算 （FNC21）	(D) SUB (P)	⊢⊣─[SUB | S1 | S2 | D] S1−S2 → D	(S1、S2 可用 K、H、KnX，D 不可用) KnY、KnS、KnM、T、C、D、V、Z、R（仅 FX$_{3G/3U}$）、变址修饰	

（2）使用说明

BIN 减法指令的使用如图 6-30 所示。

在图 6-30（a）中，当常开触点 X000 闭合时，SUB 指令执行，将 D10 和 D12 中的数据相减，结果存入目标操作元件 D14 中。源操作数可正可负，它们以代数形式相减，如 5−(−7)=12。

在图 6-30（b）中，当常开触点 X000 闭合时，DSUB 指令执行，将源操作元件 D11、D10 和 D13、D12 分别组成 32 位数据再进行减法运算，结果存入目标操作元件 D15、D14 中。当进行 32 位数据运算时，要求每个操作数是两个连号的数据寄存器，为了确保不重复，指定的元件最好为偶数编号。

在图 6-30（c）中，当常开触点 X001 闭合时，SUBP 指令执行，将 D0 中的数据减 1，结果仍存入 D0 中。当一个源操作数和一个目标操作数为同一元件时，最好采用脉冲执行型减法运算指令 SUBP，若是连续型减法运算指令，则每个扫描周期指令都要执行一次，所得结果很难确定。

```
         S1    S2    D
 X000
──┤├──[ SUB  D10   D12  D14 ]      (D10) − (D12) → (D14)

              (a) 指令使用举例一

 X000
──┤├──[ DSUB D10   D12  D14 ]      (D11、D10) − (D13、D12) → (D15、D14)

              (b) 指令使用举例二

 X001
──┤├──[ SUBP D0    K1   D0 ]       (D0) −1 → (D0)

              (c) 指令使用举例三
```

图 6-30　BIN 减法指令的使用

在进行减法运算时，若运算结果为 0，0 标志继电器 M8020 会动作；若运算结果超出 −32768 ～ +32767（16 位数相减）或 −2147483648 ～ +2147483647（32 位数相减）范围，则借位标志继电器 M8022 会动作。

3．BIN 乘法运算指令

（1）指令格式

BIN 乘法运算指令格式如表 6-29 所示。

表 6-29　BIN 乘法运算指令格式

指令名称与功能号	指令符号	指令形式与功能说明	操作数
BIN 乘法运算 （FNC22）	(D) MUL (P)	MUL S1 S2 D S1×S2 → D	S1（16/32 位）、S2（16/32 位）、D（32/64 位） （S1、S2 可用 K、H、KnX，D 不可用） KnY、KnS、KnM、T、C、D、Z、R（仅 FX$_{3G/3U}$）、变址修饰

（2）使用说明

BIN 乘法指令的使用如图 6-31 所示。在进行 16 位数乘积运算时，结果为 32 位，如图 6-31（a）所示；在进行 32 位数乘积运算时，结果为 64 位，如图 6-31（b）所示，运算结果的最高位为符号位（0：正；1：负）。

```
      S1   S2   D
X000─┤MUL D10  D12  D14├     (D10) × (D12) → (D15、D14)
                              16位    16位      32位
              (a) 指令使用举例一

X000─┤DMUL D10  D12  D14├    (D11、D10)×(D13、D12)→(D17、D16、D15、D14)
                                32位       32位            64位
              (b) 指令使用举例二
```

图 6-31　BIN 乘法指令的使用

4．BIN 除法运算指令

（1）指令格式

BIN 除法运算指令格式如表 6-30 所示。

表 6-30　BIN 除法运算指令格式

指令名称与功能号	指令符号	指令形式与功能说明	操作数
BIN 除法运算 （FNC23）	(D) DIV (P)	DIV S1 S2 D S1÷S2 → D	S1（16/32 位）、S2（16/32 位）、D（32/64 位） （S1、S2 可用 K、H、KnX，D 不可用） KnY、KnS、KnM、T、C、D、Z、R（仅 FX$_{3G/3U}$）、变址修饰

（2）使用说明

BIN 除法指令的使用如图 6-32 所示。在进行 16 位数除法运算时，商为 16 位，余数也为 16 位，如图 6-32（a）所示；在进行 32 位数除法运算时，商为 32 位，余数也为 32 位，如图 6-32（b）所示，商和余数的最高位用 1、0 表示正、负。

在使用 BIN 除法运算指令时要注意：

① 当除数为 0 时，运算会发生错误，不能执行指令。

② 若将位元件作为目标操作数，则无法得到余数。

图 6-32 BIN 除法指令的使用

③ 当被除数或除数中有一方为负数时，则商为负；当被除数为负时，则余数为负。

5. BIN 加 1 运算指令

(1) 指令格式

BIN 加 1 运算指令格式如表 6-31 所示。

表 6-31 BIN 加 1 运算指令格式

指令名称与功能号	指令符号	指令形式与功能说明	操 作 数
			D（16/32 位）
BIN 加 1 （FNC24）	(D) INC (P)	INC 指令每执行一次，D 值加 1 一次	KnY、KnS、KnM、T、C、D、V、Z、R（仅 FX$_{3G/3U}$）、变址修饰

(2) 使用说明

BIN 加 1 指令的使用如图 6-33 所示。当常开触点 X000 闭合时，INCP 指令执行，数据寄存器 D12 中的数据自动加 1。若采用连续执行型指令 INC，则每个扫描周期数据都要加 1，在 X000 常开触点闭合时可能会经过多个扫描周期，因此增加结果很难确定，故常采用脉冲执行型指令进行加 1 运算。

图 6-33 BIN 加 1 指令的使用

6. BIN 减 1 运算指令

(1) 指令格式

BIN 减 1 运算指令格式如表 6-32 所示。

表 6-32 BIN 减 1 运算指令格式

指令名称与功能号	指令符号	指令形式与功能说明	操 作 数
			D（16/32 位）
BIN 减 1 （FNC25）	(D) DEC (P)	DEC 指令每执行一次，D 值减 1 一次	KnY、KnS、KnM、T、C、D、V、Z、R（仅 FX$_{3G/3U}$）、变址修饰

(2) 使用说明

BIN 减 1 指令的使用如图 6-34 所示。当常开触点 X000 闭合时，DECP 指令执行，数据寄存器 D12 中的数据自动减 1。为保证 X000 每闭合一次数据减 1 一次，常采用脉冲执行型指令进行减 1 运算。

```
X000
─┤├───[ DECP  D12 ]      (D12) - 1 → (D12)
```

图 6-34　BIN 减 1 指令的使用

7. 逻辑与指令

（1）指令格式

逻辑与指令格式如表 6-33 所示。

表 6-33　逻辑与指令格式

指令名称与 功能号	指令 符号	指令形式与功能说明	操　作　数
			S1、S2、D（均为 16/32 位）
逻辑与 （FNC26）	（D） WAND （P）	─┤├──[WAND S1 S2 D]─ 将 S1 和 S2 的数据逐位进行与运算，结果存入 D	（S1、S2 可用 K、H、KnX，D 不可用） KnY、KnS、KnM、T、C、D、V、Z、R（仅 FX$_{3G/3U}$）、变址修饰

（2）使用说明

逻辑与指令的使用如图 6-35 所示。当常开触点 X000 闭合时，WAND 指令执行，将 D10 与 D12 中的数据逐位进行与运算，结果保存在 D14 中。

图 6-35　逻辑与指令的使用

与运算规律是"有 0 得 0，全 1 得 1"，具体为：0·0=0，0·1=0，1·0=0，1·1=1。

8. 逻辑或指令

（1）指令格式

逻辑或指令格式如表 6-34 所示。

表 6-34　逻辑或指令格式

指令名称与 功能号	指令 符号	指令形式与功能说明	操　作　数
			S1、S2、D（均为 16/32 位）
逻辑或 （FNC27）	（D） WOR （P）	─┤├──[WOR S1 S2 D]─ 将 S1 和 S2 的数据逐位进行或运算，结果存入 D	（S1、S2 可用 K、H、KnX，D 不可用） KnY、KnS、KnM、T、C、D、V、Z、R（仅 FX$_{3G/3U}$）、变址修饰

（2）使用说明

逻辑或指令的使用如图 6-36 所示。当常开触点 X000 闭合时，WOR 指令执行，将 D10 与 D12 中的数据逐位进行或运算，结果保存在 D14 中。

```
     X000        S1   S2    D
    ─│ │──[ WOR  D10  D12  D14 ]    D10∨D12→D14
```

图 6-36　逻辑或指令的使用

或运算规律是"有 1 得 1，全 0 得 0"，具体为：0+0=0，0+1=1，1+0=1，1+1=1。

9．逻辑异或指令

（1）指令格式

逻辑异或指令格式如表 6-35 所示。

表 6-35　逻辑异或指令格式

指令名称与功能号	指令符号	指令形式与功能说明	操作数
			S1、S2、D（均为 16/32 位）
逻辑异或 (FNC28)	(D) WXOR (P)	─┤├─[WXOR S1 S2 D] 将 S1 和 S2 的数据逐位进行异或运算，结果存入 D	(S1、S2 可用 K、H、KnX，D 不可用) KnY、KnS、KnM、T、C、D、V、Z、R（仅 FX$_{3G/3U}$）、变址修饰

（2）使用说明

逻辑异或指令的使用如图 6-37 所示。当常开触点 X000 闭合时，WXOR 指令执行，将 D10 与 D12 中的数据逐位进行异或运算，结果保存在 D14 中。

```
     X000         S1   S2    D
    ─│ │──[ WXOR  D10  D12  D14 ]    D10⊕D12→D14
```

图 6-37　逻辑异或指令的使用

异或运算规律是"相同得 0，相异得 1"，具体为：0 ⊕ 0=0，0 ⊕ 1=1，1 ⊕ 0=1，1 ⊕ 1=0。

10．补码指令

（1）指令格式

补码指令格式如表 6-36 所示。

表 6-36　补码指令格式

指令名称与功能号	指令符号	指令形式与功能说明	操作数
			D（16/32 位）
补码 (FNC29)	(D) NEG (P)	─┤├─[NEG D] 将 D 的数据逐位取反再加 1（即将原码转换成补码）	KnY、KnS、KnM、T、C、D、V、Z、R（仅 FX$_{3G/3U}$）、变址修饰

（2）使用说明

补码指令的使用如图 6-38 所示。当常开触点 X000 闭合时，NEGP 指令执行，将 D10 中的数据逐位取反再加 1。补码指令的功能是对数据进行变号（绝对值不变），如求补前

D10=+8,求补后 D10=-8。为了避免每个扫描周期都进行求补运算,通常采用脉冲执行型求补指令 NEGP。

```
  X000              D
───┤├────────[ NEGP  D10 ]    D10+1→D10
```

图 6-38　补码指令的使用

6.5　循环与移位类指令

6.5.1　指令一览表

循环与移位类指令有 10 条,各指令的功能号、符号、形式、名称及支持的 PLC 系列如表 6-37 所示。

表 6-37　循环与移位类指令

功能号	指令符号	指令形式	指令名称	支持的 PLC 系列								
				FS_{3S}	FS_{3G}	FX_{3GC}	FX_{3U}	FX_{3UC}	FX_{1S}	FX_{1N}	FX_{1NC}	FX_{2N}	FX_{2NC}
FNC30	ROR	─┤├─[ROR D n]	循环右移(环形右移)	○	○	○	○	—	—	—	○	○
FNC31	ROL	─┤├─[ROL D n]	循环左移(环形左移)	○	○	○	○	—	—	—	○	○
FNC32	RCR	─┤├─[RCR D n]	带进位循环右移	—	—	○	○	—	—	—	○	○
FNC33	RCL	─┤├─[RCL D n]	带进位循环左移	—	—	○	○	—	—	—	○	○
FNC34	SFTR	─┤├─[SFTR S D n1 n2]	位右移	○	○	○	○	○	○	○	○	○
FNC35	SFTL	─┤├─[SFTL S D n1 n2]	位左移	○	○	○	○	○	○	○	○	○
FNC36	WSFR	─┤├─[WSFR S D n1 n2]	字右移	○	○	○	○	—	—	—	○	○
FNC37	WSFL	─┤├─[WSFL S D n1 n2]	字左移	○	○	○	○	—	—	—	○	○
FNC38	SFWR	─┤├─[SFWR S D]	移位写入(先入先出/先入后出控制用)	○	○	○	○	○	○	○	○	○
FNC39	SFRD	─┤├─[SFRD S D]	移位读出(先入先出控制用)	○	○	○	○	○	○	○	○	○

6.5.2　指令精解(FNC30～FNC39)

1. 循环右移(环形右移)指令

(1)指令格式

循环右移指令格式如表 6-38 所示。

表 6-38 循环右移指令格式

指令名称与功能号	指令符号	指令形式与功能说明	操作数	
			D（16/32 位）	n（16/32 位）
循环右移 (FNC30)	(D) ROR (P)	ROR D n 将 D 的数据环形右移 n 位	KnY、KnS、KnM、T、C、D、V、Z、R、变址修饰	K、H、D、R n ≤ 16（16 位） n ≤ 32（32 位）

（2）使用说明

循环右移指令的使用如图 6-39 所示。当常开触点 X000 闭合时，RORP 指令执行，将 D0 中的数据右移（从高位往低位移）4 位，其中低 4 位移至高 4 位，最后移出的一位（即图中标有 * 号的位）除了移到 D0 的最高位外，还会移入进位标记继电器 M8022 中。为了避免每个扫描周期都进行右移，通常采用脉冲执行型指令 RORP。

图 6-39 循环右移指令的使用

2．循环左移（环形左移）指令

（1）指令格式

循环左移指令格式如表 6-39 所示。

表 6-39 循环左移指令格式

指令名称与功能号	指令符号	指令形式与功能说明	操作数	
			D（16/32 位）	n（16/32 位）
循环左移 (FNC31)	(D) ROL (P)	ROL D n 将 D 的数据环形左移 n 位	KnY、KnS、KnM、T、C、D、V、Z、R、变址修饰	K、H、D、R n ≤ 16（16 位） n ≤ 32（32 位）

（2）使用说明

循环左移指令的使用如图 6-40 所示。当常开触点 X000 闭合时，ROLP 指令执行，将 D0 中的数据左移（从低位往高位移）4 位，其中高 4 位移至低 4 位，最后移出的一位（即图中标有 * 号的位）除了移到 D0 的最低位外，还会移入进位标记继电器 M8022 中。为了避免每个扫描周期都进行左移，通常采用脉冲执行型指令 ROLP。

图 6-40 循环左移指令的使用

3. 带进位循环右移指令

（1）指令格式

带进位循环右移指令格式如表 6-40 所示。

表 6-40 带进位循环右移指令格式

指令名称与功能号	指令符号	指令形式与功能说明	操作数	
			D（16/32 位）	n（16/32 位）
带进位循环右移（FNC32）	(D) RCR (P)	RCR D n 将 D 的数据与进位值一起环形右移 n 位	KnY、KnS、KnM、T、C、D、V、Z、R、变址修饰	K、H、D、R n≤16（16 位） n≤32（32 位）

（2）使用说明

带进位循环右移指令的使用如图 6-41 所示。当常开触点 X000 闭合时，RCRP 指令执行，将 D0 中的数据右移 4 位，D0 中的低 4 位与继电器 M8022 的进位标记位（图中为 1）一起往高 4 位移，D0 最后移出的一位（图中标有 * 号的位）移入 M8022。为了避免每个扫描周期都进行右移，通常采用脉冲执行型指令 RCRP。

图 6-41 带进位循环右移指令的使用

4. 带进位循环左移指令

（1）指令格式

带进位循环左移指令格式如表 6-41 所示。

表 6-41 带进位循环左移指令格式

指令名称与功能号	指令符号	指令形式与功能说明	操作数	
			D（16/32 位）	n（16/32 位））
带进位循环左移（FNC33）	(D) RCL (P)	⊣⊢─[RCL D n] 将 D 的数据与进位值一起环形左移 n 位	KnY、KnS、KnM、T、C、D、V、Z、R、变址修饰	K、H、D、R n ≤ 16（16 位） n ≤ 32（32 位）

（2）使用说明

带进位循环左移指令的使用如图 6-42 所示。当常开触点 X000 闭合时，RCLP 指令执行，将 D0 中的数据左移 4 位，D0 中的高 4 位与继电器 M8022 的进位标记位（图中为 0）一起往低 4 位移，D0 最后移出的一位（图中标有 * 号的位）移入 M8022。为了避免每个扫描周期都进行左移，通常采用脉冲执行型指令 RCLP。

图 6-42 带进位循环左移指令的使用

5. 位右移指令

（1）指令格式

位右移指令格式如表 6-42 所示。

表 6-42 位右移指令格式

指令名称与功能号	指令符号	指令形式与功能说明	操作数	
			S（位型）、D（位）	n1（16 位）、n2（16 位）
位右移（FNC34）	SFTR (P)	⊣⊢─[SFTR S D n1 n2] 将 S 为起始的 n2 个位元件值右移到 D 为起始元件的 n1 个位元件中	Y、M、S、变址修饰 S 还支持 X、D □ .b	K、H n2 还支持 D、R n2 ≤ n1 ≤ 1024

（2）使用说明

位右移指令的使用如图 6-43 所示。在图 6-43（a）中，当常开触点 X010 闭合时，

SFTRP 指令执行，将 X003 ～ X000 四个元件的位状态（1 或 0）右移入 M15 ～ M0 中，如图 6-43（b）所示，X000 为源起始位元件，M0 为目标起始位元件，K16 为目标位元件数量，K4 为移位量。SFTRP 指令执行后，M3 ～ M0 移出丢失，M15 ～ M4 移到原 M11 ～ M0，X003 ～ X000 则移入原 M15 ～ M12。

(a) 指令使用举例

(b) 说明图

图 6-43　位右移指令的使用

为了避免每个扫描周期都移动，通常采用脉冲执行型指令 SFTRP。

6. 位左移指令

（1）指令格式

位左移指令格式如表 6-43 所示。

表 6-43　位左移指令格式

指令名称与功能号	指令符号	指令形式与功能说明	操作数	
			S（位型）、D（位）	n1（16 位）、n2（16 位）
位左移 (FNC35)	SFTL (P)	⊢⊢[SFTL S D n1 n2] 将 S 为起始的 n2 个位元件的值左移到 D 为起始元件的 n1 个位元件中	Y、M、S、变址修饰 S 还支持 X、D□.b	K、H n2 还支持 D、R n2 ≤ n1 ≤ 1024

（2）使用说明

位左移指令的使用如图 6-44 所示。在图 6-44（a）中，当常开触点 X010 闭合时，SFTLP 指令执行，将 X003 ～ X000 四个元件的位状态（1 或 0）左移入 M15 ～ M0 中，如图 6-44（b）所示，X000 为源起始位元件，M0 为目标起始位元件，K16 为目标位元件数量，K4

图 6-44　位左移指令的使用

为移位量。SFTLP 指令执行后，M15～M12 移出丢失，M11～M0 移到原 M15～M4，X003～X000 则移入原 M3～M0。

为了避免每个扫描周期都移动，通常采用脉冲执行型指令 SFTLP。

7. 字右移指令

（1）指令格式

字右移指令格式如表 6-44 所示。

表 6-44　字右移指令格式

指令名称与功能号	指令符号	指令形式与功能说明	操作数	
			S（16 位）、D（16 位）	n1（16 位）、n2（16 位）
字右移 （FNC36）	WSFR (P)	┤├─[WSFR S D n1 n2] 将 S 为起始的 n2 个字元件的值右移到 D 为起始元件的 n1 个字元件中	KnY、KnS、KnM、T、C、D、R、变址修饰 S 还支持 KnX	K、H n2 还支持 D、R n2 ≤ n1 ≤ 1024

（2）使用说明

字右移指令的使用如图 6-45 所示。在图 6-45（a）中，当常开触点 X000 闭合时，WSFRP 指令执行，将 D3～D0 四个字元件的数据右移入 D25～D10 中，如图 6-45（b）所示，D0 为源起始字元件，D10 为目标起始字元件，K16 为目标字元件数量，K4 为移位量。WSFRP 指令执行后，D13～D10 的数据移出丢失，D25～D14 的数据移入原 D21～D10，D3～D0 则移入原 D25～D22。

图 6-45　字右移指令的使用

为了避免每个扫描周期都移动，通常采用脉冲执行型指令 WSFRP。

8. 字左移指令

（1）指令格式

字左移指令格式如表 6-45 所示。

表 6-45　字左移指令格式

指令名称与功能号	指令符号	指令形式与功能说明	操作数	
			S（16 位）、D（16 位）	n1（16 位）、n2（16 位）
字左移 （FNC37）	WSFL (P)	┤├─[WSFL S D n1 n2] 将 S 为起始的 n2 个字元件的值左移到 D 为起始元件的 n1 个字元件中	KnY、KnS、KnM、T、C、D、R、变址修饰 S 还支持 KnX	K、H n2 还支持 D、R n2 ≤ n1 ≤ 1024

（2）使用说明

字左移指令的使用如图 6-46 所示。在图 6-46（a）中，当常开触点 X000 闭合时，WSFLP 指令执行，将 D3～D0 四个字元件的数据左移入 D25～D10 中，如图 6-46（b）所示，D0 为源起始字元件，D10 为目标起始字元件，K16 为目标字元件数量，K4 为移位量。WSFLP 指令执行后，D25～D22 的数据移出丢失，D21～D10 的数据移入原 D25～D14，D3～D0 则移入原 D13～D10。

图 6-46 字左移指令的使用

为了避免每个扫描周期都移动，通常采用脉冲执行型指令 WSFLP。

9. 移位写入（先入先出 / 先入后出控制用）指令

（1）指令格式

移位写入指令格式如表 6-46 所示。

表 6-46 移位写入指令格式

指令名称与功能号	指令符号	指令形式与功能说明	操 作 数	
			S（16 位）、D（16 位）	n（16 位）
移位写入（FNC38）	SFWR（P）	SFWR S D n 随着指令执行次数不断增大，S 值依次被写入 D+1, D+2, …, D+(n-1)，同时 D 值随写入次数增加而增大。当指令执行次数超过 n-1 次时无法写入数据（此时 D 值为 n-1）	KnY、KnS、KnM、T、C、D、R、变址修饰 S 还支持 K、H、KnX、V、Z	K、H 2 ≤ n ≤ 512

（2）使用说明

移位写入指令的使用如图 6-47 所示。当常开触点 X000 闭合时，SFWRP 指令执行，将 D0 中的数据写入 D2 中，同时作为指示器（或称指针）的 D1 的数据自动增 1；当常开触点 X000 第二次闭合时，D0 中的数据被写入 D3 中，D1 中的数据再增 1；连续闭合常开触点 X000 时，D0 中的数据将依次写入 D4、D5…中，D1 中的数据也会自动递增 1，当 D1 超过 n-1 时，所有寄存器被存满，进位标志继电器 M8022 会被置 1。

图 6-47 移位写入指令的使用

D0 为源操作元件，D1 为目标起始元件，K10 为目标存储元件数量。为了避免每个扫描周期都移动，通常采用脉冲执行型指令 SFWRP。

10. 移位读出（先入先出控制用）指令

（1）指令格式

移位读出指令格式如表 6-47 所示。

表 6-47　移位读出指令格式

指令名称与功能号	指令符号	指令形式与功能说明	操 作 数		
			S（16位）、D（16位）		n（16位）
移位读出 （FNC39）	SFRD （P）	SFRD S D n 随着指令执行次数不断增加，D+1, D+2, …, D+(n−1) 的值被依次读出到 S，D 值随读出次数增加而不断减小。指令执行次数超过 n−1 次时无法读出数据（此时 D 值为 0）	KnY、KnS、KnM、T、C、D、R、变址修饰 S 还支持 K、H、KnX、V、Z		K、H 2 ≤ n ≤ 512

（2）使用说明

移位读出指令的使用如图 6-48 所示。当常开触点 X000 闭合时，SFRDP 指令执行，将 D2 中的数据读入 D20 中，指示器 D1 的数据减 1，同时 D3 数据移入 D2（即 D10～D3 → D9～D2）。当连续闭合 X000 触点时，D2 中的数据会不断读入 D20，同时 D10～D3 中的数据也会由左往右不断逐字移入 D2 中，D1 中的数据会随之递减 1，当 D1 减到 0 时，所有寄存器的数据都被读出，0 标志继电器 M8020 会被置 1。

D1 为源起始操作元件，D20 为目标元件，K10 为源操作元件数量。为了避免每个扫描周期都移动，通常采用脉冲执行型指令 SFRDP。

图 6-48　移位读出指令的使用

三菱 FX$_{3S/3G/3U}$ 应用指令全精解（二）

7.1 数据处理类指令

7.1.1 指令一览表

数据处理类指令有 22 条，各指令的功能号、符号、形式、名称及支持的 PLC 系列如表 7-1 所示。

表 7-1 数据处理类指令

功能号	指令符号	指令形式	指令名称	支持的 PLC 系列									
				FS$_{3S}$	FS$_{3G}$	FX$_{3GC}$	FX$_{3U}$	FX$_{3UC}$	FX$_{1S}$	FX$_{1N}$	FX$_{1NC}$	FX$_{2N}$	FX$_{2NC}$
FNC40	ZRST	⊢⊣─[ZRST D1 D2]	成批复位	○	○	○	○	○	○	○	○	○	○
FNC41	DECO	⊢⊣─[DECO S D n]	译码	○	○	○	○	○	○	○	○	○	○
FNC42	ENCO	⊢⊣─[ENCO S D n]	编码	○	○	○	○	○	○	○	○	○	○
FNC43	SUM	⊢⊣─[SUM S D]	ON 位数	○	○	○	○	○	—	—	—	○	○
FNC44	BON	⊢⊣─[BON S D n]	ON 位判定	○	○	○	○	○	—	—	—	○	○
FNC45	MEAN	⊢⊣─[MEAN S D n]	平均值	○	○	○	○	○	—	—	—	○	○
FNC46	ANS	⊢⊣─[ANS S m D]	信号报警器置位	—	○	○	○	○	—	—	—	○	○
FNC47	ANR	⊢⊣─[ANR]	信号报警器复位	—	○	○	○	○	—	—	—	○	○
FNC48	SQR	⊢⊣─[SQR S D]	BIN 开方运算	—	—	—	○	○	—	—	—	○	○
FNC49	FLT	⊢⊣─[FLT S D]	BIN 整数转成浮点数	—	—	—	○	○	—	—	—	○	○
FNC140	WSUM	⊢⊣─[WSUM S D n]	算出数据合计值	—	—	—	○	○	—	—	—	—	—
FNC141	WTOB	⊢⊣─[WTOB S D n]	字节单位的数据分离	—	—	—	○	○	—	—	—	—	—
FNC142	BTOW	⊢⊣─[BTOW S D n]	字节单位的数据结合	—	—	—	○	○	—	—	—	—	—
FNC143	UNI	⊢⊣─[UNI S D n]	16 位数据的 4 位结合	—	—	—	○	○	—	—	—	—	—

（续表）

功能号	指令符号	指令形式	指令名称	支持的 PLC 系列								
				FS$_{3S}$	FS$_{3G}$	FX$_{3GC}$	FX$_{3U}$	FX$_{3UC}$	FX$_{1S}$	FX$_{1N}$	FX$_{NC}$	FX$_{2N}$	FX$_{2NC}$
FNC144	DIS	⊣⊢[DIS S D n]	16 位数据的 4 位分离	—	—	—	○	○	—	—	—	—
FNC147	SWAP	⊣⊢[SWAP S]	高低字节互换	—	—	—	○	○	—	—	—	○	○
FNC149	SORT2	⊣⊢[SORT2 S m1 m2 D n]	数据排序 2	—	—	—	○	○	—	—	—	—
FNC210	FDEL	⊣⊢[FDEL S D n]	数据表的数据删除	—	—	—	○	○	—	—	—	—
FNC211	FINS	⊣⊢[FINS S D n]	数据表的数据插入	—	—	—	○	○	—	—	—	—
FNC212	POP	⊣⊢[POP S D n]	读取后入的数据（先入后出控制用）	—	—	—	○	○	—	—	—	—
FNC213	SFR	⊣⊢[SFR D n]	16 位数据 n 位右移（带进位）	—	—	—	○	○	—	—	—	—
FNC214	SFL	⊣⊢[SFL D n]	16 位数据 n 位左移（带进位）	—	—	—	○	○	—	—	—	—

7.1.2 指令精解（FNC40 ~ FNC49、FNC140 ~ FNC144、FNC147、FNC149、FNC210 ~ FNC214）

1. 成批复位指令

（1）指令格式

成批复位指令格式如表 7-2 所示。

表 7-2 成批复位指令格式

指令名称与功能号	指令符号	指令形式与功能说明	操作数	
			D1（16 位）、D2（16 位）	
成批复位（FNC40）	ZRST（P）	⊣⊢[ZRST D1 D2] 将 D1 ~ D2 所有的元件复位	Y、M、S、T、C、D、R、变址修饰（D1 ≤ D2，且为同一类型元件）	

（2）使用说明

成批复位指令的使用如图 7-1 所示。在使用 ZRST 指令时，目标操作数 D2 序号应大于 D1，并且为同一系列的元件。

在 PLC 开始运行时，M8002 触点接通一个扫描周期，ZRST 指令执行，将辅助继电器 M500 ~ M599、计数器 C235 ~ C255 和状态继电器 S0 ~ S127 全部复位清 0。

图 7-1 成批复位指令的使用

2. 译码指令

（1）指令格式

译码指令格式如表 7-3 所示。

表 7-3 译码指令格式

指令名称与功能号	指令符号	指令形式与功能说明	操作数		
			S（16位）	D（16位）	n（16位）
译码（FNC41）	DECO（P）	DECO S D n 指令功能见后面的使用说明	K、H、X、Y、M、S、T、C、D、R、V、Z、变址修饰	Y、M、S、T、C、D、R、变址修饰	K、H（n=1～8）

（2）使用说明

译码指令的使用如图 7-2 所示。该指令的操作数为位元件，在图 7-2（a）中，当常开触点 X004 闭合时，DECO 指令执行，将 X000 为起始的 3 个连号位元件（由 n=3 指定）组合状态进行译码，3 位数译码有 8 种结果，译码结果存入 M17～M10（以 M10 为起始目标位元件）的 M13 中。因 X002、X001、X000 分别为 0、1、1，而（011）$_2$=3，即指令执行结果使 M17～M10 的第 3 位 M13=1。

图 7-2（b）中的操作数为字元件，当常开触点 X004 闭合时，DECO 指令执行，对 D0 的低 4 位数进行译码，4 位数译码有 16 种结果，而 D0 的低 4 位数为 0111，（0111）$_2$=7，译码结果使目标字元件 D1 的第 7 位为 1，D1 的其他位均为 0。

(a) 操作数为位元件时

(b) 操作数为字元件时

图 7-2 译码指令的使用

当 n 在 1～8 范围内变化时，译码有 2～255 种结果，结果保存的目标元件不要在其他控制中重复使用。

3. 编码指令

（1）指令格式

编码指令格式如表 7-4 所示。

表 7-4 编码指令格式

指令名称与功能号	指令符号	指令形式与功能说明	操作数		
			S（16位）	D（16位）	n（16位）
编码 (FNC42)	ENCO (P)	—⊢⊣—[ENCO S D n] 指令功能见后面的使用说明	X、Y、M、S、T、C、D、R、V、Z、变址修饰	T、C、D、R、V、Z、变址修饰	K、H (n=1～8)

（2）使用说明

编码指令的使用如图 7-3 所示。图 7-3（a）中的操作数为位元件，当常开触点 X004 闭合时，ENCO 指令执行，对 M17～M10 中的 1 进行编码（第 5 位 M15=1），编码采用 3 位（由 n=3 确定），编码结果 101（即 5）存入 D10 的低 3 位中。M10 为源操作起始位元件，D10 为目标操作元件，K3 为编码位数。

图 7-3（b）中的操作数为字元件，当常开触点 X004 闭合时，ENCO 指令执行，对 D0 低 8 位中的 1（b6=1）进行编码，编码采用 3 位（由 n=3 确定），编码结果 110（即 6）存入 D1 的低 3 位中。

(a) 操作数为位元件时

(b) 操作数为字元件时

图 7-3 编码指令的使用

当源操作元件中有多个 1 时，只对高位 1 进行编码，低位 1 忽略。

4．ON 位数指令

（1）指令格式

ON 位数指令格式如表 7-5 所示。

表 7-5 ON 位数指令格式

指令名称与功能号	指令符号	指令形式与功能说明	操作数	
			S（16/32 位）	D（16/32 位）
ON 位数 (FNC43)	(D) SUM (P)	—⊢⊣—[SUM S D] 计算 S 中 1 的总个数，再将个数值存入 D	K、H、KnX、KnY、KnM、KnS、T、C、D、R、V、Z、变址修饰	KnY、KnM、KnS、T、C、D、R、V、Z、变址修饰

（2）使用说明

ON 位数指令的使用如图 7-4 所示。当常开触点 X000 闭合时，SUM 指令执行，计算源操作元件 D0 中 1 的总个数，并将总个数值存入目标操作元件 D2 中。图中 D0 中总共有 9 个 1，那么存入 D2 的数值为 9（即 1001）。

图 7-4　ON 位数指令的使用

若 D0 中无 1，则 0 标志继电器 M8020 会动作，M8020=1。

5．ON 位判定指令

（1）指令格式

ON 位判定指令格式如表 7-6 所示。

表 7-6　ON 位判定指令格式

指令名称与功能号	指令符号	指令形式与功能说明	操　作　数		
			S（16/32 位）	D（位型）	n（16/32 位）
ON 位判定 （FNC44）	(D) BON (P)	┤├─[BON　S　D　n] 判别 S 的第 n 位是否为 1，若为 1，则让 D 为 1；若为 0，则让 D 为 0	K、H、KnX、KnY、KnM、KnS、T、C、D、R、V、Z、变址修饰	Y、S、M、D□.b、变址修饰	K、H、D、R n=0～15(16 位操作) n=0～31(32 位操作)

（2）使用说明

ON 位判定指令的使用如图 7-5 所示。当常开触点 X000 闭合时，BON 指令执行，判别源操作元件 D10 的 b15 位（n=15）是否为 1，若为 1，则让目标操作位元件 M0=1；若为 0，则 M0=0。

图 7-5　ON 位判定指令的使用

6．平均值指令

（1）指令格式

平均值指令格式如表 7-7 所示。

表 7-7 平均值指令格式

指令名称与功能号	指令符号	指令形式与功能说明	操作数		
			S（16/32 位）	D（16/32 位）	n（16/32 位）
平均值 (FNC45)	(D) MEAN (P)	⊢⊣[BON S D n] 计算 S 为起始的 n 个元件的数据平均值，再将平均值存入 D	KnX、KnY、KnM、KnS、T、C、D、R、变址修饰	KnY、KnM、KnS、T、C、D、R、V、Z、变址修饰	K、H、D、R (n=1～64)

（2）使用说明

平均值指令的使用如图 7-6 所示。当常开触点 X000 闭合时，MEAN 指令执行，计算 D0～D2 中数据的平均值，将其存入目标元件 D10 中。D0 为源起始元件，D10 为目标元件，n=3 为源元件的个数。

图 7-6 平均值指令的使用

7．信号报警器置位指令

（1）指令格式

信号报警器置位指令格式如表 7-8 所示。

表 7-8 信号报警器置位指令格式

指令名称与功能号	指令符号	指令形式与功能说明	操作数		
			S（16 位）	m（16 位）	D（位型）
信号报警器置位 (FNC46)	ANS	⊢⊣[ANS S m D] 当 S 的计时时间（100ms×m）到达时，将 D 置位	T0～T199、变址修饰	K、H、D、R (m=1～32767) （100ms 单位）	S900～S999、变址修饰

（2）使用说明

信号报警器置位指令的使用如图 7-7 所示。当常开触点 X000、X001 同时闭合时，定时器 T0 开始 1s 计时（100ms×m=1s），若两触点同时闭合时间超过 1s，ANS 指令会将报警状态继电器 S900 置位；若两触点同时闭合时间不到 1s，定时器 T0 未计完 1s 即复位，则 ANS 指令不会对 S900 置位。

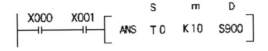

图 7-7 信号报警器置位指令的使用

8．信号报警器复位指令

（1）指令格式

信号报警器复位指令格式如表 7-9 所示。

表 7-9　信号报警器复位指令格式

指令名称与功能号	指令符号	指令形式与功能说明	操 作 数
信号报警器复位 （FNC47）	ANR （P）	⊢⊣─[ANR] 将处于置位状态的信号报警继电器（S900～S999）复位	无

图 7-8　信号报警器复位指令的使用

（2）使用说明

信号报警器复位指令的使用如图 7-8 所示。当常开触点 X003 闭合时，ANRP 指令执行，将信号报警继电器 S900～S999 中正在动作（即处于置位状态）的报警继电器复位。若这些报警器有多个处于置位状态，则在 X003 闭合时小编号的报警器复位，当 X003 再一次闭合时，则对下一个编号的报警器进行复位。

如果采用连续执行型 ANR 指令，则在 X003 闭合期间，每经过一个扫描周期，ANR 指令就会依次对编号由小到大的报警器进行复位。

9．BIN 开方运算（二进制求平方根）指令

（1）指令格式

BIN 开方运算指令格式如表 7-10 所示。

表 7-10　BIN 开方运算指令格式

指令名称与功能号	指令符号	指令形式与功能说明	操 作 数	
			S（16/32 位）	D（16/32 位）
BIN 开方运算 （FNC48）	(D) SQR (P)	⊢⊣─[SQR │ S │ D] 对 S 值进行开方运算，结果存入 D 中	K、H、D、R、 变址修饰	D、R、变 址修饰

（2）使用说明

BIN 开方运算指令的使用如图 7-9 所示。当常开触点 X000 闭合时，SQR 指令执行，对源操作元件 D10 中的数进行 BIN 开方运算，运算结果的整数部分存入目标操作元件 D12 中；若存在小数部分，则小数部分舍去，同时进位标志继电器 M8021 置位；若运算结果为 0，则 0 标志继电器 M8020 置位。

图 7-9　BIN 开方运算指令的使用

10．BIN 整数转成浮点数指令

（1）指令格式

BIN 整数转成浮点数指令格式如表 7-11 所示。

表 7-11　BIN 整数转成浮点数指令格式

指令名称与功能号	指令符号	指令形式与功能说明	操 作 数 S（16/32 位）、D（实数）
BIN 整数转成浮点数（FNC49）	(D) FLT (P)	⊣⊢─[FLT　S　D] 将 S 中的整数转换成浮点数（实数），存入 D 中	D、R、变址修饰

（2）使用说明

BIN 整数转成浮点数指令的使用如图 7-10 所示。当常开触点 X000 闭合时，FLT 指令执行，将源操作元件 D10 中的 BIN 整数转换成浮点数，再将浮点数存入目标操作元件 D13、D12 中。

图 7-10　BIN 整数转成浮点数指令的使用

11．算出数据合计值指令

（1）指令格式

算出数据合计值指令格式如表 7-12 所示。

表 7-12　算出数据合计值指令格式

指令名称与功能号	指令符号	指令形式与功能说明	操 作 数	
			S（16/32 位）、D（32/64 位）	n（16/32 位）
算出数据合计值（FNC140）	(D) WSUM (P)	⊣⊢─[WSUM　S　D　n] 计算 S 为起始的 n 个数值的合计值，结果存入 D 中	T、C、D、R、变址修饰	K、H、D、R

（2）使用说明

算出数据合计值指令的使用如图 7-11 所示。

当常开触点 X000 闭合时，WSUM 指令执行，计算 D0 为起始的 6 个元件（D0～D5）的 16 位数值合计值，结果以 32 位数据形式保存在 D11、D10 中。

图 7-11　算出数据合计值指令的使用

12. 字节单位的数据分离指令

（1）指令格式

字节单位的数据分离指令格式如表 7-13 所示。

表 7-13 字节单位的数据分离指令格式

指令名称与功能号	指令符号	指令形式与功能说明	操作数	
			S、D（均为 16 位）	n（16 位）
字节单位的数据分离 （FNC141）	WTOB (P)	┤├──[WTOB S D n] 将 S 为起始的 n/2 个元件的数据（16 位）分成 n 个字节（8 位），存放到 D 为起始的 n 个元件的低字节中（各元件的高字节均存入 00H）	T、C、D、R、变址修饰	K、H、D、R

（2）使用说明

字节单位的数据分离指令的使用如图 7-12 所示。当常开触点 X000 闭合时，WTOBP 指令执行，将 D0 为起始的 3 个元件（D0～D2）的数据（16 位）分成 6 字节（8 位），存放到 D10 为起始的 6 个元件（D10～D15）的低字节中（各元件的高字节均存入 00H）。如果 n 值为奇数，应按 n 值加 1 来计算元件数量。

图 7-12 字节单位的数据分离指令的使用

13. 字节单位的数据结合指令

（1）指令格式

字节单位的数据结合指令格式如表 7-14 所示。

表 7-14 字节单位的数据结合指令格式

指令名称与功能号	指令符号	指令形式与功能说明	操作数	
			S、D（均为 16 位）	n（16 位）
字节单位的数据结合 （FNC142）	BTOW (P)	┤├──[BTOW S D n] 将 S 为起始的 n 个元件的低 8 位数据拼成 n/2 个 16 位数据，存到 D 为起始的 n/2 个元件中	T、C、D、R、变址修饰	K、H、D、R

（2）使用说明

字节单位的数据结合指令的使用如图 7-13 所示。当常开触点 X000 闭合时，BTOWP 指令执行，将 D10 为起始的 6 个元件（D10～D15）的低 8 位数据拼成 3 个 16 位数据，存入 D0 为起始的 3 个元件（D0～D2）。如果 n 值为奇数，应按 n 值加 1 来计算元件数量。

图 7-13　字节单位的数据结合指令的使用

14．16 位数据的 4 位结合指令

（1）指令格式

16 位数据的 4 位结合指令格式如表 7-15 所示。

表 7-15　16 位数据的 4 位结合指令格式

指令名称与功能号	指令符号	指令形式与功能说明	操作数	
			S、D（均为 16 位）	n（16 位）
16 位数据的 4 位结合 （FNC143）	UNI （P）	将 S 为起始的 n 个元件的低 4 位数据拼成一个 16 位数据（不足 16 位时高位补 0），存入 D 中	T、C、D、R、变址修饰	K、H、D、R （n=1～4）

（2）使用说明

16 位数据的 4 位结合指令的使用如图 7-14 所示。当常开触点 X000 闭合时，UNIP 指令执行，将 D0 为起始的 4 个元件（D1～D3）的低 4 位数据拼成一个 16 位数据，存入 D10。

图 7-14　16 位数据的 4 位结合指令的使用

n 值的范围为 1～4，在 n<4 时，拼合出来的数据不足 16 位，这时应在高位补 0。

15. 16 位数据的 4 位分离指令

（1）指令格式

16 位数据的 4 位分离指令格式如表 7-16 所示。

表 7-16　16 位数据的 4 位分离指令格式

指令名称与功能号	指令符号	指令形式与功能说明	操作数	
			S、D（均为 16 位）	n（16 位）
16 位数据的 4 位分离 （FNC144）	DIS (P)	─┤├─ [DIS S D n] 将 S 数据分离成 4 组 4 位数，并将其中的 n 组 4 位数分别存到 D 为起始的 n 个元件的低 4 位（高 12 位补 0）	T、C、D、R、变址修饰	K、H、D、R (n=1～4)

（2）使用说明

16 位数据的 4 位分离指令的使用如图 7-15 所示。当常开触点 X000 闭合时，DISP 指令执行，将 D10 中的 16 位数据分离成 4 组 4 位数，再将这 4 组 4 位数分别存入 D0 为起始的 4 个元件（D0～D3）的低 4 位（各元件的高 12 位用 0 填充）。

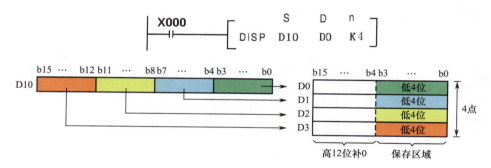

图 7-15　16 位数据的 4 位分离指令的使用

16. 高低字节互换指令

高低字节互换指令格式如表 7-17 所示。

表 7-17　高低字节互换指令格式

指令名称与功能号	指令符号	指令形式与功能说明	操作数
			S
高低字节互换 （FNC147）	(D) SWAP (P)	─┤├─ [SWAP S] 将 S 的高 8 位与低 8 位互换	KnY、KnM、KnS、T、C、D、R、V、Z、变址修饰

（2）使用说明

高低字节互换指令的使用如图 7-16 所示，图 7-16（a）中的 SWAPP 为 16 位指令，当常开触点 X000 闭合时，SWAPP 指令执行，D10 中的高 8 位和低 8 位数据互换；图 7-16（b）中的 DSWAPP 为 32 位指令，当常开触点 X001 闭合时，DSWAPP 指令执行，D10 中的高 8 位和低 8 位数据互换，D11 中的高 8 位和低 8 位数据也互换。

图 7-16　高低字节互换指令的使用

17．数据排序 2 指令

（1）指令格式

数据排序 2 指令格式如表 7-18 所示。

表 7-18　数据排序 2 指令格式

指令名称与功能号	指令符号	指令形与功能说明	操作数（16 位）				
			S	m1	m2	D	n
数据排序 2（FNC149）	(D)SORT2	⊢⊢─[SORT2 | S | m1 | m2 | D | n] 将 S 为起始的 m1 行 ×m2 列个连续元件的数据进行排序，以第 n 列作为参考并依照升序或降序进行，排序后的数据存放到 D 为起始的 m1 行 ×m2 列个连续元件中。 M8165 决定升、降序，M8165=0 时为升序，M8165=1 时为降序	D、R	K、H、R（m1=1～32）	K、H（m2=1～6）（m1≥m2）	D、R	K、H、D、R

（2）使用说明

数据排序 2 指令的使用如图 7-17 所示。当 X010 闭合时，SORT2 指令执行，将 D100 为起始的 5 行 4 列共 20 个元件（即 D100～D119）中的数据进行排序，以第 2 列作为参考且按升序排列，排序后的数据存入 D200 为起始的 5×4=20 个连号元件中。

数据排序 2 指令的列排序由 M8165 决定升、降序，M8165=0 时为升序，M8165=1 时为降序，不设置时，M8165 值默认为 0。SORT2 指令功能与数据排序（SORT，FNC69）指令相似，但 SORT 指令使用的元件地址是按列递增的（SORT2 指令的元件地址是按行递增的），且排序时只能按升序排列。

```
                    S    m1   m2    D    n
    ┤X010├── SORT2 D100  K5   K4  D200  K2 ──
```

行号	列号			
	1	2	3	4
	人员号码	身长	体重	年龄
1	D100 1	D101 150	D102 45	D103 20
2	D104 2	D105 180	D106 50	D107 40
3	D108 3	D109 160	D110 70	D111 30
4	D112 4	D113 100	D114 20	D115 8
5	D116 5	D117 150	D118 50	D119 45

排列前

行号	列号			
	1	2	3	4
	人员号码	身长	体重	年龄
1	D200 4	D201 100	D202 20	D203 8
2	D204 1	D205 150	D206 45	D207 20
3	D208 5	D209 150	D210 50	D211 45
4	D212 3	D213 160	D214 70	D215 30
5	D216 2	D217 180	D218 50	D219 40

排列后

图 7-17　数据排序 2 指令的使用

18．数据表的数据删除指令

（1）指令格式

数据表的数据删除指令格式如表 7-19 所示。

表 7-19　数据表的数据删除指令格式

指令名称与功能号	指令符号	指令形式与功能说明	操作数（16 位）	
			S、D	n
数据表的数据删除 （FNC210）	FDEL （P）	┤├── FDEL S D n ── 将 D 为起始的数据表格的 D+n 中的数据移到 S 中，D+n 之后的数据均逐个前移，同时 D 中的数据保存数（即表格的数据点数）自动减 1	T、C、D、R、变址修饰	K、H、D、R

（2）使用说明

数据表的数据删除指令的使用如图 7-18 所示。

图 7-18　数据表的数据删除指令的使用

当常开触点 X010 闭合时，FDELP 指令执行，将 D100 为起始的数据表格的 D102（即 D100+2）中的数据移到 D0，D102 之后的数据均逐个前移，D100 值为数据保存数（表格的数据点数），D100=5 表示表格由 5 点数据组成，表格的范围为 D101～D105。在 FDELP 指令执行一次后，D100 的值自动减 1，从 5 变为 4，表格则变成由 4 点（D101～D104）数据组成。

19. 数据表的数据插入指令

（1）指令格式

数据表的数据插入指令格式如表 7-20 所示。

表 7-20 数据表的数据插入指令格式

指令名称与功能号	指令符号	指令形式与功能说明	操作数（16 位）		
			S	D	n
数据表的数据插入（FNC211）	FINS (P)	⊢[FINS │ S │ D │ n] 将 S 的数据插入 D 为起始的数据表格的 D+n 中，原 D+n 及之后的数据均逐个后移，同时 D 中的数据保存数（即表格的数据点数）自动加 1	K、H、T、C、D、R、变址修饰	T、C、D、R、变址修饰	K、H、D、R

（2）使用说明

数据表的数据插入指令的使用如图 7-19 所示。

当常开触点 X010 闭合时，FINSP 指令执行，将 D100 的数据插入 D0 为起始的数据表格的 D3（即 D0+3）中，原 D3 及之后的数据均逐个往后移，D0 值为数据保存数（表格的数据点数），D0=4 表示表格由 4 点数据组成，表格的范围为 D1～D4。在 FINSP 指令执行一次后，D0 的值自动加 1，从 4 变为 5，表格则变成由 5 点（D1～D5）数据组成。

图 7-19 数据表的数据插入指令的使用

20. 读取后入的数据指令

（1）指令格式

读取后入的数据指令格式如表 7-21 所示。

表 7-21 读取后入的数据指令格式

指令名称与功能号	指令符号	指令形式与功能说明	操作数（16 位）		
			S	D	n
读取后入的数据（FNC212）	POP (P)	⊢[POP │ S │ D │ n] 将 S 为起始的 n 个元件数据组成一个数据块，再按 S 中的指针值找到相应的元件，将该元件的数据读入到 D，S 的指针值同时减 1	KnY、KnM、KnS、T、C、D、R、变址修饰	KnY、KnM、KnS、T、C、D、R、V、Z、变址修饰	K、H（n=2～512）

（2）使用说明

读取后入的数据指令的使用如图 7-20 所示。

175

当常开触点 X000 闭合时，POP 指令执行，将 D100 为起始的 7 个元件（D100～D106）数据组成一个数据块，再按 D100 中的指针值（3）找到相应的元件（D103，即 D100+3），将该元件的数据读入 D10，D100 的指针值由 3 变为 2。

图 7-20 读取后入的数据指令的使用

21．16 位数据 n 位右移（带进位）指令

（1）指令格式

16 位数据 n 位右移（带进位）指令格式如表 7-22 所示。

表 7-22　16 位数据 n 位右移（带进位）指令格式

指令名称与功能号	指令符号	指令形式与功能说明	操作数（16 位）	
			D	n
16 位数据 n 位右移（带进位）(FNC213)	SFR(P)	将 D 的各位值右移 n 位，左边空出的 n 位用 0 填充，右边移出的 n 位除最高位的值移入 M8022（进位标志继电器）外，其他位的值均移出丢失	KnY、KnM、KnS、T、C、D、R、V、Z、变址修饰	K、H、KnX、KnY、KnM、KnS、T、C、D、R、V、Z（n=0～15）

（2）使用说明

16 位数据 n 位右移（带进位）指令的使用如图 7-21 所示。

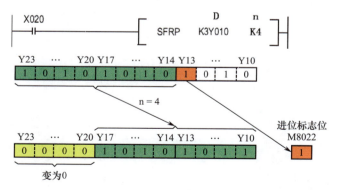

当常开触点 X020 闭合时，SFRP 指令执行，将 Y23～Y10 各位的值右移 4 位，右边低 4 位（Y13～Y10）的值被移出，其中 Y13 值移入 M8022（进位标志继电器），Y12～Y10 值移出丢失，左边空出的 4 位 Y23～Y20 用 0 填充。

图 7-21　16 位数据 n 位右移（带进位）指令的使用

22．16 位数据 n 位左移（带进位）指令

（1）指令格式

16 位数据 n 位左移（带进位）指令格式如表 7-23 所示。

表 7-23　16 位数据 n 位左移（带进位）指令格式

指令名称与功能号	指令符号	指令形式与功能说明	操作数（16 位） D	n
16 位数据 n 位左移（带进位）（FNC214）	SFL（P）	将 D 的各位值左移 n 位，右边空出的 n 位用 0 填充，左边移出的 n 位除最低位的值移入 M8022（进位标志继电器）外，其他位的值均移出丢失	KnY、KnM、KnS、T、C、D、R、V、Z、变址修饰	K、H、KnX、KnY、KnM、KnS、T、C、D、R、V、Z（n=0～15）

（2）使用说明

16 位数据 n 位左移（带进位）指令的使用如图 7-22 所示。

当常开触点 X020 闭合时，SFLP 指令执行，将 Y17～Y10 各位的值左移 3 位，右边空出的 3 位 Y12～Y10 用 0 填充，左边 3 位（Y17～Y15）除最低位 Y15 的值移入 M8022（进位标志继电器）外，其他位（Y17、Y16）的值均移出丢失。

图 7-22　16 位数据 n 位左移（带进位）指令的使用

7.2　高速处理类指令

7.2.1　指令一览表

高速处理类指令共有 11 条，各指令的功能号、符号、形式、名称及支持的 PLC 系列如表 7-24 所示。

表 7-4　高速处理类指令

功能号	指令符号	指令形式	指令名称	支持的 PLC 系列									
				FS3S	FS3G	FX3GC	FX3U	FX3UC	FX1S	FX1N	FX1NC	FX2N	FX2NC
FNC50	REF	⊣REF D n⊢	输入输出刷新	○	○	○	○	○	○	○	○	○	○
FNC51	REFF	⊣REFF n⊢	输入滤波常数设定	—	—	—	○	○	—	—	—	○	○
FNC52	MTR	⊣MTR S D1 D2 n⊢	矩阵输入	○	○	○	○	○	○	○	○	○	○
FNC53	HSCS	⊣HSCS S1 S2 D⊢	高速计数器比较置位	○	○	○	○	○	○	○	○	○	○
FNC54	HSCR	⊣HSCR S1 S2 D⊢	高速计数器比较复位	○	○	○	○	○	○	○	○	○	○

177

(续表)

功能号	指令符号	指令形式	指令名称	支持的 PLC 系列								
				FS$_{3S}$	FS$_{3G}$	FX$_{3GC}$	FX$_{3U}$	FX$_{3UC}$	FX$_{1S}$	FX$_{1N}$	FX$_{1NC}$	FX$_{2N}$	FX$_{2NC}$
FNC55	HSZ	─┤├─[HSZ S1 S2 S D]	高速计数器区间比较	○	○	○	○	○	—	—	—	○	○
FNC56	SPD	─┤├─[SPD S1 S2 D]	脉冲密度	○	○	○	○	○	○	○	○	○	○
FNC57	PLSY	─┤├─[PLSY S1 S2 D]	脉冲输出	○	○	○	○	○	○	○	○	○	○
FNC58	PWM	─┤├─[PWM S1 S2 D]	脉冲调制	○	○	○	○	○	○	○	○	○	○
FNC59	PLSR	─┤├─[PLSR S1 S2 S3 D]	带加减速的脉冲输出	○	○	○	○	○	○	○	○	○	○
FNC280	HSCT	─┤├─[HSCT S1 m S2 D n]	高速计数器的表格比较	—	—	○	○	○	—	—	—	—	—

7.2.2 指令精解（FNC50 ～ FNC59、FNC280）

1. 输入输出刷新指令

（1）指令格式

输入输出刷新指令格式如表 7-25 所示。

表 7-25 输入输出刷新指令格式

指令名称与功能号	指令符号	指令形式与功能说明	操 作 数	
			D（位型）	n（16 位）
输入输出刷新（FNC50）	REF（P）	─┤├─[REF D n] 将 D 为起始的 n 个元件的状态立即输入或输出	X、Y	K、H

（2）使用说明

在 PLC 运行程序时，若通过输入端子输入信号，PLC 通常不会马上处理输入信号，而是要等到下一个扫描周期才处理输入信号，这样从输入到处理有一段时间差。另外，PLC 在运行程序产生输出信号时，也不是马上从输出端子输出，而是要等程序运行到 END 时，才将输出信号从输出端子输出，这样从产生输出信号到信号从输出端子输出也有一段时间差。如果希望 PLC 在运行时能即刻接收输入信号，或能即刻输出信号，可采用输入输出刷新指令。

输入输出刷新指令的使用如图 7-23 所示。图 7-23（a）所示为输入刷新，当常开触点 X000 闭合时，REF 指令执行，将以 X010 为起始元件的 8 个（n=8）输入继电器 X010 ～ X017 进行刷新，即让 X010 ～ X017 端子输入的信号能马上被这些端子对应的输入继电器接收。图 7-23（b）所示为输出刷新，当常开触点 X001 闭合时，REF 指令执行，将以 Y000 为起始元件的 24 个（n=24）输出继电器 Y000 ～ Y007、Y010 ～ Y017、Y020 ～ Y027 刷新，让这些输出继电器能即刻向相应的输出端子输出信号。

REF 指令指定的首元件编号应为 X000、X010、X020…，Y000、Y010、Y020…，刷新的点数 n 应是 8 的整数（如 8、16、24 等）。

图 7-23 输入输出刷新指令的使用

2. 输入滤波常数设定指令

（1）指令格式

输入滤波常数设定指令格式如表 7-26 所示。

表 7-26 输入滤波常数设定指令格式

指令名称与功能号	指令符号	指令形式与功能说明	操作数 n（16 位）
输入滤波常数设定（FNC51）	REFF（P）	将 X000～X017 的输入滤波常数设为 n×1ms	K、H、D、R（n=0～60）

（2）使用说明

为了提高 PLC 输入端子的抗干扰性，在输入端子内部都设有滤波器，滤波时间常数在 10ms 左右，可以有效吸收短暂的输入干扰信号，但对于正常的高速短暂输入信号也有抑制作用，为此 PLC 将一些输入端子的电子滤波器时间常数设为可调。三菱 FX 系列 PLC 将 X000～X017 端子内的电子滤波器时间常数设为可调，调节采用 REFF 指令，时间常数调节范围为 0～60ms。

输入滤波常数设定指令的使用如图 7-24 所示。

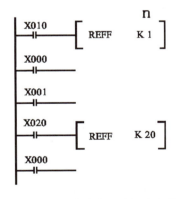

图 7-24 输入滤波常数设定指令的使用

当常开触点 X010 闭合时，REFF 指令执行，将 X000～X017 端子的滤波常数设为 1ms（n=1）。该指令执行前这些端子的滤波常数为 10ms，该指令执行后这些端子的滤波常数为 1ms。当常开触点 X020 闭合时，REFF 指令执行，将 X000～X017 端子的滤波常数设为 20ms（n=20），此后至 END 或 FEND 处，这些端子的滤波常数为 20ms。

当 X000～X017 端子用作高速计数输入、速度检测或中断输入时，它们的输入滤波常数自动设为 50μs。

3. 矩阵输入指令

（1）指令格式

矩阵输入指令格式如表 7-27 所示。

表 7-27　矩阵输入指令格式

指令名称与功能号	指令符号	指令形式与功能说明	S（位型）	D1（位型）	D2（位型）	n（16 位）
矩阵输入（FNC52）	MTR	┤├─[MTR S D1 D2 n] 指令功能见后面的使用说明	X	Y	Y、M、S	K、H（n=2～8）

（2）矩阵输入电路

PLC 通过输入端子来接收外界输入信号，由于输入端子数量有限，若采用一个端子接收一路信号的普通输入方式，则很难实现大量多路信号输入，PLC 采用矩阵输入电路可以有效解决这个问题。

图 7-25（a）所示是一种 PLC 矩阵输入电路，它采用 X020～X027 端子接收外界输入信号，这些端子外接三组由二极管和按键组成的矩阵输入电路，这三组矩阵电路一端都接到 X020～X027 端子，另一端则分别接 PLC 的 Y020、Y021、Y022 端子。在工作时，Y020、Y021、Y022 端子的内部硬触点轮流接通，如图 7-25（b）所示，当 Y020 接通（ON）时，Y021、Y022 断开；当 Y021 接通时，Y020、Y022 断开；当 Y022 接通时，Y020、Y021 断开，然后重复这个过程，一个周期内每个端子的接通时间为 20ms。

(a) 硬件电路　　　　(b) 时序图

图 7-25　一种 PLC 矩阵输入电路

在 Y020 端子接通期间，若第一组输入电路中的某个按键，如 M37 按键被按下，X027 端子输出的电流（24V 端子→S/S 端子→X027 内部输入电路→X027 端子流出）经二极管、按键流入 Y020 端子，并经 Y020 端子内部闭合的硬触点从 COM5 端子流出到 0V 端子。X027 端子有电流输出，相当于该端子有输入信号，该输入信号在 PLC 内部被转存到辅助继电器 M37 中。在 Y020 端子接通期间，若按第二组或第三组中的某个按键，由于此时 Y021、Y022 端子均断开，故操作这两组按键均无效。在 Y021 端子接通期间，X020～X027 端子接收第二组按键输入；在 Y022 端子接通期间，X020～X027 端子接收第三组按键输入。

在采用图 7-25（a）所示形式的矩阵输入电路时，如果将输出端子 Y020～Y027 和输入端子 X020～X027 全部利用起来，则可以实现 8×8=64 个开关信号输入，由于 Y020～Y027 每个端子接通时间为 20ms，故矩阵电路的扫描周期为 8×20ms=160ms。对于扫描周期长的矩阵输入电路，若输入信号时间小于扫描周期，可能会出现输入无效的情况。例如，在图 7-25（a）中，若在 Y020 端子刚开始接通时按下按键 M52，按下 30ms 再松开，由于此时 Y022 端子还未开始导通（从 Y020 到 Y022 导通时间间隔为 40ms），故操作按键 M52 无效，因此矩阵输入电路不适用于要求快速输入的场合。

（3）矩阵输入指令的使用

若 PLC 采用矩阵输入方式，除了要加设矩阵输入电路外，还须用 MTR 指令进行矩阵输入设置。矩阵输入指令的使用如图 7-26 所示。当触点 M0 闭合时，MTR 指令执行，将 X020 为起始编号的 8 个连号元件作为矩阵输入，将 Y020 为起始编号的 3 个（n=3）连号元件作为矩阵输出，将矩阵输入信号保存在以 M30 为起始编号的三组 8 个连号元件（M30～M37、M40～M47、M50～M57）中。

图 7-26 矩阵输入指令的使用

4. 高速计数器比较置位指令

（1）指令格式

高速计数器比较置位指令格式如表 7-28 所示。

表 7-28 高速计数器比较置位指令格式

指令名称与功能号	指令符号	指令形式与功能说明	操 作 数		
			S1（32 位）	S2（32 位）	D（位型）
高速计数器比较置位（FNC53）	(D)HSCS	┤├─[HSCS S1 S2 D] 将 S2 高速计数器当前值与 S1 值比较，两者相等则将 D 置 1	K、H、KnX、KnY、KnM、KnS、T、C、D、R、Z、变址修饰	C、变址修饰（C235～C255）	Y、M、S、D□.b、变址修饰

（2）使用说明

高速计数器比较置位指令的使用如图 7-27 所示。当常开触点 X010 闭合时，DHSCS 指令执行，若高速计数器 C255 的当前值变为 100（99 → 100 或 101 → 100），则将 Y010 置 1。

图 7-27 高速计数器比较置位指令的使用

5. 高速计数器比较复位指令

（1）指令格式

高速计数器比较复位指令格式如表 7-29 所示。

表 7-29　高速计数器比较复位指令格式

指令名称与功能号	指令符号	指令形式与功能说明	操作数		
			S1（32位）	S2（32位）	D（位型）
高速计数器比较复位（FNC54）	(D)HSCR	将 S2 高速计数器当前值与 S1 值比较，两者相等则将 D 置 0	K、H、KnX、KnY、KnM、KnS、T、C、D、R、Z、变址修饰	C、变址修饰（C235～C255）	Y、M、S、C、D□.b、变址修饰

（2）使用说明

高速计数器比较复位指令的使用如图 7-28 所示。当常开触点 X010 闭合时，DHSCR 指令执行，若高速计数器 C255 的当前值变为 100（99 → 100 或 101 → 100），则将 Y010 复位（置 0）。

图 7-28　高速计数器比较复位指令的使用

6. 高速计数器区间比较指令

（1）指令格式

高速计数器区间比较指令格式如表 7-30 所示。

表 7-30　高速计数器区间比较指令格式

指令名称与功能号	指令符号	指令形式与功能说明	操作数		
			S1（32位）、S2（32位）	S（32位）	D（位型）
高速计数器区间比较（FNC55）	(D)HSZ	将 S 高速计数器当前值与 S1、S2 值比较，S<S1 时将 D 置位，S1≤S≤S2 时将 D+1 置位，S>S2 时将 D+2 置位	K、H、KnX、KnY、KnM、KnS、T、C、D、R、Z、变址修饰（S1≤S2）	C、变址修饰（C235～C255）	Y、M、S、D□.b、变址修饰

（2）使用说明

高速计数器区间比较指令的使用如图 7-29 所示。在 PLC 运行期间，M8000 触点始终闭合，高速计数器 C251 开始计数，同时 DHSZ 指令执行，当 C251 当前值＜ K1000 时，使输出继电器 Y000 为 ON；当 K1000 ≤ C251 当前值 ≤ K2000 时，使输出继电器 Y001 为 ON；当 C251 当前值＞ K2000 时，使输出继电器 Y003 为 ON。

图 7-29　高速计数器区间比较指令的使用

7. 脉冲密度（速度检测）指令

（1）指令格式

脉冲密度指令格式如表 7-31 所示。

表 7-31 脉冲密度指令格式

指令名称与功能号	指令符号	指令形式与功能说明	操作数		
			S1（位型）	S2（16/32 位）	D（16/32 位）
脉冲密度（FNC56）	(D)SPD	┤├─[SPD S1 S2 D] 计算 S1 端在 S2 时间（单位 ms）输入脉冲的个数，个数值存入 D 中	X0～X5(FX2N/3S)、X0～X7（FX3G/3U）、变址修饰	K、H、KnX、KnY、KnM、KnS、T、C、D、R、V、Z、变址修饰	T、C、D、R、V、Z、变址修饰

（2）使用说明

脉冲密度指令的使用如图 7-30 所示。当常开触点 X010 闭合时，SPD 指令执行，计算 X000 输入端子在 100ms 输入脉冲的个数，并将个数值存入 D0 中。指令还使用 D1、D2，其中 D1 用来存放当前时刻的脉冲数值（会随时变化），到 100ms 时复位；D2 用来存放计数的剩余时间，到 100ms 时复位。

```
 X010        S1   S2   D
──┤├────[SPD X000 K100 D0]
```

图 7-30 脉冲密度指令的使用

采用旋转编码器配合 SPD 指令可以检测电动机的转速。旋转编码器的结构如图 7-31 所示，旋转编码器盘片与电动机转轴联动，在盘片旁安装有接近开关，盘片凸起部分靠近接近开关时，开关会产生脉冲输出，n 为编码器旋转一周输出的脉冲数。在测速时，先将测速用的旋转编码器与电动机转轴连接起来，编码器的输出线接 PLC 的 X0 输入端子，再根据电动机的转速计算公式 $N=\dfrac{60\times[D]}{n\times[S2]}\times 10^3 \text{r/min}$ 编写梯形图程序。

图 7-31 旋转编码器的结构

设旋转编码器的 n=360，计时时间 S2=100ms，则 $N=\dfrac{60\times[D]}{n\times[S2]}\times 10^3\text{r/min}=\dfrac{60\times[D]}{360\times 100}\times$

10^3 r/min= $\dfrac{5\times[D]}{3}$ r/min。电动机转速检测程序如图 7-32 所示。

图 7-32　电动机转速检测程序

8．脉冲输出指令

（1）指令格式

脉冲输出指令格式如表 7-32 所示。

表 7-32　脉冲输出指令格式

指令名称与功能号	指令符号	指令形式与功能说明	操作数	
			S1、S2（均为16/32位）	D（位型）
脉冲输出（FNC57）	(D)PLSY	让 D 端输出频率为 S1、占空比为 50% 的脉冲信号，产生脉冲个数由 S2 指定	K、H、KnX、KnY、KnM、KnS、T、C、D、R、V、Z、变址修饰	Y0 或 Y1（晶体管输出型基本单元）

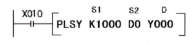

图 7-33　脉冲输出指令的使用

（2）使用说明

脉冲输出指令的使用如图 7-33 所示。当常开触点 X010 闭合时，PLSY 指令执行，让 Y000 端子输出占空比为 50% 的 1000Hz 脉冲信号，产生脉冲个数由 D0 指定。

脉冲输出指令的使用要点如下。

① [S1] 为输出脉冲的频率，对于 FX$_{2N}$ 系列 PLC，频率范围为 10～20kHz。[S2] 为要求输出脉冲的个数，对于 16 位操作元件，可指定的个数为 1～32767；对于 32 位操作元件，可指定的个数为 1～2147483647，如指定个数为 0，则持续输出脉冲。[D] 为脉冲输出端子，要求输出端子为晶体管输出型，只能选择 Y000 或 Y001。

② 脉冲输出结束后，完成标记继电器 M8029 置 1，输出脉冲总数保存在 D8037（高位）和 D8036（低位）。

③ 若选择产生连续脉冲，在 X010 断开后 Y000 停止脉冲输出，X010 再闭合时重新开始。

④ [S1] 中的内容在该指令执行过程中可以改变，[S2] 在指令执行时不能改变。

9. 脉冲调制指令

（1）指令格式

脉冲调制指令格式如表 7-33 所示。

表 7-33 脉冲调制指令格式

指令名称与功能号	指令符号	指令形式与功能说明	操作数 S1、S2（均为 16 位）	操作数 D（位型）
脉冲调制 (FNC58)	PWM	⊢⊢─[PWM S1 S2 D] 让 D 端输出脉冲宽度为 S1、周期为 S2 的脉冲信号。S1、S2 单位均为 ms	K、H、KnX、KnY、KnM、KnS、T、C、D、R、V、Z、变址修饰	Y0 或 Y1（晶体管输出型基本单元）

（2）使用说明

脉冲调制指令的使用如图 7-34 所示。当常开触点 X010 闭合时，PWM 指令执行，使 Y000 端子输出脉冲宽度为 D10、周期为 50ms 的脉冲信号。

图 7-34 脉冲调制指令的使用

脉冲调制指令的使用要点如下。

① [S1] 为输出脉冲的宽度 t，$t=0 \sim 32767$ms。[S2] 为输出脉冲的周期 T，$T=1 \sim 32767$ms，要求 [S2] > [S1]，否则会出错。[D] 为脉冲输出端子，只能选择 Y000 或 Y001。

② 当 X010 断开后，Y000 端子停止脉冲输出。

10. 带加减速（可调速）的脉冲输出指令

（1）指令格式

带加减速的脉冲输出指令格式如表 7-34 所示。

表 7-34 带加减速的脉冲输出指令格式

指令名称与功能号	指令符号	指令形式与功能说明	操作数 S1、S2、S3（均为 16/32 位）	操作数 D（位型）
带加减速的脉冲输出 (FNC59)	(D)PLSR	⊢⊢─[PLSR S1 S2 S3 D] 让 D 端输出最高频率为 S1、脉冲个数为 S2、加减速时间为 S3 的脉冲信号	K、H、KnX、KnY、KnM、KnS、T、C、D、R、V、Z、变址修饰	Y0 或 Y1（晶体管输出型基本单元）

（2）使用说明

带加减速的脉冲输出指令的使用如图 7-35 所示。当常开触点 X010 闭合时，PLSR 指令执行，让 Y000 端子输出脉冲信号，输出脉冲频率由 0 开始，在 3600ms 内升到最高频率 500Hz，在最高频率时产生 D0 个脉冲，再在 3600ms 内从最高频率降到 0。

带加减速的脉冲输出指令的使用要点如下。

① [S1] 为输出脉冲的最高频率，最高频率要设成 10 的倍数，设置范围为 10 ~ 20kHz。

```
    X010         S1     S2     S3     D
────┤ ├──── PLSR  K500   D0   K3600  Y000
                  最高频率       加减速时间
                     脉冲输出个数     脉冲输出点
```

图 7-35　带加减速的脉冲输出指令的使用

②[S2]为最高频率时的脉冲输出个数,该数值不能小于 110,否则不能正常输出。[S2]的范围是 110 ～ 32767（16 位操作数）或 110 ～ 2147483647（32 位操作数）。

③[S3]为加减速时间,它是指脉冲由 0 升到最高频率（或最高频率降到 0）所需的时间。输出脉冲的一次变化为最高频率的 1/10。加减速时间设置有一定的范围,具体可采用以下公式计算：

$$\frac{90000}{[S1]} \times 5 \leq [S3] \leq \frac{[S2]}{[S1]} \times 818$$

④[D]为脉冲输出点,只能为 Y000 或 Y001,且要求是晶体管输出型。

⑤若 X010 由 ON 变为 OFF,停止输出脉冲,X010 再变为 ON 时,从初始重新动作。

⑥PLSR 和 PLSY 两条指令在程序中只能使用一条,并且只能使用一次。这两条指令中的某一条与 PWM 指令同时使用时,脉冲输出点不能重复。

11．高速计数器的表格比较指令

（1）指令格式

高速计数器的表格比较指令格式如表 7-35 所示。

表 7-35　高速计数器的表格比较指令格式

指令名称与功能号	指令符号	指令形式与功能说明	操作数			
			S1（16/32 位）	S2（32 位）	D（位型）	m、n（16 位）
高速计数器的表格比较 (FNC280)	(D) HSCT	┤├─ HSCT S1 m S2 D n 将高速计数器 S2 的当前计数值与 S1 为起始的 m 组数据依次比较,当计数值与某组数据相等时,让该组对应的比较输出值从 D 为起始的 n 个元件输出	D、R、变址修饰	C235 ～ C255、变址修饰	Y、M、S、变址修饰	K、H （1 ≤ m ≤ 128） （1 ≤ n ≤ 16）

（2）使用说明

高速计数器的表格比较指令的使用如图 7-36 所示。当常开触点 X010 闭合时,DHSCT 指令执行,将高速计数器 C235 的当前计数值与 D100 ～ D114 组成的 5 组数据（3 个元件存储 1 组数据,其中 2 个元件存放比较数据,1 个元件存放比较相等时的输出数据）依次进行比较,当计数值与某组数据相等时,让该组对应的比较输出值从 Y000 ～ Y002 端输出。

在图 7-36 中,在 X010 触点闭合期间,如果高速计数器 C235 的当前计数值与第 1 组数据 321（D101、D100 中存放的数据）相等,则将该组对应的比较输出值 H0001（十六进制数,由 D102 存放）从 Y002 ～ Y000 端输出。由于只使用了 3 个输出端,16 位数值只能输出低 3 位，即 Y002～Y000 端输出为 001。在比较数据时，每比较完 1 组数据，DHSCT 表格计数器 D8138 的值会增 1；比较完最后 1 组数据时，D8138 值变为 0，同时 DHSCT 结束标志位 M8138 变为 1，然后又重新开始比较，直到 X010 触点断开。

图 7-36　高速计数器的表格比较指令的使用

7.3　方便类指令

7.3.1　指令一览表

方便类指令共有 10 条，各指令的功能号、符号、形式、名称及支持的 PLC 系列如表 7-36 所示。

表 7-36　方便类指令

功能号	指令符号	指令形式	指令名称	支持的 PLC 系列								
				FS$_{3S}$	FS$_{3G}$	FX$_{3GC}$	FX$_{3U}$	FX$_{3UC}$	FX$_{1S}$	FX$_{1N}$	FX$_{1NC}$	FX$_{2N}$	FX$_{2NC}$
FNC60	IST	⊢⊢──[IST │ S │D1│D2]──	初始化状态	○	○	○	○	○	○	○	○	○	○
FNC61	SER	⊢⊢──[SER │S1│S2│ D │ n]──	数据检索	○	○	○	○	○	—	—	—	○	○
FNC62	ABSD	⊢⊢──[ABSD │S1│S2│ D │ n]──	凸轮控制绝对方式	—	○	○	○	○	—	○	○	○	○
FNC63	INCD	⊢⊢──[INCD │S1│S2│ D │ n]──	凸轮控制相对方式	—	○	○	○	○	—	○	○	○	○
FNC64	TIMR	⊢⊢──[TTMR │ D │ n]──	示教定时器	—	—	—	○	○	—	—	—	○	○
FNC65	STMR	⊢⊢──[STMR │ S │ m │ D]──	特殊定时器	—	—	—	○	○	—	—	—	○	○
FNC66	ALT	⊢⊢──[ALT │ D]──	交替输出	○	○	○	○	○	○	○	○	○	○
FNC67	RAMP	⊢⊢──[RAMP │S1│S2│ D │ n]──	斜波信号	○	○	○	○	○	○	○	○	○	○
FNC68	ROTC	⊢⊢──[ROTC │ S │m1│m2│ D]──	旋转工作台控制	—	—	—	○	○	—	—	—	○	○
FNC69	SORT	⊢⊢──[SORT │ S │m1│m2│ D │ n]──	数据排序	—	—	—	○	○	—	—	—	○	○

7.3.2　指令精解（FNC60 ~ FNC69）

1．初始化状态指令

（1）指令格式

初始化状态指令格式如表 7-37 所示。

表 7-37　初始化状态指令格式

指令名称与功能号	指令符号	指令形式与功能说明	操 作 数	
			S（位型）	D1、D2（均为位型）
初始化状态（FNC60）	IST	⊢⊢──[IST │ S │D1│D2]── 指令功能见后面的使用说明	X、Y、M、D □.b、变址修饰	S、变址修饰 （FX$_{3G/3U}$ 可用 S20 ~ S899 和 S1000 ~ S4095，FX$_{3S}$ 可用 S20 ~ S255）

（2）使用说明

初始化状态指令主要用于步进控制，且在需要进行多种控制时使用。使用这条指令可以使控制程序大大简化，如在机械手控制中，有 5 种控制方式：手动、回原点、单步运行、单周期运行（即运行一次）和自动控制。在程序中采用该指令后，只需编写手动、回原点和自动控制 3 种控制方式程序即可实现 5 种控制。

初始化状态指令的使用如图 7-37 所示。当 M8000 由 OFF → ON 时，IST 指令执行，对 X020 为起始编号的 8 个连号元件进行功能定义（具体见后述），将 S20、S40 分别设为自动操作时的编号最小和最大的状态继电器。

```
         M8000       S    D1   D2
         ─┤├──[ IST  X020 S20  S40 ]
```

图 7-37 初始化状态指令的使用

初始化状态指令的使用要点如下。

①[S]为功能定义起始元件，它包括 8 个连号元件，这 8 个元件的功能定义如表 7-38 所示。

表 7-38 元件的功能定义

元件	功能	元件	功能
X020	手动控制	X024	全自动运行控制
X021	回原点控制	X025	回原点启动
X022	单步运行控制	X026	自动运行启动
X023	单周期运行控制	X027	停止控制

其中 X020～X024 是工作方式选择，不能同时接通，通常选用图 7-38 所示的旋转开关。

图 7-38 旋转开关

②[D1]、[D2]分别为自动操作控制时，实际用到的最小编号和最大编号状态继电器。
③IST 指令在程序中只能用一次，并且要放在步进顺控指令 STL 之前。

2．数据检索（查找）指令

（1）指令格式

数据检索指令格式如表 7-39 所示。

表 7-39 数据检索指令格式

指令名称与功能号	指令符号	指令形式与功能说明	操作数			
			S1（16/32 位）	S2（16/32 位）	D（16/32 位）	n（16/32 位）
数据检索（FNC61）	(D) SER (P)	─┤├─[SER S1 S2 D n] 从 S1 为起始的 n 个连号元件中查找与 S2 相同的数据，查找结果存放在 D 为起始的 5 个连号元件中	KnX、KnY、KnM、KnS、T、C、D、R、变址修饰	K、H、KnX、KnY、KnM、KnS、T、C、D、R、V、Z、变址修饰	KnY、KnM、KnS、T、C、D、R、变址修饰	K、H、D、R

（2）使用说明

数据检索指令的使用如图 7-39 所示。当常开触点 X010 闭合时，SER 指令执行，从 D100 为起始的 10 个连号元件（D100～D109）中查找与 D0 相等的数据，查找结果存放在 D10 为起始的 5 个连号元件 D10～D14 中。

```
      X010
      ─┤├──[ SER  D100  D0  D10  K10 ]
              S1    S2   D   n
```

图 7-39　数据检索指令的使用

在 D10～D14 中，D10 存放数据相同的元件个数，D11、D12 分别存放数据相同的第一个和最后一个元件位置，D13 存放最小数据的元件位置，D14 存放最大数据的元件位置。例如，在 D100～D109 中，D100、D102、D106 中的数据都与 D10 相同，D105 中的数据最小，D108 中的数据最大，那么 D10=3，D11=0，D12=6，D13=5，D14=8。

3. 凸轮控制绝对方式指令

（1）指令格式

凸轮控制绝对方式指令格式如表 7-40 所示。

表 7-40　凸轮控制绝对方式指令格式

指令名称 与功能号	指令 符号	指令形式与功能说明	操 作 数			
			S1 （16/32 位）	S2 （16/32 位）	D（位型）	n（16 位）
凸轮控制 绝对方式 （FNC62）	(D) ABSD	 指令功能见后面的使用说明	KnX、KnY、 KnM、KnS、T、 C、D、R、变址 修饰	C、变址 修饰	Y、M、 S、D □ .b、 变址修饰	K、H （1 ≤ n ≤ 64）

（2）使用说明

凸轮控制绝对方式指令用于产生与计数器当前值对应的多个波形，其使用如图 7-40 所示。在图 7-40（a）中，当常开触点 X000 闭合时，ABSD 指令执行，将 [D] M0 为起始的 [n] 4 个连号元件 M0～M3 作为波形输出元件，并将 [S2] C0 计数器当前计

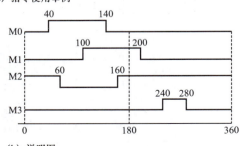

(a) 指令使用举例

图 7-40　凸轮控制绝对方式的使用

数值与[S1] D300 为起始的 8 个连号元件 D300～D307 中的数据进行比较，然后让 M0～M3 输出与 D300～D307 数据相关的波形。

M0～M3 输出波形与 D300～D307 数据的关系如图 7-40（b）所示。D300～D307 中的数据可采用 MOV 指令来传送，D300～D307 的偶数编号元件用来存储上升数据点（角度值），奇数编号元件存储下降数据点。下面对照图 7-40（b）来说明图 7-40（a）所示梯形图的工作过程。

在常开触点 X000 闭合期间，X001 端子外接平台每旋转 1°，该端子就输入一个脉冲，X001 常开触点就闭合一次（X001 常闭触点则断开一次），计数器 C0 的计数值就增 1。当平台旋转到 40° 时，C0 的计数值为 40，C0 的计数值与 D300 中的数据相等，ABSD 指令则让 M0 元件由 OFF 变为 ON；当 C0 的计数值为 60 时，C0 的计数值与 D305 中的数据相等，ABSD 指令则让 M2 元件由 ON 变为 OFF。C0 计数值由 60 变化到 360 之间的工作过程请对照图 7-40（b）自行分析。当 C0 的计数值达到 360 时，C0 常开触点闭合，"RST C0" 指令执行，将计数器 C0 复位，然后又重复上述工作过程。

4．凸轮控制相对方式指令

（1）指令格式

凸轮控制相对方式指令格式如表 7-41 所示。

表 7-41 凸轮控制相对方式指令格式

指令名称 与功能号	指令 符号	指令形式与功能说明	操 作 数			
			S1（16 位）	S2（16 位）	D（位型）	n（16 位）
凸轮控制 相对方式 （FNC63）	INCD	⊢⊢─[INCD S1 S2 D n] 指令功能见后面的使用说明	KnX、KnY、 KnM、KnS、T、 C、D、R、变址 修饰	C、变址 修饰	Y、M、S、 D□.b、变址 修饰	K、H （1≤n≤64）

（2）使用说明

INCD 指令的使用如图 7-41 所示。INCD 指令的功能是将 [D] M0 为起始的 [n] 4 个连号元件 M0～M3 作为波形输出元件，并将 [S2] C0 当前计数值与 [S1] D300 为起

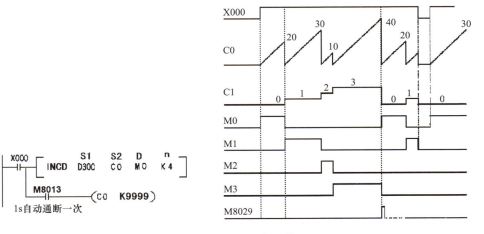

图 7-41 INCD 指令的使用

始的 4 个连号元件 D300～D303 中的数据进行比较，使 M0～M3 输出与 D300～D304 数据相关的波形。

首先用 MOV 指令往 D300～D304 中传送数据，让 D300=20，D301=30，D302=10，D303=40。在常开触点 X000 闭合期间，1s 时钟辅助继电器 M8013 触点每隔 1s 就通断一次（通断各 0.5s），计数器 C0 的计数值就计 1，随着 M8013 不断动作，C0 计数值不断增大。在 X000 触点刚闭合时，M0 由 OFF 变为 ON，当 C0 计数值与 D300 中的数据 20 相等时，C0 自动复位清 0，同时 M0 元件也复位（由 ON 变为 OFF），然后 M1 由 OFF 变为 ON；当 C0 计数值与 D301 中的数据 30 相等时，C0 又自动复位，M1 元件随之复位；当 C0 计数值与最后寄存器 D303 中的数据 40 相等时，M3 元件复位，完成标记辅助继电器 M8029 置 ON，表示完成一个周期，接着开始下一个周期。

在 C0 计数的同时，C1 也用来计 C0 的复位次数，完成一个周期后，C1 自动复位。当触点 X000 断开时，C1、C0 均复位，M0～M3 也由 ON 转为 OFF。

5．示教定时器指令

（1）指令格式

示教定时器指令格式如表 7-42 所示。

表 7-42　示教定时器指令格式

指令名称与功能号	指令符号	指令形式与功能	操作数 D（16 位）	操作数 n（16 位）
示教定时器（FNC64）	TTMR	─┤├──[TTMR D n]　测量 TTMR 为 ON（输入触点闭合）的时间（单位为 s），时间值存入 D+1 中，时间值×10^n 所得值存入 D 中	D、R、变址修饰	K、H、D、R（n=0～2）

（2）使用说明

TTMR 指令的使用如图 7-42 所示。TTMR 指令的功能是测定 X010 触点的接通时间。当常开触点 X010 闭合时，TTMR 指令执行，用 D301 存储 X010 触点当前接通时间 t0（D301 中的数据随 X010 闭合时间变化），而将 D301 中的时间 t0 乘以 10^n，结果存入 D300 中。当触点 X010 断开时，D301 复位，D300 中的数据不变。

图 7-42　TTMR 指令的使用

利用 TTMR 指令可以将按钮闭合时间延长 10 倍或 100 倍。

6. 特殊定时器指令

（1）指令格式

特殊定时器指令格式如表 7-43 所示。

表 7-43　特殊定时器指令格式

指令名称与功能号	指令符号	指令形式与功能说明	操作数		
			S（16位）	m（16位）	D（位型）
特殊定时器（FNC65）	STMR	┤├─[STMR S m D] 让 S 定时器进行 m×100ms 的定时，从 D 为起始的 4 个连号元件产生 4 种类型的脉冲信号	T、变频修饰（T0～T199）	K、H、D、R（m=1～32767）	Y、M、S、D□.b、变址修饰

（2）使用说明

特殊定时器指令的使用如图 7-43 所示。STMR 指令的功能是产生延时断开定时、单脉冲定时和闪动定时。当常开触点 X000 闭合时，STMR 指令执行，让 T10 定时器工作，从 M0 为起始的 4 个连号元件 M0～M3 产生 10s（即 100×100ms）的各种定时脉冲，其中 M0 产生 10s 延时断开定时脉冲，M1 产生 10s 单定时脉冲，M2、M3 产生闪动定时脉冲（即互补脉冲）。

图 7-43　特殊定时器指令的使用

当触点 X000 断开时，M0～M3 经过设定的值后变为 OFF，同时定时器 T10 复位。

7. 交替输出指令

（1）指令格式

交替输出指令格式如表 7-44 所示。

表 7-44　交替输出指令格式

指令名称与功能号	指令符号	指令形式与功能说明	操作数
			D（位型）
交替输出（FNC66）	ALT（P）	┤├─[ALT D] 当 ALT 输入由 OFF→ON 时，D 的状态发生反转	Y、M、S、D□.b、变址修饰

（2）使用说明

交替输出指令的使用如图 7-44 所示。交替输出指令的功能是产生交替输出的脉冲。当常开触点 X000 由 OFF→ON 时，ALTP 指令执行，让 M0 由 OFF→ON；在 X000 由 ON→OFF 时，M0 状态不变；当 X000 再次由 OFF→ON 时，M0 由 ON→OFF。若采用连续执行型指令 ALT，则在每个扫描周期 M0 状态都会改变一次，因此通常采用脉冲执行型 ALTP 指令。

图 7-44 交替输出指令的使用

利用交替输出指令可以实现分频输出，如图 7-45 所示。当 X000 按图示频率通断时，M0 产生的脉冲频率降低一半，而 M1 产生的脉冲频率较 M0 再降低一半，每使用一次 ALT 指令可进行一次 2 分频。利用交替输出指令还可以实现一个按钮控制多个负载启动 / 停止，如图 7-46 所示。

图 7-45 利用交替输出指令实现分频输出

图 7-46 利用交替输出指令实现一个按钮控制多个负载启动 / 停止

当常开触点 X000 闭合时，辅助继电器 M0 由 OFF → ON，M0 常闭触点断开，Y000 对应的负载停止，M0 常开触点闭合，Y001 对应的负载启动；常开触点 X000 断开后，辅助继电器 M0 状态不变。当 X000 第二次闭合时，M0 由 ON → OFF，M0 常闭触点闭合，Y000 对应的负载启动，M0 常开触点断开，Y001 对应的负载停止。

8. 斜波信号指令

（1）指令格式

斜波信号指令格式如表 7-45 所示。

表 7-45 斜波信号指令格式

指令名称与功能号	指令符号	指令形式与功能说明	操作数	
			S1、S2、D（均为 16 位）	n（16 位）
斜波信号（FNC67）	RAMP	┤├─[RAMP S1 S2 D n] 让 D 值在 n 个扫描周期从 S1 值变化到 S2 值	D、R、变址修饰	K、H、D、R (n=1 ~ 32767)

（2）使用说明

斜波信号指令的使用如图 7-47 所示。RAMP 指令的功能是产生斜波信号。当常开触点 X000 闭合时，RAMP 指令执行，让 D3 值从 D1 值变化到 D2 值，变化时间为 1000 个扫描周期，扫描次数存放在 D4 中。

图 7-47 斜波信号指令的使用

设置 PLC 的扫描周期可确定 D3（值）从 D1 变化到 D2 的时间。先往 D8039（恒定扫描时间寄存器）中写入设定扫描周期时间（ms），设定的扫描周期应大于程序运行扫描时间，再将 M8039（定时扫描继电器）置位，PLC 就进入恒扫描周期运行方式。如果设定的扫描周期为 20ms，那么图 7-47 中 D3（值）从 D1 变化到 D2 所需的时间应为 20ms×1000=20s。

9. 旋转工作台控制指令

（1）指令格式

旋转工作台控制指令格式如表 7-46 所示。

表 7-46 旋转工作台控制指令格式

指令名称与功能号	指令符号	指令形式与功能说明	操作数		
			S（16位）	m1、m2（均为16位）	D（位型）
旋转工作台控制（FNC68）	ROTC	⊢⊢─[ROTC S m1 m2 D] 指令功能见后面的使用说明	D、R、变址修饰	K、H (m1 ≥ m2)	Y、M、S、D □.b、变址修饰

（2）使用说明

旋转工作台控制指令的功能是对旋转工作台的方向和位置进行控制，使工作台上指定的工件能以最短的路径转到要求的位置。图 7-48 所示是一种旋转工作台的结构示意图，它由转台和工作手臂两大部分组成，转台被均分成 10 个区，每个区放置一个工件，转台旋转时会使检测开关 X000、X001 产生两相脉冲，利用这两相脉冲不但可以判断转台的正转/反转，而且可以检测转台当前的旋转位置，检测开关 X002 用来检测转台的 0 位置。

图 7-48 一种旋转工作台的结构示意图

旋转工作台控制指令的使用如图 7-49 所示。

```
     X010                  S    m1   m2   D
    ─┤├──[ ROTC    D200  K10   K2   M0 ]
```

图 7-49　旋转工作台控制指令的使用

在图 7-49 中，当常开触点 X010 闭合时，ROTC 指令执行。操作数 [S]、[m1]、[m2]、[D] 的功能定义如下。

[S] { D200：作为计数寄存器使用
      D201：调用工作手臂号   } 用传送指令 MOV 设定
      D202：调用工件号

[m1]：工作台每转一周旋转编码器产生的脉冲数
[m2]：低速运行区域，取值一般为 1.5~2 个工件间距

[D] { M0：A相信号
      M1：B相信号   } 用输入X（旋转编码器）来驱动，
      M2：0点检测信号   X000→M0，X001→M1，X002→M2
      M3：高速正转
      M4：低速正转
      M5：停止   } 当X010置ON时，ROTC指令执行，可以自动得到M3~M7
      M6：低速反转   的功能；当X010置OFF时，M3~M7为OFF
      M7：高速反转

(3) ROTC 指令应用实例

如图 7-48 所示的旋转工作台，转台均分 10 个区，编号为 0~9，每个区可放一个工件，转台每转一周两相旋转编码器能产生 360 个脉冲，低速运行区为工件间距的 1.5 倍，采用数字开关输入要加工的工件号，加工默认采用 1 号工作手臂。要求使用 ROTC 指令并将有关硬件进行合适的连接，让工作台能以最高的效率对任意一个工件进行加工。

① 硬件连接。旋转工作台的硬件连接如图 7-50 所示。4 位拨码开关用于输入待加工的工件号，旋转编码器用于检测工作台的位置信息，0 点检测信号用于告知工作台是否到达 0 点位置，启动按钮用于启动工作台运行，Y000~Y003 端子用于输出控制信号，通

图 7-50　旋转工作台的硬件连接

过控制变频器来控制工作台驱动电动机的运行。

② 编写程序。旋转工作台控制梯形图程序如图 7-51 所示。在编写程序时要注意，工件号和工作手臂设置与旋转编码器产生的脉冲个数有关，如编码器旋转一个工件间距产生 n 个脉冲，如 $n=10$，那么工件号 0～9 应设为 0～90，工作手臂号应设为 0、10。在本例中，旋转编码器转一周产生 360 个脉冲，工作台又分为 10 个区，每个工件间距应产生 36 个脉冲，因此 D201 中的 1 号工作手臂应设为 36，D202 中的工件号就设为 "实际工件号 ×36"。

图 7-51　旋转工作台控制梯形图程序

PLC 进行旋转工作台控制，在执行 ROTC 指令时，会根据有关程序和输入信号（输入工件号、编码器输入、0 点检测输入和启动输入）产生控制信号（高速、低速、正转、反转），通过变频器来对旋转工作台电动机进行各种控制。

10．数据排序指令

（1）指令格式

数据排序指令格式如表 7-47 所示。

表 7-47 数据排序指令格式

指令名称与功能号	指令符号	指令形与功能说明	操作数（16 位）				
			S	m1	m2	D	n
数据排序 (FNC69)	SORT	⊢⊢[SORT S m1 m2 D n] 将 S 为起始的 m1 行 ×m2 列个连续元件的数据进行排序，排序以第 n 列作为参考并按照由小到大的顺序进行，排序后的数据存放到 D 为起始的 m1 行 ×m2 列个连续元件中	D、R	K、H (m1=1~32)	K、H (m2=1~6) (m1≥m2)	D、R	K、H、D、R

（2）使用说明

数据排序指令的使用如图 7-52 所示，当 X010 触点闭合时，SORT 指令执行，将 D100 为起始的 5 行 4 列共 20 个元件（即 D100 ~ D119）中的数据进行排序，排序以第 2 列作为参考，排序按由小到大的顺序（升序）进行，排序后的数据存入 D200 为起始的 5×4=20 个连号元件中。

行号	列号			
	1	2	3	4
	人员号码	身长	体重	年龄
1	D100 1	D101 150	D102 45	D103 20
2	D104 2	D105 180	D106 50	D107 40
3	D108 3	D109 160	D110 70	D111 30
4	D112 4	D113 100	D114 20	D115 8
5	D116 5	D117 150	D118 50	D119 45

排列前

行号	列号			
	1	2	3	4
	人员号码	身长	体重	年龄
1	D200 4	D201 100	D202 20	D203 8
2	D204 1	D205 150	D206 45	D207 20
3	D208 5	D209 150	D210 50	D211 45
4	D212 3	D213 160	D214 70	D215 30
5	D216 2	D217 180	D218 50	D219 40

排列后

图 7-52 数据排序指令的使用

7.4 外部 I/O 设备类指令

7.4.1 指令一览表

外部 I/O 设备类指令共有 10 条，各指令的功能号、符号、形式、名称及支持的 PLC 系列如表 7-48 所示。

表 7-48　外部 I/O 设备类指令

功能号	指令符号	指令形式	指令名称	支持的 PLC 系列								
				FS$_{3S}$	FS$_{3G}$	FX$_{3GC}$	FX$_{3U}$	FX$_{3UC}$	FX$_{1S}$	FX$_{1N}$	FX$_{1NC}$	FX$_{2N}$	FX$_{2NC}$
FNC70	TKY	⊢⊢ [TKY S D1 D2]	数字键输入	—	—	○	○	—	—	—	—	○	○
FNC71	HKY	⊢⊢ [HKY S D1 D2 D3]	十六进制数字键输入	—	—	○	○	—	—	—	—	○	○
FNC72	DSW	⊢⊢ [DSW S D1 D2 n]	数字开关	○	○	○	○	○	○	○	○	○	○
FNC73	SEGD	⊢⊢ [SEGD S D]	七段解码器	—	—	○	○	—	—	—	—	○	○
FNC74	SEGL	⊢⊢ [SEGL S D n]	七段码锁存	○	○	○	○	○	○	○	○	○	○
FNC75	ARWS	⊢⊢ [ARWS S D1 D2 n]	方向开关	—	—	○	○	—	—	—	—	○	○
FNC76	ASC	⊢⊢ [ASC S D]	ASCII 数据输入	—	—	○	○	—	—	—	—	○	○
FNC77	PR	⊢⊢ [PR S D]	ASCII 码打印	—	—	○	○	—	—	—	—	○	○
FNC78	FROM	⊢⊢ [FROM m1 m2 D n]	读特殊功能模块	—	—	○	○	—	—	○	○	○	○
FNC79	TO	⊢⊢ [TO m1 m2 S n]	写特殊功能模块	—	—	○	○	—	—	○	○	○	○

7.4.2　指令精解（FNC70～FNC79）

1. 数字键输入指令

（1）指令格式

数字键输入指令格式如表 7-49 所示。

表 7-49　数字键输入指令格式

指令名称与功能号	指令符号	指令形式与功能说明	操作数		
			S（位型）	D1（16/32 位）	D2（位型）
数字键输入（FNC70）	(D) TKY	⊢⊢ [TKY S D1 D2] 将 S 为起始的 10 个连号元件的值送入 D1，同时将 D2 为起始的 10 个连号元件中相应元件置位（也称置 ON 或置 1）	X、Y、M、S、D□.b、变址修饰（10 个连号元件）	KnY、KnM、KnS、T、C、D、R、V、Z、变址修饰	Y、M、S、D□.b、变址修饰（11 个连号元件）

（2）使用说明

数字键输入指令的使用如图 7-53 所示。当 X030 触点闭合时，TKY 指令执行，将 X000 为起始的 X000～X007、X010、X011 十个端子输入的数据送入 D0 中，同时将 M10 为起始的 M10～M19 中相应的位元件置位。

使用 TKY 指令时，可在 PLC 的 X000～X007、X010、X011 十个端子外接代表 0～9 的 10 个按键，如图 7-53（b）所示。当常开触点 X030 闭合时，TKY 指令执行，如果依次操作 X002、X001、X003、X000，就往 D0 中输入数据 2130，同时与按键对应的位元件

199

M12、M11、M13、M10 也依次被置 ON，如图 7-53（c）所示。当松开某一按键后，相应的位元件还会维持 ON，直到下一个按键被按下才变为 OFF。该指令还会自动用到 M20，当依次操作按键时，M20 会依次被置 ON，ON 的保持时间与按键的按下时间相同。

(a) 梯形图

(b) 硬件连接　　　　　　　　　　　　　　　(c) 工作时序

图 7-53　数字键输入指令的使用

数字键输入指令的使用要点如下。

① 若多个按键都被按下，则先按下的键有效。

② 当常开触点 X030 断开时，M10～M20 都变为 OFF，但 D0 中的数据不变。

③ 在做 16 位操作时，输入数据范围为 0～9999，当输入数据超过 4 位时，最高位数（千位数）会溢出，低位补入；在做 32 位操作时，输入数据范围为 0～99999999。

2. 十六进制数字键输入指令

（1）指令格式

十六进制数字键输入指令格式如表 7-50 所示。

表 7-50　十六进制数字键输入指令格式

指令名称与功能号	指令符号	指令形式与功能说明	操作数			
			S（位型）	D1（位型）	D2（16/32 位）	D3（位型）
十六进制数字键输入（FNC71）	(D)HKY	HKY S D1 D2 D3　指令功能见后面的使用说明	X、变址修饰（占用 4 点）	Y、变址修饰（占用 4 点）	T、C、D、R、V、Z、变址修饰	Y、M、S、D□.b、变址修饰（占用 8 点）

（2）使用说明

十六进制数字键输入指令的使用如图 7-54 所示。在使用 HKY 指令时，一般要给 PLC 外围增加键盘输入电路，如图 7-54（b）所示。当 X004 触点闭合时，HKY 指令执行，将 X000 为起始的 X000～X003 四个端子作为键盘输入端，将 Y000 为起始的 Y000～Y003 四个端子作为 PLC 扫描键盘输出端，D0 用来存储键盘输入信号，M0 为起始的 8 个元件 M0～M7 用来响应功能键 A～F 的输入信号。

(a) 指令使用举例　　　　　　　　　(b) 键盘输入电路

图 7-54　十六进制数字键输入指令的使用

十六进制数字键输入指令的使用要点如下。

① 利用 0～9 数字键可以输入 0～9999 的数据，输入的数据以 BIN 码（二进制数）形式保存在 [D2] D0 中。若输入数据大于 9999，则数据的高位溢出。若使用 32 位操作 DHKY 指令，则可输入 0～99999999 的数据，数据保存在 D1、D0 中。按下多个按键时，先按下的键有效。

② Y000～Y003 完成一次扫描工作后，完成标记继电器 M8029 会置位。

③ 当操作功能键 A～F 时，M0～M5 会有相应的动作，A～F 与 M0～M5 的对应关系如下。

例如，按下 A 键时，M0 置 ON 并保持；当按下另一按键时，如按下 D 键，M0 变为 OFF，同时 D 键对应的元件 M3 置 ON 并保持。

④ 在按下 A～F 中的某键时，M6 置 ON（不保持），松开按键后 M6 由 ON 转为 OFF；在按下 0～9 中的某键时，M7 置 ON（不保持）。当常开触点 X004 断开时，[D2] D0 中的数据仍保存，但 M0～M7 全变为 OFF。

⑤ 如果将 M8167 置 ON，那么可以通过键盘输入十六进制数并保存在 [D2] D0 中。如操作键盘输入 123BF，那么该数据会以二进制形式保存在 [D2] 中。

⑥ 键盘一个完整扫描过程需要 8 个 PLC 扫描周期，为防止键输入滤波延时造成存储错误，要求使用恒定扫描模式或定时中断处理。

3. 数字开关指令

（1）指令格式

数字开关指令格式如表 7-51 所示。

表 7-51 数字开关指令格式

指令名称与功能号	指令符号	指令形式和功能说明	操作数			
			S（位型）	D1（位型）	D2（16 位）	n（16 位）
数字开关（FNC72）	DSW	DSW S D1 D2 n 指令功能见后面的使用说明	X、变址修饰（占用 4 点）	Y、变址修饰（占用 4 点）	T、C、D、R、V、Z、变址修饰	K、H（n=1、2）

（2）使用说明

数字开关指令的使用如图 7-55 所示。在使用 DSW 指令时，须给 PLC 外接相应的数字开关输入电路，硬件连接如图 7-55（b）所示。当常开触点 X000 闭合时，DSW 指令执行，PLC 从 Y010～Y013 端子依次输出扫描脉冲，如果数字开关设置的输入值为 1101 0110 1011 1001（数字开关某位闭合时，表示该位输入 1），则当 Y010 端子为 ON 时，数字开关的低 4 位往 X013～X010 输入 1001，1001 被存入 D0 低 4 位；当 Y011 端子为 ON 时，数字开关的次低 4 位往 X013～X010 输入 1011，该数被存入 D0 的次低 4 位。一个扫描周期完成后，1101 0110 1011 1001 全被存入 D0 中，同时标志继电器 M8029 置 ON。

图 7-55 数字开关指令的使用

如果需要使用两组数字开关，可将第二组数字开关的一端与 X014～X017 连接，另一端则和第一组一样与 Y010～Y013 连接。当将 n 设为 2 时，第二组数字开关输入值通过 X014～X017 存入 D1 中。

4. 七段解码器指令

（1）指令格式

七段解码器指令格式如表 7-52 所示。

表 7-52　七段解码器指令格式

指令名称与功能号	指令符号	指令形式与功能说明	操作数 S（16位）	D（16位）
七段解码器（FNC73）	SEGD（P）	─┤├─ SEGD S D　将 S 的低 4 位数转换成七段码格式的数据存入 D 中	K、H、KnX、KnY、KnM、KnS、T、C、D、R、V、Z、变址修饰	KnY、KnM、KnS、T、C、D、R、V、Z、变址修饰

（2）使用说明

七段解码器指令的使用如图 7-56 所示。当常开触点 X000 闭合时，SEGD 指令执行，将 D0 中的低 4 位二进制数（代表十六进制数 0～F）转换成七段显示格式数，再保存在 Y000～Y007 中。4 位二进制数与七段显示格式数的对应关系见表 7-53。

图 7-56　七段解码器指令的使用

表 7-53　4 位二进制数与七段显示格式数的对应关系

[S]		[D]								显示数据	七段码构成
十六进制数	二进制数	B7	B6	B5	B4	B3	B2	B1	B0		
0	0000	0	0	1	1	1	1	1	1	0	
1	0001	0	0	0	0	0	1	1	0	1	
2	0010	0	1	0	1	1	0	1	1	2	
3	0011	0	1	0	0	1	1	1	1	3	
4	0100	0	1	1	0	0	1	1	0	4	
5	0101	0	1	1	0	1	1	0	1	5	
6	0110	0	1	1	1	1	1	0	1	6	
7	0111	0	0	0	0	0	1	1	1	7	
8	1000	0	1	1	1	1	1	1	1	8	
9	1001	0	1	1	0	1	1	1	1	9	
A	1010	0	1	1	1	0	1	1	1	A	
B	1011	0	1	1	1	1	1	0	0	b	
C	1100	0	0	1	1	1	0	0	1	C	
D	1101	0	1	0	1	1	1	1	0	d	
E	1110	0	1	1	1	1	0	0	1	E	
F	1111	0	1	1	1	0	0	0	1	F	

（3）用七段解码器指令驱动七段码显示器

利用七段解码器指令可以驱动七段码显示器显示字符。七段码显示器的外形与结构如图 7-57 所示，它由 7 个发光二极管排列成"8"字形，根据发光二极管共用电极不同，可分为共阳极和共阴极两种。PLC 与七段码显示器的连接如图 7-58 所示。在图 7-56 所示的梯形图中，设 D0 的低 4 位二进制数为 1001，当常开触点 X000 闭合时，SEGD 指令执行，1001 被转换成七段显示格式数据 01101111，该数据存入输出继电器 Y007～Y000，Y007～Y000 端子输出 01101111，七段码显示管 B6、B5、B3、B2、B1、B0 段亮（B4 段不亮），显示十进制数"9"。

图 7-57　七段码显示器的外形与结构

图 7-58　PLC 与七段码显示器的连接

5．七段码锁存（SEG 码时分显示）指令

（1）关于带锁存的七段码显示器

普通的七段码显示器显示一位数字需用到 8 个端子来驱动，若显示多位数字则要用到大量引线，很不方便。采用带锁存的七段码显示器可以用少量几个端子来驱动显示多位数字。带锁存的七段码显示器与 PLC 的连接如图 7-59 所示，这里以显示 4 位十进制数"1836"为例来说明电路的工作原理。

图 7-59 带锁存的七段码显示器与 PLC 的连接

首先 Y13、Y12、Y11、Y10 端子输出 "6" 的 BCD 数 "0110" 到显示器,经显示器内部电路转换成 "6" 的七段码格式数据 "01111101";与此同时,Y14 端子输出选通脉冲,该选通脉冲使显示器的个位数显示有效(其他位不能显示),显示器个数显示 "6"。然后 Y13、Y12、Y11、Y10 端子输出 "3" 的 BCD 数 "0011" 到显示器,经显示器内部电路转换成 "3" 的七段码格式数据 "01001111";同时,Y15 端子输出选通脉冲,该选通脉冲使显示器的十位数显示有效,显示器十位数显示 "3"。在显示十位的数字时,个位数的七段码数据被锁存下来,故个位的数字仍显示。采用同样的方法依次让显示器百、千位分别显示 8、1,结果就在显示器上显示出 "1836"。

(2) 指令格式

七段码锁存指令格式如表 7-54 所示。

表 7-54 七段码锁存指令格式

指令名称与功能号	指令符号	指令形式与功能说明	操 作 数		
			S (16 位)	D (位型)	n (16 位)
七段码锁存 (FNC74)	SEGL	⊢⊣─[SEGL S D n] 指令功能见后面的使用说明	K、H、KnX、KnY、KnM、KnS、T、C、D、R、V、Z、变址修饰	Y、变址修饰	K、H (一组时 n=0～3,两组时 n=4～7)

(3) 使用说明

七段码锁存指令的使用如图 7-60 所示。当 X000 闭合时,SEGL 指令执行,将 D0 中的数据(0～9999)转换成 BCD 数并形成选通信号,再从 Y010～Y017 端子输出,去驱动带锁存功能的七段码显示器,使之以十进制形式直观显示 D0 中的数据。

```
 X000            S    D   n
──┤├──[ SEGL   D0  Y010  K0 ]
```

图 7-60 七段码锁存指令的使用

指令中 [n] 的设置与 PLC 输出类型、显示器数据输入类型和显示器选通脉冲类型有关,具体见表 7-55。例如,PLC 输出类型 = 负逻辑(即输出端子内接 NPN 型三极管),显示器数据输入类型 = 负逻辑(如 6 的负逻辑 BCD 数为 1001,正逻辑 BCD 数为 0110),显示器选通脉冲类型 = 正逻辑(即脉冲为高电平),若接 4 位一组显示器,则 n=1;若接 4 位两组显示器,则 n=5。

表 7-55 PLC 输出类型、显示器数据输入类型、显示器选通脉冲类型与［n］的设置关系

PLC 输出类型		显示器数据输入类型		显示器选通脉冲类型		n 取值	
PNP	NPN	高电平有效	低电平有效	高电平有效	低电平有效	4 位一组	4 位两组
正逻辑	负逻辑	正逻辑	负逻辑	正逻辑	负逻辑		
	√	√		√		3	7
	√	√			√	2	6
	√		√	√		1	5
	√		√		√	0	4
√		√		√		0	4
√		√			√	1	5
√			√	√		2	6
√			√		√	3	7

（4）4 位两组七段码锁存器与 PLC 的连接

4 位两组七段码锁存器与 PLC 的连接如图 7-61 所示，在执行 SEGL 指令时，显示器可同时显示 D10、D11 中的数据，其中 Y13～Y10 端子所接显示器显示 D10 中的数据，Y23～Y20 端子所接显示器显示 D11 中的数据，Y14～Y17 端子输出扫描脉冲（即依次输出选通脉冲），Y14～Y17 完成一次扫描后，完成标志继电器 M8029 会置 ON。Y14～Y17 端子输出的选通脉冲是同时送到两组显示器的，如 Y14 端子输出选通脉冲时，两显示器分别接收 Y13～Y10 和 Y23～Y20 端子送来的 BCD 数，并在内部转换成七段码格式数据，再驱动各自的个位显示数字。

图 7-61 4 位两组七段码锁存器与 PLC 的连接

6．方向开关（箭头开关）指令

（1）指令格式

方向开关指令格式如表 7-56 所示。

表 7-56 方向开关指令格式

指令名称与功能号	指令符号	指令形式与功能说明	操作数			
			S（16位）	D1（16位）	D2（位型）	n（16位）
方向开关 （FNC75）	ARWS	ARWS S D1 D2 n 指令功能见后面的使用说明	X、Y、M、S、D□.b、变址修饰	T、C、D、R、V、Z、变址修饰	Y、变址修饰	K、H （n=0～3）

（2）使用说明

方向开关指令的使用如图 7-62 所示。ARWS 指令不但可以像 SEGL 指令一样，能将［D1］D0 中的数据通过［D2］Y000～Y007 端子驱动七段码锁存器显示出来，而且还可以利用［S］指定的 X010～X013 端子输入来修改［D1］D0 中的数据。［n］的设置与 SEGL 指令相同。

```
       S    D1   D2   n
X000
─┤├──[ARWS X010 D0 Y000 K0]
```

图 7-62 方向开关指令的使用

利用方向开关指令驱动并修改七段码锁存器的 PLC 连接电路如图 7-63 所示。当常开触点 X000 闭合时，ARWS 指令执行，将 D0 中的数据转换成 BCD 数并形成选通脉冲，从 Y0～Y7 端子输出，驱动七段码锁存器显示 D0 中的数据。

图 7-63 利用方向开关指令驱动并修改七段码锁存器的 PLC 连接电路

如果要修改显示器显示的数字（也即修改 D0 中的数据），可操作 X10～X13 端子外接的按键。显示器千位默认是可以修改的（即 Y7 端子默认处于 OFF），按压增加键 X11 或减小键 X10 可以将数字调大或调小，按压右移键 X12 或左移键 X13 可以改变修改位，连续按压右移键时，修改位变化为 $10^3 \rightarrow 10^2 \rightarrow 10^1 \rightarrow 10^0$，当某位所在的指示灯 OFF 时，该位可以修改。

ARWS 指令在程序中只能使用一次，且要求 PLC 为晶体管输出型。

7．ASCII 数据输入（ASCII 码转换）指令

（1）指令格式

ASCII 数据输入指令格式如表 7-57 所示。

表 7-57　ASCII 数据输入指令格式

指令名称与功能号	指令符号	指令形式与功能说明	操作数	
			S（字符串型）	D（16 位）
ASCII 数据输入（FNC76）	ASC	⊢⊣─[ASC　S　D]　将 S 字符转换成 ASCII 码，存入 D 中	不超过 8 个字母或数字	T、C、D、R、变址修饰

（2）使用说明

ASCII 数据输入指令的使用如图 7-64 所示。当常开触点 X000 闭合时，ASC 指令执行，将 ABCDEFGH 这 8 个字母转换成 ASCII 码并存入 D300～D303 中。如果将 M8161 置 ON 后再执行 ASC 指令，则 ASCII 码只存入 [D] 低 8 位（要占用 D300～D307）。

图 7-64　ASCII 数据输入指令的使用

8．ASCII 码打印（ASCII 码输出）指令

（1）指令格式

ASCII 码打印指令格式如表 7-58 所示。

表 7-58　ASCII 码打印指令格式

指令名称与功能号	指令符号	指令形式与功能说明	操作数	
			S（字符串型）	D（位型）
ASCII 码打印（FNC77）	PR	⊢⊣─[PR　S　D]　将 S～S+3 中的 8 个 ASCII 码逐个并行送到 D～D+7 端输出，D+8 输出选通脉冲，D+9 输出正在执行标志	T、C、D、R、变址修饰	Y、变址修饰

（2）使用说明

ASCII 码打印指令的使用如图 7-65 所示。当常开触点 X000 闭合时，PR 指令执行，将 D300 为起始的 4 个连号元件中的 8 个 ASCII 码从 Y000 为起始的几个端子输出。在输出 ASCII 码时，先从 Y000～Y007 端子输出 A 的 ASCII 码（D300 的低 8 位），然后输出 B，C，…，H。在输出 ASCII 码的同时，Y010 端子会输出选通脉冲，Y011 端子输出正在执行标志，如图 7-65（b）所示，Y010、Y011 端子的输出信号去 ASCII 码接收电路，使之能正常接收 PLC 发出的 ASCII 码。

图 7-65 ASCII 码打印指令的使用

9. 读特殊功能模块（BFM 的读出）指令

（1）指令格式

读特殊功能模块指令格式如表 7-59 所示。

表 7-59 读特殊功能模块指令格式

指令名称与功能号	指令符号	指令形式与功能说明	操作数（16/32 位）			
			m1	m2	D	n
读特殊功能模块（FNC78）	(D)FROM(P)	┤├─[FROM m1 m2 D n] 将单元号为 m1 的特殊功能模块的 m2 号 BMF（缓冲存储器）的 n 点（1 点为 16 位）数据读入 D	K、H、D、R (m1=0～7)	K、H、D、R	KnY、KnM、KnS、T、C、D、R、V、Z、变址修饰	K、H、D、R

（2）使用说明

读特殊功能模块指令的使用如图 7-66 所示。当常开触点 X000 闭合时，FROM 指令执行，将单元号为 1 的特殊功能模块中的 29 号缓冲存储器（BFM）中的 1 点数据读入 K4M0（M0～M16）。

图 7-66 读特殊功能模块指令的使用

10. 写特殊功能模块（BFM 的写入）指令

（1）指令格式

写特殊功能模块指令格式如表 7-60 所示。

表 7-60 写特殊功能模块指令格式

指令名称与功能号	指令符号	指令形式与功能说明	操作数（16/32 位）			
			m1	m2	S	n
写特殊功能模块（FNC79）	(D) TO (P)	 将 S 的 n 点（1 点为 16 位）数据写入单元号为 m1 的特殊功能模块的 m2 号 BMF 中	K、H、D、R (m1=0～7)	K、H、D、R	KnY、KnM、KnS、T、C、D、R、V、Z、变址修饰	K、H、D、R

（2）使用说明

写特殊功能模块指令的使用如图 7-67 所示。当常开触点 X000 闭合时，TO 指令执行，将 D0 中的 1 点数据写入单元号为 1 的特殊功能模块中的 12 号缓冲存储器（BFM）中。

```
       m1   m2   S    n
X000─[ TO  K1   K12  D0   K1 ]
```

图 7-67 写特殊功能模块指令的使用

三菱 FX$_{3S/3G/3U}$ 应用指令全精解（三）

8.1 外部设备 SER 类指令

8.1.1 指令一览表

外部设备 SER 类指令有 9 条，各指令的功能号、符号、形式、名称和支持的 PLC 系列如表 8-1 所示。

表 8-1　外部设备 SER 类指令

功能号	指令符号	指令形式	指令名称	支持的 PLC 系列									
				FX$_{3S}$	FX$_{3G}$	FX$_{3GC}$	FX$_{3U}$	FX$_{3UC}$	FX$_{1S}$	FX$_{1N}$	FX$_{1NC}$	FX$_{2N}$	FX$_{2NC}$
FNC80	RS	⊢⊣ RS S m D n	串行数据传送	○	○	○	○	○	○	○	○	○	○
FNC81	PRUN	⊢⊣ PRUN S D	八进制位传送	○	○	○	○	○	○	○	○	○	○
FNC82	ASCI	⊢⊣ ASCI S D n	十六进制数转成 ASCII 码	○	○	○	○	○	○	○	○	○	○
FNC83	HEX	⊢⊣ HEX S D n	ASCII 码转成十六进制数	○	○	○	○	○	○	○	○	○	○
FNC84	CCD	⊢⊣ CCD S D n	校验码	○	○	○	○	○	○	○	○	○	○
FNC85	VRRD	⊢⊣ VRRD S D	模拟量读出	○	○	—	○	—	○	○	—	○	—
FNC86	VRSC	⊢⊣ VRSC S D	电位器刻度	○	○	—	○	—	○	○	—	○	—
FNC87	RS2	⊢⊣ RS2 S m D n n1	串行数据传送 2	○	○	○	○	○	—	—	—	—	—
FNC88	PID	⊢⊣ PID S1 S2 S3 D	PID 运算	○	○	○	○	○	○	○	○	○	○

8.1.2 指令精解（FNC80～FNC88）

1. 串行数据传送指令

（1）指令格式

串行数据传送指令格式如表 8-2 所示。

211

表 8-2 串行数据传送指令格式

指令名称与功能号	指令符号	指令形式与指令功能	操作数 S、D（均为 16 位/字符串）	操作数 m、n（均为 16 位）
串行数据传送（FNC80）	RS	在串行通信时，将 S 为起始的 m 个字节数据发送出去，接收来的数据存放在 D 为起始的 n 个字节中	D、R、变址修饰	K、H、D、R（设定范围均为 0～4096）

图 8-1 利用 RS 指令通信时的两台 PLC 硬件连接

（2）通信的硬件连接

利用 RS 指令可以让两台 PLC 之间进行数据交换，首先使用 FX_{3U}-485-BD 通信板将两台 PLC 连接好，如图 8-1 所示。

（3）定义发送数据的格式

在使用 RS 指令发送数据时，先要定义发送数据的格式，设置特殊数据寄存器 D8120 各位数可以定义发送数据格式。D8120 各位数与数据格式的关系见表 8-3。

表 8-3 D8120 各位数与数据格式的关系

位号	名称	内容 0	内容 1
b0	数据长	7 位	8 位
b1 b2	奇偶校验		b2, b1 (0, 0)：无校验 (0, 1)：奇校验 (1, 1)：偶校验
b3	停止位	1 位	2 位
b4 b5 b6 b7	传送速率（bps）	b7, b6, b5, b4 (0, 0, 1, 1)：300 (0, 1, 0, 0)：600 (0, 1, 0, 1)：1200 (0, 1, 1, 0)：2400	(0, 0, 1, 1)：4800 (1, 0, 0, 0)：9600 (1, 0, 0, 1)：19200
b8	起始符	无	有（D8124）
b9	终止符	无	有（D8125）
b10 b11	控制线	通常固定设为 00	
b12		不可使用（固定设为 0）	
b13	和校验	通常固定设为 000	
b14	协议		
b15	控制顺序		

例如，要求发送的数据格式为：数据长 =7 位，奇偶校验 = 奇校验，停止位 =1 位，传送速率 =19200bps，无起始符和终止符，则 D8120 各位应做如下设置。

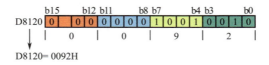

要将 D8120 设为 0092H，可采用如图 8-2 所示的梯形图程序，当常开触点 X001 闭合时，MOV 指令执行，将十六进制数 0092 送入 D8120（指令会自动将十六进制数 0092 转换成二进制数，再送入 D8120）。

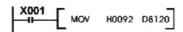

图 8-2　将 D8120 设为 0092H 的梯形图程序

（4）使用说明

图 8-3 所示是一个典型的 RS 指令使用程序。

图 8-3　一个典型的 RS 指令使用程序

2．八进制位传送指令

（1）指令格式

八进制位传送指令格式如表 8-4 所示。

表 8-4　八进制位传送指令格式

指令名称与功能号	指令符号	指令形式与功能说明	操作数（16/32 位）	
			S	D
八进制位传送（FNC81）	(D)PRUN(P)	─┤├─[PRUN S D] 将 S 中的八进制数传送给 D	KnX、KnM、变址修饰（n=1～8，元件最低位要为 0）	KnY、KnM、变址修饰（n=1～8，元件最低位要为 0）

(2) 使用说明

八进制位传送指令的使用如图 8-4 所示。以图 8-4（a）为例，当常开触点 X030 闭合时，PRUN 指令执行，将 X0～X7、X10～X17 中的数据分别送入 M0～M7、M10～M17。由于 X 采用八进制编号，而 M 采用十进制编号，因而尾数为 8、9 的继电器 M 自动略过。

图 8-4　八进制位传送指令的使用

3. 十六进制数转成 ASCII 码（HEX → ASCII 的转换）指令

(1) 关于 ASCII 码知识

ASCII 码又称美国标准信息交换码，是一种使用 7 位或 8 位二进制数进行编码的方案，最多可以对 256 个字符（包括字母、数字、标点符号、控制字符及其他符号）进行编码。ASCII 编码表见表 8-5。计算机采用 ASCII 编码方式，当按下键盘上的 A 键时，键盘内的编码电路就将该键编码成 1000001，再送入计算机进行处理。

表 8-5　ASCII 编码表

$b_4b_3b_2b_1$	$b_7b_6b_5$							
	000	001	010	011	100	101	110	111
0000	nul	dle	sp	0	@	P	、	p
0001	soh	dc1	!	1	A	Q	a	q
0010	stx	dc2	"	2	B	R	b	r
0011	etx	dc3	#	3	C	S	c	s
0100	eot	dc4	$	4	D	T	d	t
0101	enq	nak	%	5	E	U	e	u
0110	ack	svn	&	6	F	V	f	v
0111	bel	etb	'	7	G	W	g	w
1000	bs	can	(	8	H	X	h	x
1001	ht	em	)	9	I	Y	i	y
1010	lf	sub	*	:	J	Z	j	z

（续表）

b₄b₃b₂b₁	b₇b₆b₅							
	000	001	010	011	100	101	110	111
1011	vt	esc	+	;	K	[	k	{
1100	ff	fs	,	<	L	\	l	|
1101	cr	gs	−	=	M	]	m	}
1110	so	rs	.	>	N	^	n	~
1111	si	us	/	?	O	_	o	del

（2）指令格式

十六进制数转成 ASCII 码指令格式如表 8-6 所示。

表 8-6　十六进制数转成 ASCII 码指令格式

指令名称与功能号	指令符号	指令形式与功能说明	操 作 数		
			S（16 位）	D（字符串）	n（16 位）
十六进制数转成 ASCII 码（FNC82）	ASCI(P)	将 S 中的 n 个十六进制数转换成 ASCII 码，存放在 D 中	K、H、KnX、KnY、KnM、KnS、T、C、D、R、V、Z、变址修饰	KnY、KnM、KnS、T、C、D、R、变址修饰	K、H、D、R（n=1～256）

（3）使用说明

十六进制数转成 ASCII 码指令的使用如图 8-5 所示。在 PLC 运行时，M8000 常闭触点断开，M8161 失电，将数据存储设为 16 位模式。当常开触点 X010 闭合时，ASCI 指令执行，将 D100 存储的 4 个十六进制数转换成 ASCII 码，并保存在 D200 为起始的连号元件中。

图 8-5　十六进制数转换成 ASCII 码指令的使用

当 8 位模式处理辅助继电器 M8161=OFF 时，数据存储形式是 16 位，此时［D］元件的高 8 位和低 8 位分别存放一个 ASCII 码，如图 8-6 所示，D100 中存储十六进制数 0ABC，执行 ASCI 指令后，0、A 被分别转换成 ASCII 码 30H、41H，并存入 D200 中；当 M8161=ON 时，数据存储形式是 8 位，此时［D］元件仅用低 8 位存放一个 ASCII 码。

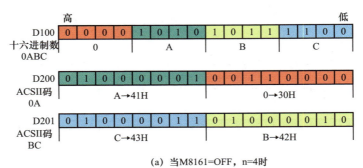

(a) 当 M8161=OFF，n=4 时

图 8-6　M8161 处于不同状态时 ASCI 指令的使用

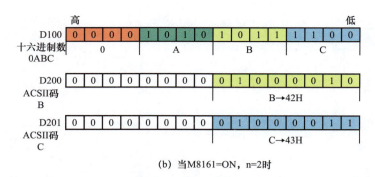

(b) 当 M8161=ON，n=2 时

图 8-6 M8161 处于不同状态时 ASCI 指令的使用（续）

4．ASCII 码转成十六进制数（HEX → ASCII 的转换）指令

（1）指令格式

ASCII 码转成十六进制数指令格式如表 8-7 所示。

表 8-7 ASCII 码转成十六进制数指令格式

指令名称与功能号	指令符号	指令形式与功能说明	操作数		
			S（字符串型）	D（16 位）	n（16 位）
ASCII 码转成十六进制数（FNC83）	HEX（P）	─┤├─ [HEX S D n] 将 S 中的 n 个 ASCII 码转换成十六进制数，存放在 D 中	K、H、KnX、KnY、KnM、KnS、T、C、D、R、变址修饰	KnY、KnM、KnS、T、C、D、R、V、Z、变址修饰	K、H、D、R（n=1～256）

（2）使用说明

ASCII 码转成十六进制数指令的使用如图 8-7 所示。在 PLC 运行时，M8000 常闭触点断开，M8161 失电，将数据存储设为 16 位模式。当常开触点 X010 闭合时，HEX 指令执行，将 D200、D201 存储的 4 个 ASCII 码转换成十六进制数，并保存在 D100 中。

图 8-7 ASCII 码转成十六进制数指令的使用

当 M8161=OFF 时，数据存储形式是 16 位，[S] 元件的高 8 位和低 8 位分别存放一个 ASCII 码；当 M8161=ON 时，数据存储形式是 8 位，此时 [S] 元件仅低 8 位有效，即只用低 8 位存放一个 ASCII 码。

5. 校验码指令

（1）指令格式

校验码指令格式如表 8-8 所示。

表 8-8 校验码指令格式

指令名称与功能号	指令符号	指令形式与功能说明	操作数		
			S（16 位/字符串）	D（16 位/字符串）	n（16 位）
校验码（FNC84）	CCD（P）	将 S 为起始的 n 点（8 位为 1 点）数据求总和并生成校验码，总和与校验码分别存入 D、D+1 中	KnX、KnY、KnM、KnS、T、C、D、R、变址修饰	KnY、KnM、KnS、T、C、D、R、变址修饰	K、H、D、R（n=1～256）

（2）使用说明

校验码指令的使用如图 8-8 所示。数据求总和及校验码生成说明如图 8-9 所示。校验码指令常用于检验通信中数据是否发生错误。

图 8-8 校验码指令的使用

在 PLC 运行时，M8000 常闭触点断开，M8161 失电，将数据存储设为 16 位模式。当常开触点 X010 闭合时，CCD 指令执行，对 D100 为起始元件的 10 点数据（8 位为 1 点）求总和，并生成校验码，再将数据总和及校验码分别保存在 D0、D1 中。

在求总和时，将 D100～D104 中的 10 点数据相加，得到总和为 1091（二进制数为 10001000011）。生成校验码的方法是：逐位计算 10 点数据中每位 1 的总数，当其为奇数时，生成的校验码对应位为 1；当其为偶数时，生成的校验码对应位为 0。图中 D100～D104 中的 10 点数据的最低位 1 的总数为 3，是奇数，故生成校验码对应位为 1，10 点数据生成的校验码为 10000101。数据总和存入 D0 中，校验码存入 D1 中。

图 8-9 数据求总和及校验码生成说明

6. 模拟量读出（电位器读出）指令

（1）指令格式

模拟量读出指令格式如表 8-9 所示。

表 8-9　模拟量读出指令格式

指令名称与功能号	指令符号	指令形式与功能说明	操作数	
			S（16 位）	D（16 位）
模拟量读出 （FNC85）	VRRD (P)	⊣ ⊢─[VRRD S D] 将模拟量调整器的 S 号电位器的模拟量值转换成二进制数（0～255），存入 D 中	K、H、D、R、变址修饰 （范围为 0～7）	KnY、KnM、KnS、T、C、D、R、V、Z、变址修饰

（2）使用说明

模拟量调整器是一种功能扩展板，FX_{1N}-8AV-BD 和 FX_{2N}-8AV-BD 是两种常见的模拟量调整器，安装在 PLC 的主单元上。模拟量调整器上有 8 个电位器，编号为 0～7，当电位器阻值由 0 调到最大时，相应转换成的二进制数由 0 变到 255。

模拟量读出指令的使用如图 8-10 所示。

当常开触点 X000 闭合时，VRRD 指令执行，将模拟量调整器的 0 号电位器的模拟量值转换成二进制数，再保存在 D0 中。当常开触点 X001 闭合时，定时器 T0 开始以 D0 中的数作为计时值进行计时，这样就可以通过调节电位器来改变定时时间。如果定时时间大于 255，则可用乘法指令 MUL 将［D］与某常数相乘而得到更大的定时时间。

图 8-10　模拟量读出指令的使用

7. 电位器刻度指令

（1）指令格式

电位器刻度指令格式如表 8-10 所示。

表 8-10　电位器刻度指令格式

指令名称与功能号	指令符号	指令形式与功能说明	操作数	
			S（16 位）	D（16 位）
电位器刻度 （FNC86）	VRSC (P)	⊣ ⊢─[VRSC S D] 将模拟量调整器的 S 号电位器的模拟量值转换 0～10 范围内的二进制数，再存入 D 中	K、H （变量号 0～7）	KnY、KnM、KnS、T、C、D、V、Z

（2）使用说明

该指令相当于根据模拟量值高低将电位器划成 10 等份。电位器刻度指令的使用如图 8-11 所示。当常开触点 X000 闭合时，VRSC 指令执行，将模拟量调整器的 1 号电位器的模拟量值转换成 0～10 范围内的二进制数，再保存

图 8-11　电位器刻度指令的使用

在 D1 中。模拟量值为 0 时，D1 值为 0；模拟量值最大时，D1 值为 10。

利用 VRSC 指令能将电位器分成 0～10 共 11 挡,可对一个电位器进行 11 种控制切换，程序如图 8-12 所示。

当常开触点 X000 闭合时，VRSC 指令执行，将 1 号电位器的模拟量值转换成二进制数（0～10），并存入 D1 中。当常开触点 X001 闭合时，DECO（解码）指令执行，对 D1 中的低 4 位数进行解码，4 位数解码有 16 种结果，解码结果存入 M0～M15 中。若电位器处于 1 挡，D1 的低 4 位数则为 0001，因 $(0001)_2=1$，解码结果使 M1 为 1（M0～M15 其他位均为 0），M1 常开触点闭合，执行设定的程序。

图 8-12 利用 VRSC 指令将电位器分成 11 挡的程序

8．串行数据传送 2 指令

串行数据传送 2 指令可以通过安装在基本单元（仅支持 FX$_3$ 系列）上的 RS-232C 或 RS-485 串行通信口进行无协议通信，从而实现数据的发送和接收。FX$_{3G(C)}$ 系列 PLC 也可以通过内置编程端口（RS-422）进行无协议通信。

（1）指令格式

串行数据传送 2 指令格式如表 8-11 所示。

表 8-11 串行数据传送 2 指令格式

指令名称与功能号	指令符号	指令形式与指令功能	操作数		
			S、D（16 位 / 字符串）	m、n（16 位）	n1（16 位）
串行数据传送 2（FNC87）	RS2	⊣⊢─[RS2 S m D n n1]─ 在串行通信时，使用通道 n1（即通信口 n1），将 S 为起始的 m 个字节数据发送出去，接收来的数据存放在 D 为起始的 n 个字节中	D、R、变址修饰	K、H、D、R（m、n 范围为 0～4096）	K、H（n1=0、1、2）

（2）指令用到的通信选件

在使用 RS2 指令时，需要给 PLC 基本单元安装 RS-232C 或 RS-485 通信选件，具体见表 8-12。

表 8-12 RS2 指令用到的通信选件

可编程控制器	通信的种类	选件
FX$_{3S}$	RS-232C 通信	FX$_{3G}$-232-BD 或 FX$_{3U}$-232ADP（-MB）（需要 FX$_{3S}$-CNV-ADP）
	RS-485 通信	FX$_{3G}$-485-BD（-RJ）或 FX$_{3U}$-485ADP（-MB）（需要 FX$_{3S}$-CNV-ADP）

(续表)

可编程控制器	通信的种类	选 件
FX$_{3G}$	RS-232C 通信	FX$_{3G}$-232-BD 或 FX$_{3U}$-232ADP（-MB）（需要 FX$_{3G}$-CNV-ADP） RS-232C/RS-422 转换器*（FX-232AW、FX-232AWC、FX-232AWC-H）
	RS-485 通信	FX$_{3G}$-485-BD（-RJ）或 FX$_{3U}$-485ADP（-MB）（需要 FX$_{3G}$-CNV-ADP）
FX$_{3GC}$	RS-232C 通信	FX$_{3U}$-232ADP（-MB） RS-232C/RS-422 转换器*（FX-232AW、FX-232AWC、FX-232AWC-H）
	RS-485 通信	FX$_{3U}$-485ADP（-MB）
FX$_{3U}$ FX$_{3UC}$-32MT-LT（-2）	RS-232C 通信	FX$_{3U}$-232-BD 或 FX$_{3U}$-232ADP（-MB）
	RS-485 通信	FX$_{3U}$-485-BD 或 FX$_{3U}$-485ADP（-MB）
FX$_{3UC}$（D，D，DSS）	RS-232C 通信	FX$_{3U}$-232ADP（-MB）
	RS-485 通信	FX$_{3U}$-485ADP（-MB）

注：*FX$_{3G}$、FX$_{3GC}$ 可编程控制器中需要使用通道 0（内置编程端口 RS-422）。

（3）指令用到的软元件

在使用 RS2 指令时需要用到一些特殊辅助继电器和特殊数据寄存器，具体见表 8-13。

表 8-13　RS2 指令用到的软元件

软元件（特殊辅助继电器）			名　称	软元件（特殊数据寄存器）			名　称
通道 0[*1]	通道 1	通道 2[*1]		通道 0[*1]	通道 1	通道 2[*1]	
M8371	M8401	M8421	发送等待标志位[*2]	D8370	D8400	D8420	设定通信格式
M8372	M8402	M8422	发送请求[*2]				
M8373	M8403	M8423	接收结束标志位[*2]	D8372	D8402	D8422	发送数据的剩余点数[*2]
—	M8404	M8424	载波的检测标志位	D8373	D8403	D8423	接收点数的监控[*2]
—	M8405	M8425	数据设定准备就绪（DSR）标志位[*3]	—	D8405	D8425	通信参数的显示
—	—	—		D8379	D8409	D8429	设定超时时间
M8379	M8409	M8429	超时的判断标志位	D8380	D8410	D8430	报头 1、2
				D8381	D8411	D8431	报头 3、4
				D8382	D8412	D8432	报尾 1、2
				D8383	D8413	D8433	报尾 3、4
—	—	—	—	D8384	D8414	D8434	接收和校验（接收数据）
				D8385	D8415	D8435	接收和校验（计算结果）
				D8386	D8416	D8436	发送和校验
				D8389	D8419	D8439	动作模式的显示
M8062	M8063	M8438	串行通信错误[*4]	D8062	D8063	D8438	串行通信错误代码[*4]

注：[*1] 通道 0 仅支持 FX$_{3G}$、FX$_{3GC}$ 可编程控制器。

采用 FX$_{3G}$ 可编程控制器（14 点、24 点型）或 FX$_{3S}$ 可编程控制器时，不能使用通道 2。

[*2] 从 RUN → STOP 时清除。

[*3] FX$_{3U}$、FX$_{3GU}$ 可编程控制器需要 Ver. 2.30 以上的版本才能支持。

[*4] 电源从 OFF 变为 ON 时清除。

(4) RS（FNC80）与 RS2（FNC87）指令的区别

RS 与 RS2 都是串行通信指令，RS 指令支持 FX$_1$、FX$_2$、FX$_3$ 系列 PLC，RS2 指令仅支持 FX$_3$ 系列 PLC。除此之外，两者还有一些区别，具体见表 8-14。

表 8-14 RS 与 RS2 指令的区别

项　　目	RS2 指令	RS 指令	备　　注
报头点数	1～4 个字符（字节）	最大 1 个字符（字节）	用 RS2 指令，报头或报尾中最多可以指定 4 个字符（字节）
报尾点数	1～4 个字符（字节）	最大 1 个字符（字节）	
和校验的附加	可以自动附加	请用用户程序支持	用 RS2 指令，可以在收发的数据上自动附加和校验。 但是，请务必在收发的通信帧中使用报尾
使用通道编号	通道 0、通道 1、通道 2	通道 1	用 RS2 指令时如下所示。 通道 0 只适用于 FX$_{3G}$、FX$_{3GC}$ 可编程控制器。 采用 FX$_{3G}$ 可编程控制器（14 点、24 点型）或 FX$_{3S}$ 可编程控制器时，不能使用通道 2

注意事项：
- 请勿使用 RS 和 RS2 指令同时驱动同一个通信口。
- RS、RS2 指令与 IVCK（FNC270）～ IVMC（FNC275）、ADPRW（FNC276）、FLCRT（FNC300）～ FLSTRD（FNC305）指令不可以在同一个通信口使用。
- 如果需要使用报头、报尾，应在相应的特殊数据寄存器中设定报头、报尾数据，再执行 RS2 指令。另外，驱动 RS2 指令时不要更改报头、报尾的值。

(5) 使用说明

串行数据传送 2 指令的使用如图 8-13 所示。当 M0 触点闭合时，RS2 指令执行，使用通信口 1，将 D100 为起始的 4 个字节数据（D100 低字节、D100 高字节、D101 低字节、D101 高字节）发送出去，接收来的数据存放在 D200 为起始的 6 个字节中，即 D200～D202，每个寄存器存 2 个字节（先存低字节再存高字节）。

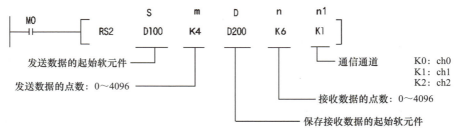

图 8-13 串行数据传送 2 指令的使用

9．PID 运算指令

(1) 关于 PID 控制

PID 控制又称比例微积分控制，是一种闭环控制。下面以图 8-14 所示的恒压供水系统为例来说明 PID 控制原理。

图 8-14 恒压供水系统的 PID 控制原理

电动机驱动水泵将水抽入水池，水池中的水除了经出水口提供用水外，还经阀门送到压力传感器，传感器将水压大小转换成相应的电信号 X_f，X_f 反馈到比较器与给定信号 X_i 进行比较，得到偏差信号 ΔX（$\Delta X = X_i - X_f$）。

若 $\Delta X > 0$，表明水压小于给定值，偏差信号经 PID 运算得到控制信号，控制变频器，使之输出频率上升，电动机转速加快，水泵抽水量增多，水压增大。

若 $\Delta X < 0$，表明水压大于给定值，偏差信号经 PID 运算得到控制信号，控制变频器，使之输出频率下降，电动机转速变慢，水泵抽水量减少，水压下降。

若 $\Delta X = 0$，表明水压等于给定值，偏差信号经 PID 运算得到控制信号，控制变频器，使之输出频率不变，电动机转速不变，水泵抽水量不变，水压不变。

由于控制回路的滞后性，会使水压值总与给定值有偏差。例如，当用水量增多水压下降时，电路需要对有关信号进行处理，再控制电动机转速变快，提高水泵抽水量，从压力传感器检测到水压下降到控制电动机转速加快，提高抽水量，恢复水压需要一定时间。通过提高电动机转速恢复水压后，系统又要将电动机转速调回正常值，这也需要一定的时间。在这段回调时间内水泵抽水量会偏多，导致水压又增大，又需要进行反调。这样的结果是水池水压会在给定值上下波动（振荡），即水压不稳定。

采用 PID 运算可以有效减少控制环路滞后和过调问题（无法彻底消除）。PID 运算包括 P（比例）处理、I（积分）处理和 D（微分）处理。P 处理是将偏差信号 ΔX 按比例放大，提高控制的灵敏度；I 处理是对偏差信号进行积分处理，缓解 P 处理比例放大量过大引起的超调和振荡问题；D 处理是对偏差信号进行微分处理，以提高控制的迅速性。

（2）指令格式

PID 运算指令格式如表 8-15 所示。

表 8-15 PID 运算指令格式

指令名称与功能号	指令符号	指令形式与功能说明	操 作 数
			S1、S2、S3、D
PID 运算（FNC88）	PID	├┤── PID S1 S2 S3 D 将 S1 设定值与 S2 测定值之差按 S3 设定的参数表进行 PID 运算，运算结果存入 D 中	D、R

(2) 使用说明

① 指令的使用。PID 指令的使用如图 8-15 所示。当常开触点 X000 闭合时，PID 指令执行，将 D0 设定值与 D1 测定值之差按 D100～D124 设定的参数表进行 PID 运算，运算结果存入 D150 中。

图 8-15　PID 指令的使用

② PID 参数设置。PID 运算的依据是［S3］指定首地址的 25 个连号数据寄存器保存的参数表。参数表一部分内容必须在执行 PID 指令前由用户用指令写入（如用 MOV 指令），一部分留作内部运算使用，还有一部分用来存入运算结果。［S3］～［S3］+24 元件保存的参数表内容见表 8-16。

表 8-16　［S3］～［S3］+24 元件保存的参数表内容

元件	功　能		
［S3］	采样时间（T_s）	1～32767ms（但比运算周期短的时间数值无法执行）	
［S3］+1	动作方向（*ACT）	bit0 0：正动作（如空调控制）　1：逆动作（如加热炉控制） bit1 0：输入变化量报警无　1：输入变化量报警有效 bit2 0：输出变化量报警无　1：输出变化量报警有效 bit3 不可用 bit4 0：自动调谐不动作　1：执行自动调谐 bit5 0：输出值上下限设定无　1：输出值上下限设定有效 bit6～bit15 不可用 另外，请不要使 bit5 和 bit2 同时处于 ON		
［S3］+2	输入滤波常数（α）	0～99［％］	0 时没有输入滤波
［S3］+3	比例增益（K_P）	1～32767［％］	
［S3］+4	积分时间（T_I）	0～32767（×100ms）	0 时作为∞处理（无积分）
［S3］+5	微分增益（K_D）	0～100［％］	0 时无积分增益
［S3］+6	微分时间（T_D）	0～32767（×10ms）	0 时无微分处理
［S3］+7 ～ ［S3］+19	PID 运算的内部处理占用		
［S3］+20	输入变化量（增侧）报警设定值	0～32767（［S3］+1<ACT> 的 bit1=1 时有效）	
［S3］+21	输入变化量（减侧）报警设定值	0～32767（［S3］+1<ACT> 的 bit1=1 时有效）	
［S3］+22	输出变化量（增侧）报警设定值　0～32767（［S3］+1<ACT> 的 bit2=1，bit5=0 时有效） 输出上限设定值　-32768～32767（［S3］+1<ACT> 的 bit2=0，bit5=1 时有效）		
［S3］+23	输出变化量（减侧）报警设定值　0～32767（［S3］+1<ACT> 的 bit2=0，bit5=0 时有效） 输出下限设定值　-32768～32767（［S3］+1<ACT> 的 bit2=0，bit5=1 时有效）		
［S3］+24	报警输出　bit0 输入变化量（增侧）溢出 bit1 输入变化量（减侧）溢出 bit2 输出变化量（增侧）溢出 bit3 输出变化量（减侧）溢出	（［S3］+1<ACT> 的 bit1=1 或 bit2=1 时有效）	

223

③ PID 控制应用举例。在恒压供水 PID 控制系统中,压力传感器将水压大小转换成电信号。该信号是模拟量,PLC 无法直接接收,需要用电路将模拟量转换成数字量,再将数字量作为测定值送入 PLC,将它与设定值之差进行 PID 运算,得到控制值。控制值是数字量,变频器无法直接接收,需要用电路将数字量控制值转换成模拟量信号,去控制变频器,使变频器根据控制信号来调制泵电动机的转速,以实现恒压供水。

PID 控制恒压供水的硬件连接如图 8-16 所示。三菱 FX_{2N}-48MR 型 PLC 与模拟量输入/输出功能模块 FX_{0N}-3A 用电缆连接起来,再将模拟输入端接压力传感器,模拟量输出端接变频器。在工作时,压力传感器送来的反映压力大小的电信号进入 FX_{0N}-3A 模块转换成数字量,再送入 PLC 进行 PID 运算,得到的控制值送入 FX_{0N}-3A 转换成模拟量控制信号,该信号去调节变频器的频率,从而调节泵电动机的转速。

图 8-16 PID 控制恒压供水的硬件连接

8.2 浮点数运算类指令

8.2.1 指令一览表

浮点数运算类指令有 25 条,各指令的功能号、符号、形式、名称和支持的 PLC 系列如表 8-17 所示。

表 8-17 浮点数运算类指令

功能号	指令符号	指令形式	指令名称	支持的 PLC 系列								
				FS_{3S}	FS_{3G}	FX_{3GC}	FX_{3U}	FX_{3UC}	FX_{1S}	FX_{1N}	FX_{1NC}	FX_{2N}	FX_{2NC}
FNC110	ECMP	─┤├─ ECMP S1 S2 D	二进制浮点数比较	○	○	○	○	○	—	—	—	○	○
FNC111	EZCP	─┤├─ EZCP S1 S2 S D	二进制浮点数区间比较	—	—	○	○	○	—	—	—	○	○
FNC112	EMOV	─┤├─ EMOV S D	二进制浮点数传送	○	○	○	○	○					
FNC116	ESTR	─┤├─ ESTR S1 S2 D	二进制浮点数→字符串的转换			○	○						

（续表）

功能号	指令符号	指令形式	指令名称	支持的 PLC 系列								
				FS_{3S}	FS_{3G}	FX_{3GC}	FX_{3U}	FX_{3UC}	FX_{1S}	FX_{1N}	FX_{1NC}	FX_{2N}	FX_{2NC}
FNC117	EVAL	⊢⊢[EVAL S D]	字符串→二进制浮点数的转换	—	—	○	○	—	—	—	—	—
FNC118	EBCD	⊢⊢[EBCD S D]	二进制浮点数→十进制浮点数的转换	—	—	○	○	—	—	—	○	○
FNC119	EBIN	⊢⊢[EBIN S D]	十进制浮点数→二进制浮点数的转换	—	—	○	○	—	—	—	○	○
FNC120	EADD	⊢⊢[EADD S1 S2 D]	二进制浮点数加法运算	○	○	○	○	—	—	—	○	○
FNC121	ESUB	⊢⊢[ESUB S1 S2 D]	二进制浮点数减法运算	○	○	○	○	—	—	—	○	○
FNC122	EMUL	⊢⊢[EMUL S1 S2 D]	二进制浮点数乘法运算	○	○	○	○	—	—	—	○	○
FNC123	EDIV	⊢⊢[EDIV S1 S2 D]	二进制浮点数除法运算	○	○	○	○	—	—	—	○	○
FNC124	EXP	⊢⊢[EXP S D]	二进制浮点数指数运算	—	—	○	○	—	—	—	—	—
FNC125	LOGE	⊢⊢[LOGE S D]	二进制浮点数自然对数运算	—	—	○	○	—	—	—	—	—
FNC126	LOG10	⊢⊢[LOG10 S D]	二进制浮点数常用对数运算	—	—	○	○	—	—	—	—	—
FNC127	ESQR	⊢⊢[ESQR S D]	二进制浮点数开方运算	○	○	○	○	—	—	—	○	○
FNC128	ENEG	⊢⊢[ENEG D]	二进制浮点数符号翻转	—	—	○	○	—	—	—	—	—
FNC129	INT	⊢⊢[INT S D]	二进制浮点数→BIN 整数的转换	○	○	○	○	—	—	—	○	○
FNC130	SIN	⊢⊢[SIN S D]	二进制浮点数 SIN 运算	—	—	○	○	—	—	—	○	○
FNC131	COS	⊢⊢[COS S D]	二进制浮点数 COS 运算	—	—	○	○	—	—	—	○	○
FNC132	TAN	⊢⊢[TAN S D]	二进制浮点数 TAN 运算	—	—	○	○	—	—	—	○	○
FNC133	ASIN	⊢⊢[ASIN S D]	二进制浮点数 SIN^{-1} 运算	—	—	○	○	—	—	—	—	—
FNC134	ACOS	⊢⊢[ACOS S D]	二进制浮点数 COS^{-1} 运算	—	—	○	○	—	—	—	—	—
FNC135	ATAN	⊢⊢[ATAN S D]	二进制浮点数 TAN^{-1} 运算	—	—	○	○	—	—	—	—	—
FNC136	RAD	⊢⊢[RAD S D]	二进制浮点数角度→弧度的转换	—	—	○	○	—	—	—	—	—
FNC137	DEG	⊢⊢[DEG S D]	二进制浮点数弧度→角度的转换	—	—	○	○	—	—	—	—	—

8.2.2 指令精解（FNC110 ~ FNC112、FNC116 ~ FNC137）

1. 关于浮点数的知识

浮点数是指用符号、指数和尾数组合形式表示的实数。三菱 FX 系列 PLC 的浮点数用 2 个字元件（32 位）存储。

(1) 二进制 32 位浮点数的表示与存储

二进制 32 位浮点数表达式为

$$\text{二进制 32 位浮点数} = (-1)^s 2^{e-127} (1.f)$$

式中，s 为符号，0 表示正数，1 表示负数；e 为指数，$e=0 \sim 255$，$e-127=-127 \sim 128$；f 为尾数，$0 \leqslant f < 1$。

二进制 32 位浮点数占用两个字（32 位）存储空间，其存储格式如图 8-17 所示。

图 8-17 二进制 32 位浮点数

(2) 二进制 32 位浮点数与十进制数的转换

在将二进制 32 位浮点数转换为十进制数时，只要计算 "$(-1)^s 2^{e-127} (1.f)$" 的值即可得到十进制数。图 8-18 所示是一个二进制 32 位浮点数，现将其转换成十进制数。

第 31 位（符号位）为 1，即 $s=1$，表示负数；

$30 \sim 23$ 位（指数位）为 10000000，表示指数 $e=2^7=128$，$e-127=128-127=1$；

$22 \sim 0$ 位（尾数位）为 110 0000 0000 0000 0000 0000 表示 $f=(2^{22}+2^{21}) \times 2^{-23}=2^{-1}+2^{-2}=0.75$。

图 8-18 中的二进制 32 位浮点数转换成十进制浮点数为：$(-1)^s 2^{e-127} (1.f) = (-1)^1 \times 2^{128-127} \times (1.75) = -3.5$。

图 8-18 二进制 32 位浮点数与十进制数的转换举例

2. 二进制浮点数比较指令

(1) 指令格式

二进制浮点数比较指令格式如表 8-18 所示。

表 8-18 二进制浮点数比较指令格式

指令名称与功能号	指令符号	指令形式与功能说明	操作数	
			S1、S2（实数）	D（位型）
二进制浮点数比较 （FNC110）	(D) ECMP (P)	⊢┤ ECMP S1 S2 D 将 S1 浮点数与 S2 浮点数进行比较，若 S1>S2，将 D 置 1；若 S1=S2，将 D+1 置 1；若 S1<S2，将 D+2 置 1	K、H、E、D、R、变址修饰	Y、M、S、D□.b、变址修饰

(2) 使用说明

二进制浮点数比较指令的使用如图 8-19 所示。当 X010 触点闭合时，DECMP 指令执行，将 D11、D10 中的浮点数与实数 −1.23 进行比较，若 D11、D10 的值 >−1.23，M0 置 1；若 D11、D10 的值 =−1.23，M1 置 1；若 D11、D10 的值 <−1.23，M2 置 1。

图 8-19 二进制浮点数比较指令的使用

3. 二进制浮点数区间比较指令

(1) 指令格式

二进制浮点数区间比较指令格式如表 8-19 所示。

表 8-19 二进制浮点数区间比较指令格式

指令名称与功能号	指令符号	指令形式与功能说明	操作数	
			S1、S2、S（实数）	D（位型）
二进制浮点数区间比较（FNC111）	(D) EZCP (P)	EZCP S1 S2 S D 将 S 的浮点数与 S1（小值）、S2（大值）进行比较，若 S<S1，将 D 置 1；若 S1≤S≤S2，将 D+1 置 1；若 S>S2，将 D+2 置 1	K、H、E、D、R、变址修饰	Y、M、S、D□.b、变址修饰

(2) 使用说明

二进制浮点数区间比较指令的使用如图 8-20 所示。当 X000 触点闭合时，若 D30 值 <E1.23−2（即 1.23×10^{-2}），将辅助继电器 M3 置 1（M3 常开触点会闭合）；若 E1.23−2≤D30 值≤K120，将辅助继电器 M4 置 1；若 D30>K120，将辅助继电器 M5 置 1。

图 8-20 二进制浮点数区间比较指令的使用

若指令中使用了常数 K、H，则在执行指令时会自动将其转换成二进制浮点数进行比较。在使用区间比较指令时，要求第一源操作数 S1 小于第二源操作数 S2。

4．二进制浮点数传送指令

（1）指令格式

二进制浮点数传送指令格式如表 8-20 所示。

表 8-20　二进制浮点数传送指令格式

指令名称与功能号	指令符号	指令形式与功能说明	操作数	
			S（实数）	D（实数）
二进制浮点数传送（FNC112）	(D)EMOV(P)	⊢⊣─[EMOV │ S │ D]─ 将 S 的浮点数传送给 D	E、D、R、变址修饰	D、R、变址修饰

（2）使用说明

二进制浮点数传送指令的使用如图 8-21 所示。当常开触点 X007 闭合时，DEMOVP 指令执行，将 D11、D10 中的浮点数送入 D1、D0。

图 8-21　二进制浮点数传送指令的使用

5．二进制浮点数→字符串的转换指令

（1）指令格式

二进制浮点数→字符串的转换指令格式如表 8-21 所示。

表 8-21　二进制浮点数→字符串的转换指令格式

指令名称与功能号	指令符号	指令形式与功能说明	操作数		
			S1（实数）	S2（16 位）	D（字符串）
二进制浮点数→字符串的转换（FNC116）	(D)ESTR(P)	⊢⊣─[ESTR │ S1 │ S2 │ D]─ 将 S1 的浮点数按 S2 的设置转换成字符串，再传送给 D	E、D、R、变址修饰	KnX、KnY、KnM、KnS、T、C、D、R、变址修饰	KnY、KnM、KnS、T、C、D、R、变址修饰

（2）使用说明

二进制浮点数→字符串的转换指令的使用如图 8-22 所示。当常开触点 X000 闭合时，DESTRP 指令执行，按照 R10、R11、R12 值的规定，将 R1、R0（R 为扩展寄存器，仅 FX$_{3U/3G}$ 支持）中的浮点数转换成字符串（字符串即字符的 ASCII 码，如字符"3"的字符串就是"3"的 ASCII 码"33H"），存放在 D0 为起始的后续元件中。

6．字符串→二进制浮点数的转换指令

（1）指令格式

字符串→二进制浮点数的转换指令格式如表 8-22 所示。

图 8-22 二进制浮点数→字符串的转换指令的使用

表 8-22 字符串→二进制浮点数的转换指令格式

指令名称与功能号	指令符号	指令形式与功能说明	操作数	
			S（字符串）	D（实数）
字符串→二进制浮点数的转换（FNC117）	(D)EVAL(P)	⊢⊢─[EVAL | S | D]─ 将 S 中的字符串转换成二进制浮点数，存入 D 中	KnX、KnY、KnM、KnS、T、C、D、R、变址修饰	D、R、变址修饰

（2）使用说明

字符串→二进制浮点数的转换指令的使用如图 8-23 所示。当常开触点 X000 闭合时，DEVALP 指令执行，将 R0 为起始的连续元件中的字符串转换成二进制浮点数，存入 D1、D0 中。在转换时，若去除了符号、小数点、指数部分后仍然有 7 位数以上，则应舍去第 7 位及之后的数。

图 8-23 字符串→二进制浮点数的转换指令的使用

7. 二进制浮点数→十进制浮点数的转换指令

（1）指令格式

二进制浮点数→十进制浮点数的转换指令格式如表 8-23 所示。

表 8-23 二进制浮点数→十进制浮点数的转换指令格式

指令名称与功能号	指令符号	指令形式与功能说明	操作数	
			S（二进制实数）	D（十进制实数）
二进制浮点数→十进制浮点数的转换（FNC118）	(D)EBCD(P)	⊢⊢─[EBCD | S | D]─ 将 S 的二进制浮点数转换成十进制浮点数，存入 D 中	D、R、变址修饰	D、R、变址修饰

(2) 使用说明

二进制浮点数→十进制浮点数的转换指令的使用如图 8-24 所示。当常开触点 X000 闭合时，DEBCD 指令执行，将 D1、D0 中的二进制浮点数转换成十进制浮点数，存入 D11、D10 中。

图 8-24 二进制浮点数→十进制浮点数的转换指令的使用

8. 十进制浮点数→二进制浮点数的转换指令

(1) 指令格式

十进制浮点数→二进制浮点数的转换指令格式如表 8-24 所示。

表 8-24 十进制浮点数→二进制浮点数的转换指令格式

指令名称与功能号	指令符号	指令形式与功能说明	操作数	
			S（十进制实数）	D（二进制实数）
十进制浮点数→二进制浮点数的转换（FNC119）	(D) EBIN (P)	─┤├─[EBIN S D] 将 S 的十进制浮点数转换成二进制浮点数，存入 D 中	D、R、变址修饰	D、R、变址修饰

(2) 使用说明

十进制浮点数→二进制浮点数的转换指令的使用如图 8-25 所示。当常开触点 X002 闭合时，先后执行两个数据传送 MOVP 指令，将十进制浮点数的尾数 314 和指数 −2 分别传送到 D0、D1 中，然后执行 DEBIN 指令，将 D1、D0 中的十进制浮点数转换成二进制浮点数，存入 D11、D10 中。

图 8-25 十进制浮点数→二进制浮点数的转换指令的使用

9．二进制浮点数加法运算指令

（1）指令格式

二进制浮点数加法运算指令格式如表 8-25 所示。

表 8-25　二进制浮点数加法运算指令格式

指令名称与功能号	指令符号	指令形式与功能说明	操作数	
			S1、S2（实数）	D（实数）
二进制浮点数加法运算 （FNC120）	(D) EADD (P)	⊢⊢─[EADD S1 S2 D] 将 S1、S2 中的二进制浮点数相加，结果存入 D 中	K、H、E、D、R、变址修饰	D、R、变址修饰

（2）使用说明

二进制浮点数加法运算指令的使用如图 8-26 所示。当常开触点 X000 闭合时，DEADD 指令执行，将常数 150 与 D21、D20 中的浮点数相加，结果存入 D31、D30 中。若指令中使用了 K、H 常数，则指令执行时会自动转换成二进制浮点数。

```
   X000         S1   S2   D
───┤├────[ DEADD K150 D20  D30 ]    [K150]+[D21、D20]→[D31、D30]
```

图 8-26　二进制浮点数加法运算指令的使用

10．二进制浮点数减法运算指令

（1）指令格式

二进制浮点数减法运算指令格式如表 8-26 所示。

表 8-26　二进制浮点数减法运算指令格式

指令名称与功能号	指令符号	指令形式与功能说明	操作数	
			S1、S2（实数）	D（实数）
二进制浮点数减法运算 （FNC121）	(D) ESUB (P)	⊢⊢─[ESUB S1 S2 D] 将 S1、S2 中的二进制浮点数相减，结果存入 D 中	K、H、E、D、R、变址修饰	D、R、变址修饰

（2）使用说明

二进制浮点数减法运算指令的使用如图 8-27 所示。当常开触点 X000 闭合时，DESUB 指令执行，将 D11、D10 与 D21、D20 中的浮点数相减，结果存入 D31、D30 中。

```
   X000         S1   S2   D
───┤├────[ DESUB D10  D20  D30 ]    [D11、D10]-[D21、D20]→[D31、D30]
```

图 8-27　二进制浮点数减法运算指令的使用

11．二进制浮点数乘法运算指令

（1）指令格式

二进制浮点数乘法运算指令格式如表 8-27 所示。

表 8-27 二进制浮点数乘法运算指令格式

指令名称与功能号	指令符号	指令形式与功能说明	操作数	
			S1、S2（实数）	D（实数）
二进制浮点数乘法运算（FNC122）	(D)EMUL(P)	EMUL S1 S2 D 将 S1、S2 中的二进制浮点数相乘，结果存入 D 中	K、H、E、D、R、变址修饰	D、R、变址修饰

（2）使用说明

二进制浮点数乘法运算指令的使用如图 8-28 所示。当常开触点 X000 闭合时，DEMUL 指令执行，将常数 150 与 D21、D20 中的二进制浮点数相乘，结果存入 D31、D30 中。若指令中使用了 K、H 常数，则指令执行时会自动转换成二进制浮点数。

```
X000        S1    S2   D
──┤├──[ DEMUL K150  D20  D30 ]    [K150]×[D21、D20]→[D31、D30]
```

图 8-28 二进制浮点数乘法运算指令的使用

12. 二进制浮点数除法运算指令

（1）指令格式

二进制浮点数除法运算指令格式如表 8-28 所示。

表 8-28 二进制浮点数除法运算指令格式

指令名称与功能号	指令符号	指令形式与功能说明	操作数	
			S1、S2（实数）	D（实数）
二进制浮点数除法运算（FNC123）	(D)EDIV(P)	EDIV S1 S2 D 将 S1、S2 中的二进制浮点数相除，结果存入 D 中	K、H、E、D、R、变址修饰	D、R、变址修饰

（2）使用说明

二进制浮点数除法运算指令的使用如图 8-29 所示。当常开触点 X000 闭合时，DEDIV 指令执行，将 D21、D20 中的二进制浮点数与常数 150 相除，结果存入 D31、D30 中。若指令中使用了 K、H 常数，则指令执行时会自动转换成二进制浮点数。

```
X000        S1    S2   D
──┤├──[ DEDIV D20  K150  D30 ]    [D21、D20]÷[K150]→[D31、D30]
```

图 8-29 二进制浮点数除法运算指令的使用

13. 二进制浮点数指数运算指令

（1）指令格式

二进制浮点数指数运算指令格式如表 8-29 所示。

表 8-29　二进制浮点数指数运算指令格式

指令名称与功能号	指令符号	指令形式与功能说明	操　作　数	
			S（实数）	D（实数）
二进制浮点数指数运算（FNC124）	(D)EXP(P)	⊣⊢─[EXP │ S │ D]─ 计算以 e 为底、S 为指数的值（即求 e^S 值），结果存入 D 中	E、D、R、变址修饰	D、R、变址修饰

（2）使用说明

二进制浮点数指数运算指令的使用如图 8-30 所示。当常开触点 X000 闭合时，DEXP 指令执行，计算 e^S 的值，其中 e=2.71828，S 值为 D11、D10 中的二进制浮点数，结果存入 D21、D20 中。

图 8-30　二进制浮点数指数运算指令的使用

14．二进制浮点数自然对数运算指令

（1）指令格式

二进制浮点数自然对数运算指令格式如表 8-30 所示。

表 8-30　二进制浮点数自然对数运算指令格式

指令名称与功能号	指令符号	指令形式与功能说明	操　作　数	
			S（实数）	D（实数）
二进制浮点数自然对数运算（FNC125）	(D)LOGE(P)	⊣⊢─[LOGE │ S │ D]─ 计算以 e 为底、S 的自然对数的值（即求 $\log_e S$ 值），结果存入 D 中	E、D、R、变址修饰	D、R、变址修饰

（2）使用说明

二进制浮点数自然对数运算指令的使用如图 8-31 所示。当常开触点 X000 闭合时，DLOGE 指令执行，计算 $\log_e S$ 的值，S 值为 D11、D10 中的二进制浮点数，结果存入 D21、D20 中。

图 8-31　二进制浮点数自然对数运算指令的使用

15．二进制浮点数常用对数运算指令

（1）指令格式

二进制浮点数常用对数运算指令格式如表 8-31 所示。

表 8-31　二进制浮点数常用对数运算指令格式

指令名称与功能号	指令符号	指令形式与功能说明	操作数 S（实数）	操作数 D（实数）
二进制浮点数常用对数运算（FNC126）	(D)LOG10(P)	⊢⊣—[LOG10 S D]　计算以 10 为底，S 的常用对数的值（即求 $\log_{10}S$ 值），结果存入 D 中	E、D、R、变址修饰	D、R、变址修饰

（2）使用说明

二进制浮点数常用对数运算指令的使用如图 8-32 所示。当常开触点 X000 闭合时，DLOG10 指令执行，计算 $\log_{10}S$ 的值，S 值为 D11、D10 中的二进制浮点数，结果存入 D21、D20 中。

图 8-32　二进制浮点数常用对数运算指令的使用

16．二进制浮点数开方运算指令

（1）指令格式

二进制浮点数开方运算指令格式如表 8-32 所示。

表 8-32　二进制浮点数开方运算指令格式

指令名称与功能号	指令符号	指令形式与功能说明	操作数 S（实数）	操作数 D（实数）
二进制浮点数开方运算（FNC127）	(D)ESQR(P)	⊢⊣—[ESQR S D]　对 S 进行开方运算，结果存入 D 中	K、H、E、D、R、变址修饰	D、R、变址修饰

（2）使用说明

二进制浮点数开方运算指令的使用如图 8-33 所示。当常开触点 X000 闭合时，DESQR 指令执行，对 D11、D10 中的二进制浮点数进行开方运算，结果存入 D21、D20 中。

```
       S    D
X000
─┤├──[ DESQR  D10  D20 ]
```
$\sqrt{[D11、D10]} \rightarrow [D21、D20]$
　　二进制浮点数　　二进制浮点数

图 8-33　二进制浮点数开方运算指令的使用

17．二进制浮点数符号翻转指令

（1）指令格式

二进制浮点数符号翻转指令格式如表 8-33 所示。

表 8-33 二进制浮点数符号翻转指令格式

指令名称与功能号	指令符号	指令形式与功能说明	操作 数 D（实数）
二进制浮点数符号翻转（FNC128）	(D) ENEG (P)	⊢⊣ [ENEG D] 将 D 的二进制浮点数符号变反	D、R、变址修饰

（2）使用说明

二进制浮点数符号翻转指令的使用如图 8-34 所示。当常开触点 X000 闭合时，DENEGP 指令执行，对 D101、D100 中的二进制浮点数进行符号翻转（正→负，负→正）。

```
 X000
──┤├──[DENEGP  D100]      D101 D100      D101 D100
                           1.2345   ➡   -1.2345
```

图 8-34 二进制浮点数符号翻转指令的使用

18．二进制浮点数→ BIN 整数的转换指令

（1）指令格式

二进制浮点数→ BIN 整数的转换指令格式如表 8-34 所示。

表 8-34 二进制浮点数→ BIN 整数的转换指令格式

指令名称与功能号	指令符号	指令形式与功能说明	操作 数	
			S（实数）	D（16/32 位）
二进制浮点数→ BIN 整数的转换 （FNC129）	(D) INT (P)	⊢⊣ [INT S D] 将 S 中的二进制浮点数转换成二进制整数，存入 D 中	E、D、R、变址修饰	D、R、变址修饰

（2）使用说明

二进制浮点数→ BIN 整数的转换指令的使用如图 8-35 所示。当常开触点 X000 闭合时，INT 指令执行，将 D11、D10 中的二进制浮点数转换成二进制整数，结果存入 D20 中。若使用 32 位 DINT 指令，则将结果存入 D21、D20 中。

```
  X000      S    D
───┤├──[INT  D10  D20]      D11、D10 → D20
                             二进制浮点数    16位BIN整数
                                          小数点以后舍去
```

图 8-35 二进制浮点数→ BIN 整数的转换指令的使用

19．二进制浮点数 SIN 运算指令

（1）指令格式

二进制浮点数 SIN 运算指令格式如表 8-35 所示。

表 8-35　二进制浮点数 SIN 运算指令格式

指令名称与功能号	指令符号	指令形式与功能说明	操作数 S（实数）	操作数 D（实数）
二进制浮点数 SIN 运算 (FNC130)	(D) SIN (P)	─┤├─[SIN | S | D] 将 S 的值作为角度值，计算 SIN（S），结果存入 D 中	E、D、R、变址修饰	D、R、变址修饰

（2）使用说明

二进制浮点数 SIN 运算指令的使用如图 8-36 所示。当常开触点 X001 闭合时，DSIN 指令执行，将 D31、D30 中的二进制浮点数作为角度值，计算 SIN（D31、D30）的值，结果存入 D101、D100 中。

```
 X001         S    D
──┤├──[ DSIN  D 30  D100 ]    SIN（D31,D30）→（D101,D100）
```

图 8-36　二进制浮点数 SIN 运算指令的使用

20．二进制浮点数 COS 运算指令

（1）指令格式

二进制浮点数 COS 运算指令格式如表 8-36 所示。

表 8-36　二进制浮点数 COS 运算指令格式

指令名称与功能号	指令符号	指令形式与功能说明	操作数 S（实数）	操作数 D（实数）
二进制浮点数 COS 运算 (FNC131)	(D) COS (P)	─┤├─[COS | S | D] 将 S 的值作为角度值，计算 COS（S），结果存入 D 中	E、D、R、变址修饰	D、R、变址修饰

（2）使用说明

二进制浮点数 COS 运算指令的使用如图 8-37 所示。当常开触点 X001 闭合时，DCOS 指令执行，将 D31、D30 中的二进制浮点数作为角度值，计算 COS（D31、D30）的值，结果存入 D101、D100 中。

```
 X001         S    D
──┤├──[ DCOS  D 30  D100 ]    COS（D31、D30）→（D101、D100）
```

图 8-37　二进制浮点数 COS 运算指令的使用

21．二进制浮点数 TAN 运算指令

（1）指令格式

二进制浮点数 TAN 运算指令格式如表 8-37 所示。

表 8-37 二进制浮点数 TAN 运算指令格式

指令名称与功能号	指令符号	指令形式与功能说明	操作数	
			S（实数）	D（实数）
二进制浮点数 TAN 运算（FNC132）	(D) TAN (P)	⊢⊣ TAN S D 将 S 的值作为角度值，计算 TAN（S），结果存入 D 中	E、D、R、变址修饰	D、R、变址修饰

（2）使用说明

二进制浮点数 TAN 运算指令的使用如图 8-38 所示。当常开触点 X001 闭合时，DTAN 指令执行，将 D31、D30 中的二进制浮点数作为角度值，计算 TAN（D31、D30）的值，结果存入 D101、D100 中。

TAN（D31、D30）→（D101、D100）

图 8-38 二进制浮点数 TAN 运算指令的使用

22．二进制浮点数 SIN⁻¹ 运算指令

（1）指令格式

二进制浮点数 SIN⁻¹ 运算指令格式如表 8-38 所示。

表 8-38 二进制浮点数 SIN⁻¹ 运算指令格式

指令名称与功能号	指令符号	指令形式与功能说明	操作数	
			S（实数）	D（实数）
二进制浮点数 SIN⁻¹ 运算（FNC133）	(D) ASIN (P)	⊢⊣ ASIN S D 计算 arcsin（S）值，结果存入 D 中	E、D、R、变址修饰	D、R、变址修饰

（2）使用说明

二进制浮点数 SIN⁻¹ 运算指令的使用如图 8-39 所示。当常开触点 X001 闭合时，ASIN 指令执行，计算 arcsin（D31、D30）的值，结果存入 D101、D100 中。

arcsin（D31、D30）→（D101、D100）

图 8-39 二进制浮点数 SIN⁻¹ 运算指令的使用

23．二进制浮点数 COS⁻¹ 运算指令

（1）指令格式

二进制浮点数 COS⁻¹ 运算指令格式如表 8-39 所示。

表 8-39　二进制浮点数 COS^{-1} 运算指令格式

指令名称与功能号	指令符号	指令形式与功能说明	操作数 S（实数）	操作数 D（实数）
二进制浮点数 COS^{-1} 运算（FNC134）	(D)ACOS(P)	⊢⊣─[ACOS │ S │ D]─ 计算 arccos（S）值，结果存入 D 中	E、D、R、变址修饰	D、R、变址修饰

（2）使用说明

二进制浮点数 COS^{-1} 运算指令的使用如图 8-40 所示。当常开触点 X001 闭合时，ACOS 指令执行，计算 arccos（D31、D30）的值，结果存入 D101、D100 中。

```
 X001       S    D
──┤├──[ ACOS  D30  D100 ]     arccos(D31、D30) → (D101、D100)
```

图 8-40　二进制浮点数 COS^{-1} 运算指令的使用

24．二进制浮点数 TAN^{-1} 运算指令

（1）指令格式

二进制浮点数 TAN^{-1} 运算指令格式如表 8-40 所示。

表 8-40　二进制浮点数 TAN^{-1} 运算指令格式

指令名称与功能号	指令符号	指令形式与功能说明	操作数 S（实数）	操作数 D（实数）
二进制浮点数 TAN^{-1} 运算（FNC135）	(D)ATAN(P)	⊢⊣─[ATAN │ S │ D]─ 计算 arctan（S）值，结果存入 D 中	E、D、R、变址修饰	D、R、变址修饰

（2）使用说明

二进制浮点数 TAN^{-1} 运算指令的使用如图 8-41 所示。当常开触点 X001 闭合时，ATAN 指令执行，计算 arctan（D31、D30）的值，结果存入 D101、D100 中。

```
 X001       S    D
──┤├──[ ATAN  D30  D100 ]     arctan(D31、D30) → (D101、D100)
```

图 8-41　二进制浮点数 TAN^{-1} 运算指令的使用

25．二进制浮点数角度→弧度的转换指令

（1）指令格式

二进制浮点数角度→弧度的转换指令格式如表 8-41 所示。

表 8-41　二进制浮点数角度→弧度的转换指令格式

指令名称与功能号	指令符号	指令形式与功能说明	操作数 S（实数）	操作数 D（实数）
二进制浮点数角度→弧度的转换（FNC136）	(D)RAD(P)	⊢⊣─[RAD │ S │ D]─ 将 S 值作为角度值转换成弧度值，结果存入 D 中	E、D、R、变址修饰	D、R、变址修饰

(2) 使用说明

角的度量有角度制和弧度制。角度制将圆周分成 360 等份，每一份为 1°，周角为 360°，平角（半周角）为 180°，直角为 90°；弧度制是将圆周上长度等于半径的弧所对应的圆心角作为 1 弧度（用 RAD 或 R 表示，一般可以不写），周角为 2π，平角为 π，直角为 π/2。

角度转成弧度：弧度 =π× 角度 /180°，如 90° 角度对应的弧度数为 π/2。

弧度转成角度：角度 =180°× 弧度 /π，π/3 弧度对应的角度数为 60°。

二进制浮点数角度→弧度的转换指令的使用如图 8-42 所示。当常开触点 X000 闭合时，BIN、FLT、DRAD 指令先后执行，BIN 指令将 X027～X010 端（16 点）输入的 BCD 值（0120）转换成 BIN 值，存入 D0 中；FLT 指令将 D0 中的 BIN 值（120）转换成浮点数，存入 D11、D10 中；DRAD 指令将 D11、D10 中的角度值转换成弧度值，存入 D21、D20 中。

图 8-42　二进制浮点数角度→弧度的转换指令的使用

26．二进制浮点数弧度→角度的转换指令

(1) 指令格式

二进制浮点数弧度→角度的转换指令格式如表 8-42 所示。

表 8-42　二进制浮点数弧度→角度的转换指令格式

指令名称与功能号	指令符号	指令形式与功能说明	操作数	
			S（实数）	D（实数）
二进制浮点数弧度→角度的转换（FNC137）	(D) DEG (P)	⊢⊣─[DEG | S | D]─ 将 S 值作为弧度值转换成角度值，结果存入 D 中	E、D、R、变址修饰	D、R、变址修饰

(2) 使用说明

二进制浮点数弧度→角度的转换指令的使用如图 8-43 所示。当常开触点 X000 闭合时，DDEG、INT、BCD 指令先后执行，DDEG 指令将 D21、D20 中的数作为弧度值转换成角度值，存入 D11、D10 中；INT 指令将 D11、D10 中的角度值（浮点数）转换成 BIN 值（整数），存入 D0 中；BCD 指令将 D0 中的 BIN 值转换成 BCD 值，从 Y057～Y050、Y047～Y040 端（16 点）输出，输出端可以外接显示器，将角度值显示出来。

图 8-43 二进制浮点数弧度→角度的转换指令的使用

8.3 定位控制类指令

8.3.1 指令一览表

定位控制类指令有 8 条指令，各指令的功能号、符号、形式、名称和支持的 PLC 系列如表 8-43 所示。

表 8-43 定位控制类指令

功能号	指令符号	指令形式	指令名称	支持的 PLC 系列							
				FS_{3S}	FS_{3G}	FX_{3GC}	FX_{3U}	FX_{3UC}	FX_{1S}	FX_{1N}	FX_{1NC}	FX_{2N}	FX_{2NC}
FNC150	DSZR	⊢⊣[DSZR S1 S2 D1 D2]	带 DOG 搜索的原点回归	○	○	○	○	—	—	—	—	—
FNC151	DVIT	⊢⊣[DVIT S1 S2 D1 D2]	中断定位	—	—	—	○	○	—	—	—	—
FNC152	TBL	⊢⊣[TBL D n]	表格设定定位	—	○	○	○	○	—	—	—	—
FNC155	ABS	⊢⊣[ABS S D1 D2]	读出 ABS 当前值	○	○	○	○	○	○	○	○	○
FNC156	ZRN	⊢⊣[ZRN S1 S2 S3 D]	原点回归	○	○	○	○	○	○	—	—
FNC157	PLSV	⊢⊣[PLSV S D1 D2]	可变速脉冲输出	○	○	○	○	○	○	○	○	○
FNC158	DRVI	⊢⊣[DRVI S1 S2 D1 D2]	相对定位	○	○	○	○	○	○	○	○	○
FNC159	DRVA	⊢⊣[DRVA S1 S2 D1 D2]	绝对定位	○	○	○	○	○	○	○	○	○

8.3.2 指令精解（FNC150 ~ FNC152、FNC155 ~ FNC159）

1. 带 DOG 搜索的原点回归指令

（1）指令格式

带 DOG 搜索的原点回归指令格式如表 8-44 所示。

表 8-44 带 DOG 搜索的原点回归指令格式

指令名称与功能号	指令符号	指令形式与功能说明	操作数（位型）			
			S1	S2	D1	D2
带 DOG 搜索的原点回归（FNC150）	DSZR	⊢⊢─[DSZR S1 S2 D1 D2]─ 指令执行时，从 D1、D2 端分别输出脉冲信号和方向控制信号，驱动电动机运转，通过传动机构带动工件返回原点；当接近原点时，S1 端输入一个近点（DOG）信号，D1 输出脉冲频率下降，电动机转速变慢，工件慢速移向原点；到达原点后，S2 端输入零点信号，D1 停止输出脉冲，工件在原点处停止	X、Y、M、S、D□.b、变址修饰	X、变址修饰（FX$_{3U/G}$（C）：X000～X007；FX$_{3S}$：X000～X005）	Y、变址修饰	Y、M、S、D□.b、变址修饰

指令使用注意事项如下。

① 使用本指令时尽量选择晶体管输出型 PLC，若使用继电器或晶闸管输出型 PLC，则连接具有脉冲输出功能的高速输出特殊适配器（仅 FX$_{3U}$ 可连接）。

② 只有 FX$_{3U（C）}$ 可使用 D□.b，但不可变址修饰。

③ 对于指令中的"D1（脉冲输出端）"，晶体管输出型 PLC 可使用 Y000～Y002（FX$_{3S/3GC}$ 和 14、24 点的 FX$_{3G}$ 不能使用 Y002），在连接第 1 台高速输出特殊适配器时，可使用适配器的 Y000、Y001，连接第 2 台时可使用 Y002、Y003。

④ 只有 FX$_{3U}$ 可连接高速输出特殊适配器作为脉冲输出端，在连接第 1 台时，应按 Y000（D1，脉冲输出端）+ Y004（D2，旋转方向输出端）和 Y001（D1，脉冲输出端）+ Y005（D2，旋转方向输出端）分配；在连接第 2 台时，应按 Y002（D1）+ Y006（D2）和 Y003（D1）+ Y007（D2）分配。

（2）使用说明

带 DOG 搜索的原点回归指令的使用如图 8-44 所示。当常开触点 X007 闭合时，DSZR 指令执行，从 Y000 端输出脉冲信号且频率上升至原点回归速度，从 Y004 端输出方向控制信号（正向或反向），驱动电动机正向或反向快速旋转，通过传动机构带动工件快速返回原点；当接近原点时，X010 端输入一个近点（DOG）信号（来自近点检测开关），Y000 端输出脉冲频率下降至爬行速度，电动机转速变慢，工件慢速移向原点；到达原点后，X004 端输入零点信号（来自原点检测开关），Y000 端停止输出脉冲，工件在原点处停止。

```
          S1    S2    D1    D2
 X007
──┤├──[ DSZR X010  X004  Y000  Y004 ]
         近点  原点  脉冲  方向
         信号  信号  信号  信号
         输入  输入  输出  输出
```

图 8-44 带 DOG 搜索的原点回归指令的使用

2. 中断定位指令

（1）指令格式

中断定位指令格式如表 8-45 所示。

表 8-45　中断定位指令格式

指令名称与功能号	指令符号	指令形式与功能说明	操作数		
			S1、S2（16/32 位）	D1（位型）	D2（位型）
中断定位 （FNC151）	（D） DVIT	⊢⊢─[DVIT S1 S2 D1 D2] 指令执行时，从 D1 输出频率为 S2 的脉冲信号，从 D2 输出旋转方向信号，如果 D1 元件对应的用户中断输入特殊继电器被置 ON，则 D1 再输出 S1 个脉冲后停止输出	K、H、KnX、KnY、KnM、KnS、T、C、D、R、变址修饰	Y、变址修饰	Y、M、S、D□.b、变址修饰

指令使用注意事项同带 DOG 搜索的原点回归指令，同时，还应注意：

① 操作数 S1 的设定范围为 −32768 ～ +32767（16 位，0 除外），−999999 ～ +999999（32 位，0 除外）。

② 操作数 S2 的设定范围为 10 ～ 32767Hz（16 位），10 ～ 100000Hz（32 位，晶体管基本单元），10 ～ 200000Hz（32 位，高速输出特殊适配器）。

（2）使用说明

中断定位指令的使用如图 8-45 所示。当常开触点 X020 闭合时，DDVIT 指令执行，从 Y000 端输出频率为 30000Hz 的脉冲信号，从 Y004 端输出旋转方向信号。如果 Y000 端对应的用户中断输入特殊继电器 M8460 被置 1，则 Y000 端再输出 200000 个脉冲后停止输出。

Y000 端对应的用户中断输入特殊继电器为 M8460，Y001 端对应 M8461，Y002 端对应 M8462，Y003 端对应 M8463。

```
         S1       S2      D1     D2
X020   ┌DDVIT  K200000  K30000  Y000  Y004
─┤├───┤      脉冲输出  脉冲输出  脉冲   方向信号
              数量      频率     输出端  输出端
```

图 8-45　中断定位指令的使用

3. 表格设定定位指令

（1）指令格式

表格设定定位指令格式如表 8-46 所示。

表 8-46　表格设定定位指令格式

指令名称与功能号	指令符号	指令形式与功能说明	操 作 数	
			D（位型）	n（32型）
表格设定定位（FNC152）	(D)TBL	┤├─[TBL D n] 按 n 号表格设置的定位指令类型、脉冲输出数量和脉冲频率，从 D 端输出与之对应的脉冲信号	Y	K、H (n=0～100)

指令使用注意事项如下。

① 使用本指令时尽量选择晶体管输出型 PLC，若使用继电器或晶闸管输出型 PLC，则连接具有脉冲输出功能的高速输出特殊适配器（仅 FX$_{3U}$ 可连接）。

② 对于指令中的"D（脉冲输出端）"，晶体管输出型 PLC 可使用 Y000～Y002（FX$_{3S/3GC}$ 和 14、24 点的 FX$_{3G}$ 不能使用 Y002），在连接第 1 台高速输出特殊适配器时，可使用适配器的 Y000、Y001，连接第 2 台时可使用 Y002、Y003。

③ 只有 FX$_{3U}$ 可连接高速输出特殊适配器作为脉冲输出端，在连接第 1 台时，应按 Y000（D1，脉冲输出端）+ Y004（D2，旋转方向输出端）和 Y001（D1，脉冲输出端）+ Y005（D2，旋转方向输出端）分配；在连接第 2 台时，应按 Y002（D1）+ Y006（D2）和 Y003（D1）+ Y007（D2）分配。

（2）使用说明

表格设定定位指令的使用如图 8-46 所示。当常开触点 X020 闭合时，DTBL 指令执行，按编号为 1 的表格设定的定位指令类型、脉冲输出数量和脉冲频率，从 Y000 端输出与之对应的脉冲信号。

```
          D    n
X020
─┤├──[DTBL  Y000  K1]
```

图 8-46　表格设定定位（TBL）指令的使用

（3）TBL 表的设置

TBL 指令用到的 TBL 表是在 GX Work2 编程软件中设置的，设置完成后与程序一起下载到 PLC，程序执行 TBL 指令时会调取 TBL 表格设置的内容。

在 GX Work2 编程软件中设置 TBL 表的操作如图 8-47 所示。在软件的工程窗口中双击"PLC 参数"，出现"FX 参数设置"对话框，单击"存储器容量设置"选项卡，勾选其中的"内置定位设置"选项，如图 8-46（a）所示；再单击"内置定位设置"选项卡，可以设置脉冲输出端 Y000～Y003 的一些基本参数，程序中用到哪个端子作为脉冲输出端，就设置哪个端子，也可以保持默认设置，如图 8-46（b）所示；然后单击"详细设置"按钮，弹出"详细设置"对话框，单击"Y0"选项卡，在下方可以设置 Y0 端子用到的 TBL 表格内容，每个表格都可以设置 4 种类型（DDVIT、DPLSV、DDRVI、DDRVA）的定位指令，如图 8-46（c）所示；选择好定位指令后，再设置该指令执行时的输出脉冲数和频率，在这里设置了 3 个 TBL 表的内容，如图 8-46（d）所示。程序中的 TBL 指令用到哪个编号的表格，就会按该编号的表格设置的输出脉冲数量和频率执行设置的定位指令。

(a) 打开"FX参数设置"对话框

(b) 设置脉冲输出端的参数

(c) 打开TBL表设置对话框　　　　　　　　(d) 设置了3个TBL表的内容

图 8-47　在 GX Work2 编程软件中设置 TBL 表的操作

4. 读出 ABS（绝对位置）当前值指令

（1）指令格式

读出 ABS 当前值指令格式如表 8-47 所示。

表 8-47　读出 ABS 当前值指令格式

指令名称与功能号	指令符号	指令形式与功能说明	操作数		
			S（位型）	D1（位型）	D2（32位）
读出 ABS 当前值（FNC155）	(D)ABS	使用 ABS 指令需要 PLC 连接伺服放大器，该指令执行时，从 D1 端往伺服放大器发出读 ABS 的控制信号，从 S 端读取伺服放大器送来的 ABS 数据，读取的数据存放在 D2 中。 该指令可读取三菱 MR-J4 □ A、MR-J3 □ A、MR-J2（S）□ A、MR-H □ A 型伺服放大器（驱动器）的 ABS 值。使用本指令时请选择晶体管输出型 PLC	X、Y、M、S、D □ .b、变址修饰	Y、M、S、D □ .b、变址修饰	KnY、KnM、KnS、T、C、D、Z、R、变址修饰

（2）使用说明

读出 ABS 当前值指令的使用如图 8-48 所示。PLC 运行时 M8000 触点闭合，DABS 指令执行，从 Y021、Y022、Y023 端分别向伺服放大器发出伺服 ON、传送模式和 ABS 请求信号，伺服放大器输出的 ABS 信号（ABS bit0、ABSbit1、发送数据准备完信号）从 X031、X032、X033 端送入 PLC，该 ABS 数据（32 位）存入 D8341、D8340 中。

图 8-48　读出 ABS 当前值指令的使用

5. 原点回归指令

（1）指令格式

原点回归指令格式如表 8-48 所示。

表 8-48　原点回归指令格式

指令名称与功能号	指令符号	指令形式与功能说明	操作数			
			S1、S2（16/32位）		S3（位型）	D（位型）
原点回归（FNC156）	(D)ZRN	该指令可让机械装置回归到原点，指令执行时，从 D 端输出脉冲信号，并且频率加速到 S1 值（原点回归速度）；接近原点时，近点行程开关由 OFF→ON 并送至 S3 端（近点信号输入），D 端输出脉冲频率马上下降到 S2 值（爬行速度）；当近点行程开关由 ON→OFF 时，D 端停止输出脉冲，原点回归结束	K、H、KnX、KnY、KnM、KnS、T、C、D、R、V、Z 变址修饰（S1：10～32767Hz（16位），10～100000Hz（32位）；S2：10～32767Hz）		X、Y、M、S、D □ .b、变址修饰	Y、变址修饰

（2）使用说明

原点回归指令的使用如图 8-49 所示。当 M12 触点闭合时，DZRN 指令执行，从 Y000 端输出脉冲信号，并且频率加速到 30000Hz（原点回归速度）；一旦接近原点，近点行程开关会送一个近点（DOG）信号到 X000 端，在近点行程开关由 OFF → ON 时，Y000 端输出脉冲频率马上下降到 1000Hz（爬行速度）；在近点行程开关由 ON → OFF 时，Y000 端停止输出脉冲，原点回归结束。

图 8-49 原点回归指令的使用

6. 可变速脉冲输出指令

（1）指令格式

可变速脉冲输出指令格式如表 8-49 所示。

表 8-49 可变速脉冲输出指令格式

指令名称与功能号	指令符号	指令形式与功能说明	操作数		
			S（16/32 位）	D1（位型）	D2（位型）
可变速脉冲输出 (FNC157)	(D) PLSV	─┤├─[PLSV S D1 D2] 指令执行时，从 D1 端输出脉冲信号，频率为 S 值（Hz）。如果 S 为正值，则表示正转，D2 端输出为 ON（1）；如果 S 为负值，则表示反转，D2 端输出为 OFF（0）。 S 值范围：-32768～32767（16 位），-100000～100000（32 位），-200000～200000（使用高速输出特殊适配器）。 在 M8338=1 时 S 不可为 -1～+1，在 M8338=0 时 S 不可为 -10～+10	K、H、KnX、KnY、KnM、KnS、T、C、D、R、V、Z、变址修饰	Y、变址修饰	Y、M、S、D□.b、变址修饰

（2）使用说明

可变速脉冲输出指令的使用如图 8-50 所示。当 X020 触点闭合时，DPLSV 指令执行，从 Y000 端输出脉冲信号，脉冲信号的频率为 D11、D10 中的值。改变 D11、D10 的值即可改变脉冲频率，如果 D11、D10 的值为正值，则表示正转，Y004 端输出为 ON；如果 D11、D10 的值为负值，则表示反转，Y004 端输出为 OFF。当 X020 触点断开时，DPLSV 指令不执行，Y000、Y004 端停止输出。

图 8-50 可变速脉冲输出指令的使用

在图 8-50 所示程序中，如果 M10 触点断开，加减速动作继电器 M8338=0，在 X020 触点闭合、DPLSV 指令执行时，Y000 端会马上输出 D11、D10 值频率的脉冲信号；如果 M8338=1，Y000 端输出脉冲频率上升到 D11、D10 值需要一定时间（加速时间）。在 X020 触点断开、DPLSV 指令停止执行时，Y000 端不是马上停止输出脉冲，而是需要一定的时间（减速时间）让频率逐渐下降到 0。

7. 相对定位指令

（1）指令格式

相对定位指令格式如表 8-50 所示。

表 8-50 相对定位指令格式

指令名称与功能号	指令符号	指令形式与功能说明	操作数		
			S1、S2（16/32位）	D1（位型）	D2（位型）
相对定位（FNC158）	(D) DRVI	─┤├─ DRVI S1 S2 D1 D2 指令执行时，从 D1 端输出脉冲信号，频率为 S2 值（Hz），输出脉冲个数为 S1 值，S1 为正表示正转，D2 端输出为 ON；S1 为负表示反转，D2 端输出为 OFF。 S1 值范围：-32768～32767（16 位，0 除外）， -999999～999999（32 位，0 除外）。 S2 值范围：10～32767（16 位），10～200000（32 位，使用高速输出特殊适配器），10～100000（32 位，FX$_{3S/G/U}$）	K、H、KnX、KnY、KnM、KnS、T、C、D、R、V、Z、变址修饰	Y、变址修饰	Y、M、S、D□.b、变址修饰

（2）使用说明

相对定位指令的使用如图 8-51 所示。当 X022 触点闭合时，DDRVI 指令执行，从 Y000 端输出脉冲信号，从起始频率（基底频率）加速到 30000Hz，由于脉冲数值为正，表示正转，Y004 端输出为 ON。当输出脉冲个数即将达到 999999 时，频率下降减速到 0，Y000、Y004 端停止输出。Y000 端停止输出脉冲后，其对应的脉冲输出停止特殊继电器 M8349 置 1（Y001 对应 M8359，Y002 对应 M8369）。

图 8-51 相对定位指令的使用

8. 绝对定位指令

（1）指令格式

绝对定位指令格式如表 8-51 所示。

表 8-51 绝对定位指令格式

指令名称与功能号	指令符号	指令形式与功能说明	操作数		
			S1、S2（16/32 位）	D1（位型）	D2（位型）
绝对定位（FNC159）	(D)DRVA	┤├─[DRVA S1 S2 D1 D2] 指令执行时，从 D1 端输出脉冲信号，频率为 S2 值（Hz），输出脉冲个数为 S1 值，S1 为正表示正转，D2 端输出为 ON；S1 为负表示反转，D2 端输出为 OFF。 S1 值范围：−32768～32767（16 位，0 除外），−999999～999999（32 位，0 除外）。 S2 值范围：10～32767（16 位），10～200000（32 位，使用高速输出特殊适配器），10～100000（32 位 FX3S/G/U）	K、H、KnX、KnY、KnM、KnS、T、C、D、R、V、Z、变址修饰	Y、变址修饰	Y、M、S、D□.b、变址修饰

（2）使用说明

绝对定位指令的使用如图 8-52 所示。当 X030 触点闭合时，DDRVA 指令执行，从 Y000 端输出脉冲信号，脉冲信号的频率为 100000Hz，由于脉冲数值为正，表示正转，Y004 端输出为 ON。当输出脉冲个数达到 100 个时，Y000、Y004 端停止输出，Y000 对应的脉冲输出停止特殊继电器 M8349 置 1。

图 8-52 绝对定位指令的使用

DRVA 指令是从原点（零点）开始以单速方式移动指定的距离（脉冲数决定距离），也称绝对驱动方式。DRVI 指令是从当前位置开始以单速方式正向或反向（由脉冲数的正负号决定）移动指定的距离，也称相对（增量）驱动方式。

8.4 时钟运算类指令

8.4.1 指令一览表

时钟运算类指令有 9 条，各指令的功能号、符号、形式、名称和支持的 PLC 系列如表 8-52 所示。

表 8-52 时钟运算类指令

功能号	指令符号	指令形式	指令名称	支持的 PLC 系列								
				FS3S	FS3G	FX3GC	FX3U	FX3UC	FX1S	FX1N	FX1NC	FX2N	FX2NC
FNC160	TCMP	┤├─[TCMP S1 S2 S3 S D]	时钟数据比较	○	○	○	○	○	○	○	○	○
FNC161	TZCP	┤├─[TZCP S1 S2 S D]	时钟数据区间比较	○	○	○	○	○	○	○	○	○

(续表)

功能号	指令符号	指令形式	指令名称	支持的PLC系列								
				FS$_{3S}$	FS$_{3G}$	FX$_{3GC}$	FX$_{3U}$	FX$_{3UC}$	FX$_{1S}$	FX$_{1N}$	FX$_{1NC}$	FX$_{2N}$	FX$_{2NC}$
FNC162	TADD	⊣⊢─[TADD S1 S2 D]	时钟数据加法运算	○	○	○	○	○	○	○	○	○	○
FNC163	TSUB	⊣⊢─[TSUB S1 S2 D]	时钟数据减法运算	○	○	○	○	○	○	○	○	○	○
FNC164	HTOS	⊣⊢─[HTOS S D]	时、分、秒数据的秒转换	—	—	○	○	○	—	—	—	—	—
FNC165	STOH	⊣⊢─[STOH S D]	秒数据的[时、分、秒]转换	—	—	○	○	○	—	—	—	—	—
FNC166	TRD	⊣⊢─[TRD D]	时钟数据读出	○	○	○	○	○	○	○	○	○	○
FNC167	TWR	⊣⊢─[TWR S]	时钟数据写入	○	○	○	○	○	○	○	○	○	○
FNC169	HOUR	⊣⊢─[HOUR S D1 D2]	计时表	○	○	○	○	○				*1	*1

8.4.2 指令精解（FNC160 ~ FNC167、FNC169）

1. 时钟数据比较指令

（1）指令格式

时钟数据比较指令格式如表 8-53 所示。

表 8-53 时钟数据比较指令格式

指令名称与功能号	指令符号	指令形式与功能说明	操作数		
			S1、S2、S3（均为 16 位）	S（16 位）	D（位型）
时钟数据比较（FNC160）	TCMP (P)	⊣⊢─[TCMP S1 S2 S3 S D] 将 S1（时值）、S2（分值）、S3（秒值）与 S、S+1、S+2 值比较，当 >、=、< 时分别将 D、D+1、D+2 置位（置1）	K、H、KnX、KnY、KnM、KnS、T、C、D、R、V、Z、变址修饰	T、C、D、R、变址修饰（占用3点）	Y、M、S、D□.b、变址修饰（占用3点）

（2）使用说明

时钟数据比较指令的使用如图 8-53 所示。S1 为指定基准时间的小时值（0 ~ 23），S2 为指定基准时间的分钟值（0 ~ 59），S3 为指定基准时间的秒钟值（0 ~ 59），S 指定待比较的时间值，其中 S、S+1、S+2 分别为待比较的时、分、秒值，D 为比较输出元件，其中 D、D+1、D+2 分别为比较结果为 >、=、< 时的输出元件。

当常开触点 X000 闭合时，TCMP 指令执行，将时间值"10 时 30 分 50 秒"与 D0、D1、D2 中存储的时、分、秒值进行比较，根据比较结果驱动 M0 ~ M2，具体如下。

若"10 时 30 分 50 秒"大于"D0、D1、D2 存储的时、分、秒值"，则 M0 被驱动，M0 常开触点闭合。

若"10 时 30 分 50 秒"等于"D0、D1、D2 存储的时、分、秒值"，则 M1 被驱动，M1 常开触点闭合。

若"10 时 30 分 50 秒"小于"D0、D1、D2 存储的时、分、秒值",则 M2 被驱动,M2 常开触点闭合。

当常开触点 X000=OFF 时,TCMP 指令停止执行,但 M0～M2 仍保持 X000 为 OFF 前的状态。

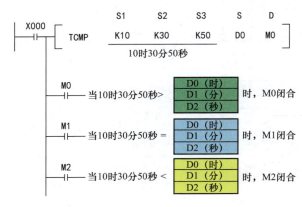

图 8-53　时钟数据比较指令的使用

2．时钟数据区间比较指令

（1）指令格式

时钟数据区间比较指令格式如表 8-54 所示。

表 8-54　时钟数据区间比较指令格式

指令名称与功能号	指令符号	指令形式与功能说明	操作数	
			S1、S2、S（均为 16 位）	D（位型）
时钟数据区间比较（FNC161）	TZCP（P）	⊣⊢ TZCP S1 S2 S D 　将 S1、S2 时间值与 S 时间值比较,S<S1 时将 D 置位,S1≤S≤S2 时将 D+1 置位,S>S2 时将 D+2 置位	T、C、D、R、变址修饰（S1≤S2,S1、S2、S 均占用 3 点）	Y、M、S、D□.b、变址修饰（占用 3 点）

（2）使用说明

时钟数据区间比较指令的使用如图 8-54 所示。S1 指定第一基准时间值（时、分、秒值）,S2 指定第二基准时间值（时、分、秒值）,S 指定待比较的时间值,D 为比较输出元件,S1、S2、S、D 均需占用 3 个连号元件。

当常开触点 X000 闭合时,TZCP 指令执行,将"D20、D21、D22""D30、D31、D32"中的时间值与"D0、D1、D2"中的时间值进行比较,根据比较结果驱动 M3～M5,具体如下。

若"D0、D1、D2"中的时间值小于"D20、D21、D22"中的时间值,则 M3 被驱动,M3 常开触点闭合。

若"D0、D1、D2"中的时间值处于"D20、D21、D22"和"D30、D31、D32"时间值之间,则 M4 被驱动,M4 常开触点闭合。

若"D0、D1、D2"中的时间值大于"D30、D31、D32"中的时间值,则 M5 被驱动,M5 常开触点闭合。

当常开触点 X000=OFF 时,TZCP 指令停止执行,但 M3～M5 仍保持 X000 为 OFF 前的状态。

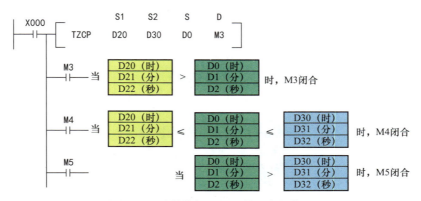

图 8-54 时钟数据区间比较指令的使用

3. 时钟数据加法指令

(1) 指令格式

时钟数据加法指令格式如表 8-55 所示。

表 8-55 时钟数据加法指令格式

指令名称与功能号	指令符号	指令形式与功能说明	操 作 数
			S1、S2、D (均为 16 位)
时钟数据加法 (FNC162)	TADD (P)	┤├──[TADD S1 S2 D] 将 S1 时间值与 S2 时间值相加,结果存入 D 中	T、C、D、R、变址修饰 (S1、S2、D 均占用 3 点)

(2) 使用说明

时钟数据加法指令的使用如图 8-55 所示。S1 指定第一时间值(时、分、秒值),S2 指定第二时间值(时、分、秒值),D 保存 S1+S2 的和值,S1、S2、D 均需占用 3 个连号元件。

当常开触点 X000 闭合时,TADD 指令执行,将"D10、D11、D12"中的时间值与"D20、D21、D22"中的时间值相加,结果保存在"D30、D31、D32"中。

如果运算结果超过 24h,进位标志会置 ON,将加法结果减去 24h 再保存在 D 中,如图 8-55(b)所示。如果运算结果为 0,则零标志会置 ON。

(a) S1+S2<24h

图 8-55 时钟数据加法指令的使用

18时10分30秒　　10时20分5秒　　4时30分35秒

(b) S1+S2>24h

图 8-55　时钟数据加法指令的使用（续）

4. 时钟数据减法指令

（1）指令格式

时钟数据减法指令格式如表 8-56 所示。

表 8-56　时钟数据减法指令格式

指令名称与功能号	指令符号	指令形式与功能说明	操作数 S1、S2、D（均为 16 位）
时钟数据减法（FNC163）	TSUB（P）	─┤├─ TSUB S1 S2 D　将 S1 时间值与 S2 时间值相减，结果存入 D 中	T、C、D、R、变址修饰（S1、S2、D 均占用 3 点）

（2）使用说明

时钟数据减法指令的使用如图 8-56 所示。S1 指定第一时间值（时、分、秒值），S2 指定第二时间值（时、分、秒值），D 保存 S1-S2 的差值，S1、S2、D 均需占用 3 个连号元件。

当常开触点 X000 闭合时，TSUB 指令执行，将"D10、D11、D12"中的时间值与"D20、D21、D22"中的时间值相减，结果保存在"D30、D31、D32"中。

如果运算结果小于 0h，借位标志会置 ON，将减法结果加 24h 再保存在 D 中，如图 8-56（b）所示。

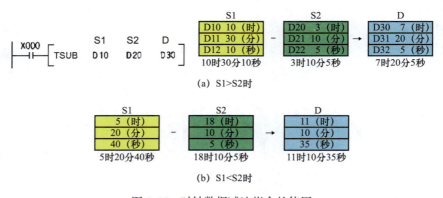

图 8-56　时钟数据减法指令的使用

5. 时、分、秒数据的秒转换指令

（1）指令格式

时、分、秒数据的秒转换指令格式如表 8-57 所示。

表 8-57 时、分、秒数据的秒转换指令格式

指令名称与功能号	指令符号	指令形式与功能说明	操作数	
			S（16 位）	D（16/32 位）
时、分、秒数据的秒转换（FNC164）	(D) HTOS (P)	将 S 的时、分、秒时间值转换成秒时间值，结果存入 D 中	KnX、KnY、KnM、KnS、T、C、D、R、变址修饰	KnY、KnM、KnS、T、C、D、R、变址修饰

（2）使用说明

时、分、秒数据的秒转换指令的使用如图 8-57 所示。当 X000 触点闭合时，HTOS 指令执行，将 D10、D11、D12 中的时、分、秒时间值转换成秒时间值，结果存入 D20 中。如果使用 32 位（DHTOS）指令，则秒时间值存入 D21、D20 中。

图 8-57 时、分、秒数据的秒转换指令的使用

6. 秒数据的［时、分、秒］转换指令

（1）指令格式

秒数据的［时、分、秒］转换指令格式如表 8-58 所示。

表 8-58 秒数据的［时、分、秒］转换指令格式

指令名称与功能号	指令符号	指令形式与功能说明	操作数	
			S（16/32 位）	D（16 位）
秒数据的［时、分、秒］转换（FNC165）	(D) STOH (P)	将 S 的秒时间值转换成时、分、秒时间值，结果存入 D 中	KnX、KnY、KnM、KnS、T、C、D、R、变址修饰	KnY、KnM、KnS、T、C、D、R、变址修饰

（2）使用说明

秒数据的［时、分、秒］转换指令的使用如图 8-58 所示。当 X000 触点闭合时，STOH 指令执行，将 D10 中的秒时间值转换成时、分、秒时间值，结果存入 D20、D21、D22 中。如果使用 32 位（DSTOH）指令，则秒时间值取自 D11、D10。

图 8-58 秒数据的［时、分、秒］转换指令的使用

7. 时钟数据读出指令

（1）指令格式

时钟数据读出指令格式如表 8-59 所示。

表 8-59　时钟数据读出指令格式

指令名称与功能号	指令符号	指令形式与功能说明	操作数 D（16 位）
时钟数据读出（FNC166）	TRD（P）	┤├─[TRD D]　将 PLC 当前的时间（年、月、日、时、分、秒、星期）读入 D 为起始的 7 个连号元件中	T、C、D、R、变址修饰（占用 7 点）

（2）使用说明

时钟数据读出指令的使用如图 8-59 所示。TRD 指令的功能是将 PLC 当前时间（年、月、日、时、分、秒、星期）读入 D0 为起始的 7 个连号元件 D0～D6 中。PLC 当前时间保存在实时时钟用的特殊数据寄存器 D8018～D8013、D8019 中，这些寄存器中的数据会随时间变化而变化。D0～D6 和 D8013～D8019 的内容及对应关系如图 8-59（b）所示。

当常开触点 X000 闭合时，TRD 指令执行，将 D8018～D8013、D8019 中的时间值保存到（读入）D0～D6 中，如将 D8018 中的数据作为年值存入 D0 中，将 D8019 中的数据作为星期值存入 D6 中。

(a) 指令使用举例　　　　　　　　　　　　(b) 说明图

图 8-59　时钟数据读出指令的使用

8. 时钟数据写入指令

（1）指令格式

时钟数据写入指令格式如表 8-60 所示。

表 8-60　时钟数据写入指令格式

指令名称与功能号	指令符号	指令形式与功能说明	操作数 S（16 位）
时钟数据写入（FNC167）	TWR（P）	┤├─[TWR S]　将 S 为起始的 7 个连号元件中的时间值（年、月、日、时、分、秒、星期）分别写入 D8018～D8013、D8019 中	T、C、D、R、变址修饰（占用 7 点）

(2) 使用说明

时钟数据写入指令的使用如图 8-60 所示。TWR 指令的功能是将 D10 为起始的 7 个连号元件 D10～D16 中的时间值（年、月、日、时、分、秒、星期）写入特殊数据寄存器 D8018～D8013、D8019 中。D10～D16 和 D8013～D8019 的内容及对应关系如图 8-60(b) 所示。

当常开触点 X001 闭合时，TWR 指令执行，将"D10～D16"中的时间值写入 D8018～D8013、D8019 中，如将 D10 中的数据作为年值写入 D8018 中，将 D16 中的数据作为星期值写入 D8019 中。

图 8-60 时钟数据写入指令的使用

(3) 修改 PLC 的实时时钟

PLC 在出厂时已经设定了实时时钟，以后实时时钟会自动运行。如果实时时钟运行不准确，可以采用程序进行修改。图 8-61 所示为修改 PLC 实时时钟的梯形图程序，利用它可以将实时时钟设为 05 年 4 月 25 日 3 时 20 分 30 秒星期二。

图 8-61 修改 PLC 实时时钟的梯形图程序

在编程时,先用 MOV 指令将要设定的年、月、日、时、分、秒、星期值分别传送给 D0～D6,然后用 TWR 指令将 D0～D6 中的时间值写入 D8018～D8013、D8019 中。在进行时钟设置时,设置的时间应较实际时间晚几分钟,当实际时间到达设定时间时马上让 X000 触点闭合,程序就将设置的时间写入 PLC 的实时时钟数据寄存器中,闭合触点 X001,M8017 置 ON,可对时钟进行 ±30s 修正。

PLC 实时时钟的年值默认为两位(如 05 年),如果要改成 4 位(如 2005 年),可为图 8-61 程序追加如图 8-62 所示的程序,则在第二个扫描周期开始年值就改为 4 位。

图 8-62 将年值改为 4 位需增加的梯形图程序

9. 计时表指令

(1) 指令格式

计时表指令格式如表 8-61 所示。

表 8-61 计时表指令格式

指令名称与功能号	指令符号	指令形式与功能说明	操作数		
			S（16/32 位）	D1（16/32 位）	D2（位型）
计时表 (FNC169)	(D) HOUR	┤├─ HOUR S D1 D2 当 HOUR 指令输入为 ON 的时间累计超过 S 值时,将 D2 置 ON,D1 保存当前累计时间值。 如果希望断电后累计时间不会消失,D1 可选用停电保持型数据寄存器	K、H、KnX、KnY、KnM、KnS、T、C、D、R、V、Z、变址修饰	D、R、变址修饰	Y、M、S、D□.b、变址修饰

(2) 使用说明

计时表指令的使用如图 8-63 所示。当 X000 触点闭合时,HOUR 指令执行,对 X000 闭合时间进行累计计时,一旦累计时间超过 300h,马上将 Y005 置 ON,D200、D201 分别保存当前累计时间的时值和秒值(不足 1h 的秒值)。

```
    X000           S     D1    D2
────┤├──── HOUR   K300  D200  Y005
```

图 8-63 计时表指令的使用

第9章

三菱 FX$_{3S/2G/3U}$ 应用指令全精解（四）

9.1 外部设备类指令

9.1.1 指令一览表

外部设备类指令有 4 条，各指令的功能号、符号、形式、名称和支持的 PLC 系列如表 9-1 所示。

表 9-1 外部设备类指令

功能号	指令符号	指令形式	指令名称	支持的 PLC 系列									
				FS$_{3S}$	FS$_{3G}$	FX$_{3GC}$	FX$_{3U}$	FX$_{3UC}$	FX$_{1S}$	FX$_{1N}$	FX$_{1NC}$	FX$_{2N}$	FX$_{2NC}$
FNC170	GRY	─┤├─[GRY S D]	二进制数转成格雷码	○	○	○	○	○	—	—	—	○	○
FNC171	GBIN	─┤├─[GBIN S D]	格雷码转成二进制数	○	○	○	○	○	—	—	—	○	○
FNC176	RD3A	─┤├─[RD3A m1 m2 D]	模拟量模块读出	—	○	○	○	○	—	—	—	○	○
FNC177	WR3A	─┤├─[WR3A m1 m2 S]	模拟量模块写入	—	○	○	○	○	—	—	—	○	○

9.1.2 指令精解（FNC170、FNC171、FNC176、FNC177）

1. 有关格雷码的知识

两个相邻代码之间仅有一位数码不同的代码称为格雷码。十进制数、二进制数与格雷码的对应关系如表 9-2 所示。

表 9-2 十进制数、二进制数与格雷码的对应关系

十进制数	二进制数	格雷码	十进制数	二进制数	格雷码
0	0000	0000	5	0101	0111
1	0001	0001	6	0110	0101
2	0010	0011	7	0111	0100
3	0011	0010	8	1000	1100
4	0100	0110	9	1001	1101

257

(续表)

十进制数	二进制数	格雷码	十进制数	二进制数	格雷码
10	1010	1111	13	1101	1011
11	1011	1110	14	1110	1001
12	1100	1010	15	1111	1000

从表中可以看出，相邻的两个格雷码之间仅有一位数码不同，如 5 的格雷码是 0111，与 4 的格雷码 0110 仅最后一位不同，与 6 的格雷码 0101 仅倒数第二位不同。二进制数在递增或递减时，往往多位发生变化，3 的二进制数 0011 与 4 的二进制数 0100 同时有三位发生变化，这样在数字电路处理中很容易出错，而格雷码在递增或递减时，仅有一位发生变化，这样不容易出错，所以格雷码常用于高分辨率的系统中。

2. 二进制数转成格雷码（格雷码的转换）指令

（1）指令格式

二进制数转成格雷码指令格式如表 9-3 所示。

表 9-3 二进制数转成格雷码指令格式

指令名称与功能号	指令符号	指令形式与功能说明	操作数	
			S（16/32 位）	D（16/32 位）
二进制数转成格雷码（FNC170）	(D)GRY(P)	⊢┤ GRY S D 将 S 中的二进制数转换成格雷码并存入 D 中	K、H、KnX、KnY、KnM、KnS、T、C、D、R、V、Z、变址修饰	KnY、KnM、KnS、T、C、D、R、V、Z、变址修饰

（2）使用说明

二进制数转成格雷码指令的使用如图 9-1 所示。当常开触点 X000 闭合时，GRY 指令执行，将"1234"的二进制码转换成格雷码，并存入 Y23～Y20、Y17～Y10 中。

图 9-1 二进制数转成格雷码指令的使用

3. 格雷码转成二进制数（格雷码的逆转换）指令

（1）指令格式

格雷码转成二进制数指令格式如表 9-4 所示。

表 9-4 格雷码转成二进制数指令格式

指令名称与功能号	指令符号	指令形式与功能说明	操作数	
			S（16/32 位）	D（16/32 位）
格雷码转成二进制数（FNC171）	(D)GBIN(P)	⊢┤ GBIN S D 将 S 中的格雷码转成二进制数并存入 D 中	K、H、KnX、KnY、KnM、KnS、T、C、D、R、V、Z、变址修饰	KnY、KnM、KnS、T、C、D、R、V、Z、变址修饰

（2）使用说明

格雷码转成二进制数指令的使用如图 9-2 所示。当常开触点 X020 闭合时，GBIN 指令执行，将 X13～X10、X7～X0 中的格雷码转换成二进制数，并存入 D10 中。

图 9-2　格雷码转成二进制数指令的使用

4. 模拟量模块读出指令

（1）指令格式

模拟量模块读出指令格式如表 9-5 所示。

表 9-5　模拟量模块读出指令格式

指令名称与功能号	指令符号	指令形式与功能说明	操 作 数	
			m1、m2（16位）	D（16位）
模拟量模块读出 （FNC176）	RD3A （P）	─┤├─[RD3A m1 m2 D] 将 m1 号特殊模块的 m2 通道的数据读入 D	K、H、KnX、KnY、KnM、KnS、T、C、D、R、V、Z、变址修饰	KnY、KnM、KnS、T、C、D、R、V、Z、变址修饰

（2）使用说明

模拟量模块读出指令的使用如图 9-3 所示。当常开触点 X010 闭合时，RD3A 指令执行，将 0 号特殊模块 FX$_{2N}$-AD（模拟量输入模块）通道 1 中的模拟量读入 PLC 的 D100。

图 9-3　模拟量模块读出指令的使用

5. 模拟量模块写入指令

（1）指令格式

模拟量模块写入指令格式如表 9-6 所示。

表 9-6　模拟量模块写入指令格式

指令名称与功能号	指令符号	指令形式与功能说明	操 作 数	
			m1、m2（16位）	S（16位）
模拟量模块写入 （FNC177）	WR3A （P）	─┤├─[WR3A m1 m2 S] 将 S 中的数据写入 m1 号特殊模块的 m2 通道	K、H、KnX、KnY、KnM、KnS、T、C、D、R、V、Z、变址修饰	KnY、KnM、KnS、T、C、D、R、V、Z、变址修饰

（2）使用说明

模拟量模块写入指令的使用如图9-4所示。当常开触点X011闭合时，WR3A指令执行，将PLC的D200中的数据写入1号特殊模块FX_{2N}-DA（模拟量输出模块）通道2中。

图 9-4 模拟量模块写入指令的使用

9.2 触点比较类指令

 ### 9.2.1 指令一览表

触点比较类指令有18条，分为三类：LD*类指令、AND*类指令和OR*类指令。触点比较类指令的功能号、符号、形式、名称和支持的PLC系列如表9-7所示。

表 9-7 触点比较类指令

功能号	指令符号	指令形式	指令名称	支持的 PLC 系列								
				FS_{3S}	FS_{3G}	FX_{3GC}	FX_{3U}	FX_{3UC}	FX_{1S}	FX_{1N}	FX_{1NC}	FX_{2N}	FX_{2NC}
FNC224	LD=	⊢LD= S1 S2	触点比较 LD S1=S2	○	○	○	○	○	○	○	○	○
FNC225	LD>	⊢LD> S1 S2	触点比较 LD S1>S2	○	○	○	○	○	○	○	○	○
FNC226	LD<	⊢LD< S1 S2	触点比较 LD S1<S2	○	○	○	○	○	○	○	○	○
FNC228	LD<>	⊢LD<> S1 S2	触点比较 LD S1≠S2	○	○	○	○	○	○	○	○	○
FNC229	LD<=	⊢LD<= S1 S2	触点比较 LD S1≤S2	○	○	○	○	○	○	○	○	○
FNC230	LD>=	⊢LD>= S1 S2	触点比较 LD S1≥S2	○	○	○	○	○	○	○	○	○
FNC232	AND=	⊢⊢AND= S1 S2	触点比较 AND S1=S2	○	○	○	○	○	○	○	○	○
FNC233	AND>	⊢⊢AND> S1 S2	触点比较 AND S1>S2	○	○	○	○	○	○	○	○	○
FNC234	AND<	⊢⊢AND< S1 S2	触点比较 AND S1<S2	○	○	○	○	○	○	○	○	○
FNC236	ADN<>	⊢⊢AND<> S1 S2	触点比较 AND S1≠S2	○	○	○	○	○	○	○	○	○
FNC237	AND<=	⊢⊢AND<= S1 S2	触点比较 AND S1≤S2	○	○	○	○	○	○	○	○	○

(续表)

功能号	指令符号	指令形式	指令名称	支持的 PLC 系列								
				FS$_{3S}$	FS$_{3G}$	FX$_{3GC}$	FX$_{3U}$	FX$_{3UC}$	FX$_{1S}$	FX$_{1N}$	FX$_{1NC}$	FX$_{2N}$	FX$_{2NC}$
FNC238	ADN>=	AND>= S1 S2	触点比较 AND S1≥S2	○	○	○	○	○	○	○	○	○
FNC240	OR=	OR= S1 S2	触点比较 OR S1=S2	○	○	○	○	○	○	○	○	○
FNC241	OR>	OR> S1 S2	触点比较 OR S1>S2	○	○	○	○	○	○	○	○	○
FNC242	OR<	OR< S1 S2	触点比较 OR S1<S2	○	○	○	○	○	○	○	○	○
FNC244	OR<>	OR<> S1 S2	触点比较 OR S1≠S2	○	○	○	○	○	○	○	○	○
FNC245	OR<=	OR<= S1 S2	触点比较 OR S1≤S2	○	○	○	○	○	○	○	○	○
FNC246	OR>=	OR>= S1 S2	触点比较 OR S1≥S2	○	○	○	○	○	○	○	○	○

9.2.2 指令精解（FNC224～FNC226、FNC228～FNC230、FCN232～FNC234、FNC236～FNC238、FNC240～FNC246）

1. 触点比较 LD* 类指令

（1）指令格式

触点比较 LD* 类指令格式如表 9-8 所示。

表 9-8 触点比较 LD* 类指令格式

指令符号（LD* 类指令）	功能号	指令形式	指令功能	操作数 S1、S2（均为 16/32 位）
LD=	FNC224	LD= S1 S2	S1=S2 时，触点闭合，即指令输出 ON	K、H、KnX、KnY、KnM、KnS、T、C、D、R、V、Z、变址修饰
LD >	FNC225	LD> S1 S2	S1＞S2 时，触点闭合，即指令输出 ON	
LD <	FNC226	LD< S1 S2	S1＜S2 时，触点闭合，即指令输出 ON	
LD <>	FNC228	LD<> S1 S2	S1≠S2 时，触点闭合，即指令输出 ON	
LD<=	FNC229	LD<= S1 S2	S1≤S2 时，触点闭合，即指令输出 ON	
LD>=	FNC230	LD>= S1 S2	S1≥S2 时，触点闭合，即指令输出 ON	

(2) 使用说明

触点比较 LD* 类指令是连接左母线的触点比较指令，其功能是将 S1、S2 两个源操作数进行比较，若结果满足要求则执行驱动。触点比较 LD* 类指令的使用如图 9-5 所示。

当计数器 C10 的计数值等于 200 时，驱动 Y010；当 D200 中的数据大于 −30 并且常开触点 X001 闭合时，将 Y011 置位；当计数器 C200 的计数值小于 678493，或者 M3 触点闭合时，驱动 M50。

图 9-5　触点比较 LD* 类指令的使用

2. 触点比较 AND* 类指令

(1) 指令格式

触点比较 AND* 类指令格式如表 9-9 所示。

表 9-9　触点比较 AND* 类指令格式

指令符号 (AND* 类指令)	功能号	指令形式	指令功能	操作数 S1、S2 (均为 16/32 位)
AND=	FNC232	AND= S1 S2	S1=S2 时，触点闭合，即指令输出 ON	K、H、KnX、KnY、KnM、KnS、T、C、D、R、V、Z、变址修饰
AND >	FNC233	AND> S1 S2	S1 > S2 时，触点闭合，即指令输出 ON	
AND <	FNC234	AND< S1 S2	S1 < S2 时，触点闭合，即指令输出 ON	
AND <>	FNC236	AND<> S1 S2	S1 ≠ S2 时，触点闭合，即指令输出 ON	
AND<=	FNC237	AND<= S1 S2	S1 ≤ S2 时，触点闭合，即指令输出 ON	
AND>=	FNC238	AND>= S1 S2	S1 ≥ S2 时，触点闭合，即指令输出 ON	

(2) 使用说明

触点比较 AND* 类指令是串联型触点比较指令，其功能是将 S1、S2 两个源操作数进行比较，若结果满足要求则执行驱动。触点比较 AND* 类指令的使用如图 9-6 所示。

当常开触点 X000 闭合且计数器 C10 的计数值等于 200 时，驱动 Y010；当常闭触点 X001 闭合且 D0 中的数据不等于 -10 时，将 Y011 置位；当常开触点 X002 闭合且 D10、D11 中的数据小于 678493，或者触点 M3 闭合时，驱动 M50。

图 9-6 触点比较 AND* 类指令的使用

3. 触点比较 OR* 类指令

（1）指令格式

触点比较 OR* 类指令格式如表 9-10 所示。

表 9-10 触点比较 OR* 类指令格式

指令符号 （OR* 类指令）	功能号	指令形式	指令功能	操 作 数 S1、S2（均为 16/32 位）
OR=	FNC240	⊢⊣ OR= S1 S2	S1=S2 时，触点闭合，即指令输出 ON	K、H、KnX、KnY、KnM、KnS、T、C、D、R、V、Z、变址修饰
OR >	FNC241	⊢⊣ OR> S1 S2	S1 > S2 时，触点闭合，即指令输出 ON	
OR <	FNC242	⊢⊣ OR< S1 S2	S1 < S2 时，触点闭合，即指令输出 ON	
OR <>	FNC244	⊢⊣ OR<> S1 S2	S1 ≠ S2 时，触点闭合，即指令输出 ON	
OR<=	FNC245	⊢⊣ OR<= S1 S2	S1 ≤ S2 时，触点闭合，即指令输出 ON	
OR>=	FNC246	⊢⊣ OR>= S1 S2	S1 ≥ S2 时，触点闭合，即指令输出 ON	

（2）使用说明

触点比较 OR* 类指令是并联型触点比较指令，其功能是将 S1、S2 两个源操作数进行比较，若结果满足要求则执行驱动。触点比较 OR* 类指令的使用如图 9-7 所示。

当常开触点 X001 闭合，或者计数器 C10 的计数值等于 200 时，驱动 Y000；当常开触点 X002、M30 均闭合，或者 D100 中的数据大于或等于 100000 时，驱动 M60。

图 9-7 触点比较 OR* 类指令的使用

263

9.3 其他类指令

9.3.1 指令一览表

其他类指令有 5 条，各指令的功能号、符号、形式、名称和支持的 PLC 系列如表 9-11 所示。

表 9-11 其他类指令

功能号	指令符号	指令形式	指令名称	支持的 PLC 系列								
				FS_{3S}	FS_{3G}	FX_{3GC}	FX_{3U}	FX_{3UC}	FX_{1S}	FX_{1N}	FX_{1NC}	FX_{2N}	FX_{2NC}
FNC182	COMRD	─┤├─[COMRD S D]	读出软元件的注释数据	—	—	—	○	○	—	—	—	—	—
FNC184	RND	─┤├─[RND D]	产生随机数	—	—	—	○	○	—	—	—	—	—
FNC186	DUTY	─┤├─[DUTY n1 n2 D]	产生定时脉冲	—	—	—	○	○	—	—	—	—	—
FNC188	DRC	─┤├─[CRC S D n]	CRC 运算	—	—	—	○	○	—	—	—	—	—
FNC189	HCMOV	─┤├─[HCMOV S D n]	高速计数器传送	—	—	—	○	○	—	—	—	—	—

9.3.2 指令精解（FNC182、FNC184、FNC186、FNC188、FNC189）

1. 读出软元件的注释数据指令

（1）指令格式

读出软元件的注释数据指令格式如表 9-12 所示。

表 9-12 读出软元件的注释数据指令格式

指令名称与功能号	指令符号	指令形式与功能说明	操 作 数	
			S（软元件名）	D（字符串）
读出软元件的注释数据（FNC182）	COMRD(P)	─┤├─[COMRD S D] 读出 S 的注释内容，并将注释的各个字符的 ASCII 码依次存放在 D 为起始的连续元件中	X、Y、M、S、T、C、D、R、变址修饰	T、C、D、R、变址修饰

（2）使用说明

读出软元件的注释数据指令的使用如图 9-8 所示。当 X010 触点闭合时，COMRDP 指令执行，读取 D100 的注释内容"Target Line A"，并将注释内容的各个字符的 ASCII 码依次存放在 D0 为起始的连续元件中，即"T""a"的 ASCII 码分别存放在 D0 的低、高字节中，"r""g"的 ASCII 码分别存放在 D1 的低、高字节中。

特殊继电器 M8091（COMRDP 指令输出字符数切换信号）用于决定最后字符的下一个软元件存放内容，M8091=0 时，下一个软元件存放 0000H；M8091=1 时，下一个软元件存放内容不变化。

图 9-8　读出软元件的注释数据指令的使用

2. 产生随机数指令

（1）指令格式

产生随机数指令格式如表 9-13 所示。

表 9-13　产生随机数指令格式

指令名称与功能号	指令符号	指令形式与功能说明	操 作 数
			D（16 位）
产生随机数（FNC184）	RND（P）	─┤├──[RND D]─ 产生 0～32767 范围内的随机数，存入 D 中	KnY、KnM、KnS、T、C、D、R、变址修饰

（2）使用说明

产生随机数指令的使用如图 9-9 所示。当 X010 触点闭合时，RNDP 指令执行，产生一个 0～32767 范围内的随机数，存入 D100 中。

3. 产生定时脉冲指令

图 9-9　产生随机数指令的使用

（1）指令格式

产生定时脉冲指令格式如表 9-14 所示。

表 9-14　产生定时脉冲指令格式

指令名称与功能号	指令符号	指令形式与功能说明	操 作 数	
			n1、n2（16 位）	D（位型）
产生定时脉冲（FNC186）	DUTY（P）	─┤├──[DUTY n1 n2 D]─ 让 D 产生 n1 个扫描周期为 ON、n2 个扫描周期为 OFF 的脉冲信号	K、H、T、C、D、R、变址修饰（n1>0，n2>0）	M8330～M8334（D8330～D8334）、变址修饰

265

（2）使用说明

产生定时脉冲指令的使用如图 9-10 所示。当 X000 触点闭合时，DUTY 指令执行，M8330 继电器产生 1 个扫描周期为 ON、3 个扫描周期为 OFF 的脉冲信号，与 M8330 继电器配对的 D8330 寄存器用于对扫描周期次数进行计数。

图 9-10　产生定时脉冲指令的使用

4．CRC 运算（循环冗余校验）指令

（1）指令格式

CRC 运算指令格式如表 9-15 所示。

表 9-15　CRC 运算指令格式

指令名称与功能号	指令符号	指令形式与功能说明	操作数		
			S（16 位）	D（16 位）	n（16 位）
CRC 运算（FNC188）	CRC（P）	⊢⊣─[CRC S D n]─　对 S 为起始的 n 个连续字节数据进行 CRC 运算，得到 CRC 码，存入 D 中	KnX、KnY、KnM、KnS、T、C、D、R、变址修饰（Kn=K4）	KnY、KnM、KnS、T、C、D、R、变址修饰（Kn=K4）	K、H、D、R

（2）使用说明

CRC 运算指令的使用如图 9-11 所示。当 M0 触点由 OFF 变为 ON（上升沿）时，CRC 指令执行，对 D100 为起始的 7 个字节（D100 ~ D103）数据进行 CRC 运算，产生

软元件		数据内容	
D100	3130H	低字节	30H
		高字节	31H
D101	3332H	低字节	32H
		高字节	33H
D102	3534H	低字节	34H
		高字节	35H
D103	3736H	低字节	36H
		—	—
D0	2ACFH	低字节	CFH
		高字节	2AH

```
 M10
──┤├──────────────────(M8161)
         M8161=1：8位模式
         M8161=0：16位模式
 M0
──┤├────[CRC  D100  D0  K7]
```

图 9-11　CRC 运算指令的使用

CRC 码（循环冗余校验码），存入 D0 中。

如果 8 位处理模式继电器 M8161=0，则为 16 位处理模式，D100～D103 的高、低字节都参与 CRC 运算来得到 CRC 码；若 M8161=1，则为 8 位处理模式，仅 D100～D103 的低字节参与 CRC 运算。

5. 高速计数器传送指令

（1）指令格式

高速计数器传送指令格式如表 9-16 所示。

表 9-16 高速计数器传送指令格式

指令名称与功能号	指令符号	指令形式与功能说明	操作数		
			S（32 位）	D（32 位）	n（16 位）
高速计数器传送（FNC189）	(D)HCMOV	HCMOV S D n 将 S 计数器的当前计数值传送给 D，n 值决定传送时是否清除 S 的当前计数值，n=0 不清除，n=1 清除	高速计数器：C235～C255 环形计数器：D8099、D8398	D、R	K、H

（2）使用说明

高速计数器传送指令的使用如图 9-12 所示。当 X010 触点闭合时，DHCMOV 指令执行，将高速计数器 C235 的当前计数值传送到 D1、D0，传送时不清除 C236 的当前值（K0：不清除当前值；K1：清除当前值）。如果 D1、D0 中的数值（C235 的当前计数值）大于或等于 500，则驱动线圈 Y000 得电（即 Y000 为 ON）。

图 9-12 高速计数器传送指令的使用

9.4 数据块处理类指令

9.4.1 指令一览表

数据块处理类指令有 8 条，各指令的功能号、符号、形式、名称和支持的 PLC 系列如表 9-17 所示。

表 9-17 数据块处理类指令

功能号	指令符号	指令形式	指令名称	支持的 PLC 系列								
				FS_{3S}	FS_{3G}	FX_{3GC}	FX_{3U}	FX_{3UC}	FX_{1S}	FX_{1N}	FX_{1NC}	FX_{2N}	FX_{2NC}
FNC192	BK+	BK+ S1 S2 D n	数据块的加法运算	—	—	○	○	—	—	—	—	—
FNC193	BK-	BK- S1 S2 D n	数据块的减法运算	—	—	○	○	—	—	—	—	—

(续表)

功能号	指令符号	指令形式	指令名称	支持的 PLC 系列								
				FS3S	FS3G	FX3GC	FX3U	FX3UC	FX1S	FX1N	FX1NC	FX2N	FX2NC
FNC194	BKCMP=	⊣⊢[BKCMP= S1 S2 D n]	数据块比较 S1=S2	—	—	—	○	○	—	—	—	—	—
FNC195	BKCMP>	⊣⊢[BKCMP> S1 S2 D n]	数据块比较 S1>S2	—	—	—	○	○	—	—	—	—	—
FNC196	BKCMP<	⊣⊢[BKCMP< S1 S2 D n]	数据块比较 S1<S2	—	—	—	○	○	—	—	—	—	—
FNC197	BKCMP<>	⊣⊢[BKCMP<> S1 S2 D n]	数据块比较 S1≠S2	—	—	—	○	○	—	—	—	—	—
FNC198	BKCMP<=	⊣⊢[BKCMP<= S1 S2 D n]	数据块比较 S1≤S2	—	—	—	○	○	—	—	—	—	—
FNC199	BKCMP>=	⊣⊢[BKCMP>= S1 S2 D n]	数据块比较 S1≥S2	—	—	—	○	○	—	—	—	—	—

9.4.2 指令精解（FNC192～FNC199）

1. 数据块的加法运算指令

（1）指令格式

数据块的加法运算指令格式如表 9-18 所示。

表 9-18 数据块的加法运算指令格式

指令名称与功能号	指令符号	指令形式与功能说明	操作数（16/32 位）			
			S1	S2	D	n
数据块的加法运算（FNC192）	(D) BK+ (P)	⊣⊢[BK+ S1 S2 D n] 将 S1 为起始的 n 个元件中的数据分别与 S2 为起始的 n 个元件中的数据相加，结果分别存入 D 为起始的 n 个元件中	T、C、D、R、变址修饰	K、H、T、C、D、R、变址修饰	T、C、D、R、变址修饰	K、H、D、R

（2）使用说明

数据块的加法运算指令的使用如图 9-13 所示。当 X020 触点闭合时，BK+ 指令执行，将 D100 为起始的 4 个元件（D100～D103）中的数据分别与 D150 为起始的 4 个元件（D150～D153）中的数据相加,结果分别存入 D200 为起始的 4 个元件（D200～D203）中。

图 9-13 数据块的加法运算指令的使用

2. 数据块的减法运算指令

（1）指令格式

数据块的减法运算指令格式如表 9-19 所示。

表 9-19　数据块的减法运算指令格式

指令名称与功能号	指令符号	指令形式与功能说明	操作数（16/32 位）			
			S1	S2	D	n
数据块的减法运算（FNC193）	(D)BK-(P)	⊢⊢─[BK- | S1 | S2 | D | n]　将 S1 为起始的 n 个元件中的数据分别与 S2 为起始的 n 个元件中的数据相减，结果分别存入 D 为起始的 n 个元件中	T、C、D、R、变址修饰	K、H、T、C、D、R、变址修饰	T、C、D、R、变址修饰	K、H、D、R

（2）使用说明

数据块的减法运算指令的使用如图 9-14 所示。当 X010 触点闭合时，BK-P 指令执行，将 D100 为起始的 3 个（D10=3）元件中的数据分别与常数 8765 相减，结果分别存入 D200 为起始的 3 个（D10=3）元件中。

图 9-14　数据块的减法运算指令的使用

3. 数据块比较类指令

（1）指令格式

数据块比较类指令格式如表 9-20 所示。

表 9-20　数据块比较类指令格式

指令名称与功能号	指令符号	指令形式与功能说明	操作数（S1、S2、n 均为 16/32 位，D 为位型）			
			S1	S2	D	n
数据块比较 S1=S2（FNC194）	(D)BKCMP=(P)	⊢⊢─[BKCMP= | S1 | S2 | D | n]　将 S1 为起始的 n 个元件数据与 S2 为起始的 n 个元件数据一一对应比较，若 S1 某个元件数据 =S2 对应元件数据，则将 D 对应元件置 ON	K、H、T、C、D、R、变址修饰	T、C、D、R、变址修饰	Y、M、S、D□.b、变址修饰	K、H、D、R
数据块比较 S1>S2（FNC195）	(D)BKCMP>(P)	⊢⊢─[BKCMP> | S1 | S2 | D | n]　将 S1 为起始的 n 个元件数据与 S2 为起始的 n 个元件数据一一对应比较，若 S1 某个元件数据 >S2 对应元件数据，则将 D 对应元件置 ON				

(续表)

指令名称与功能号	指令符号	指令形式与功能说明	操作数（S1、S2、n 均为 16/32 位，D 为位型）			
			S1	S2	D	n
数据块比较 S1 < S2 (FNC196)	(D) BKCMP< (P)	⊢⊢ BKCMP< S1 S2 D n 将 S1 为起始的 n 个元件数据与 S2 为起始的 n 个元件数据一一对应比较，若 S1 某个元件数据 < S2 对应元件数据，则将 D 对应元件置 ON	K、H、T、C、D、R、变址修饰	T、C、D、R、变址修饰	Y、M、S、D□.b、变址修饰	K、H、D、R
数据块比较 S1 ≠ S2 (FNC197)	(D) BKCMP<> (P)	⊢⊢ BKCMP<> S1 S2 D n 将 S1 为起始的 n 个元件数据与 S2 为起始的 n 个元件数据一一对应比较，若 S1 某个元件数据 ≠ S2 对应元件数据，则将 D 对应元件置 ON				
数据块比较 S1 ≤ S2 (FNC198)	(D) BKCMP<= (P)	⊢⊢ BKCMP<= S1 S2 D n 将 S1 为起始的 n 个元件数据与 S2 为起始的 n 个元件数据一一对应比较，若 S1 某个元件数据 ≤ S2 对应元件数据，则将 D 对应元件置 ON				
数据块比较 S1 ≥ S2 (FNC199)	(D) BKCMP>= (P)	⊢⊢ BKCMP>= S1 S2 D n 将 S1 为起始的 n 个元件数据与 S2 为起始的 n 个元件数据一一对应比较，若 S1 某个元件数据 ≥ S2 对应元件数据，则将 D 对应元件置 ON				

（2）使用说明

数据块比较类指令的使用如图 9-15 所示。在图 9-15（a）中，当 X020 触点闭合时，BKCMP= 指令执行，将 D100 ～ D103 四个元件中的数据与 D200 ～ D203 四个元件中的数据一一对应比较，若某两个对应元件的数据相等，则让 M10 ～ M13 中对应的元件置

(a) 数据块比较类指令使用一

图 9-15 数据块比较类指令的使用

(b) 数据块比较类指令使用二

图 9-15 数据块比较类指令的使用（续）

ON。因为 D101 中的数据为 2000，其对应比较元件 D201 中的数据也为 2000，两者相等，则两者对应的比较结果元件 M11 被置 ON，M11 常开触点闭合，Y001 线圈得电（即 Y001 置 ON）。如果 D100～D103 与 D200～D203 比较结果使 M10～M13 全部为 ON，则块比较信号特殊继电器 M8090=1，M8090 常开触点闭合，Y000 线圈得电。

在图 9-15（b）中，当 X010 触点闭合时，BKCMP<> 指令执行，将常数 1000 逐个与 D10～D13 四个元件中的数据进行比较，若与某个元件的数据不相等，则将 D0.4～D0.7 (D0 的第 4～7 位) 中对应位置 ON。因为 D10、D13 中的数据与 1000 不相等，故 D0.4 位和 D0.7 位被置 ON。

9.5 字符串控制类指令

9.5.1 指令一览表

字符串控制类指令有 10 条，各指令的功能号、符号、形式、名称和支持的 PLC 系列如表 9-21 所示。

表 9-21 字符串控制类指令

功能号	指令符号	指令形式	指令名称	支持的 PLC 系列								
				FX_{3S}	FX_{3G}	FX_{3GC}	FX_{3U}	FX_{3UC}	FX_{1S}	FX_{1N}	FX_{1NC}	FX_{2N}	FX_{2NC}
FNC200	STR	─┤├─[STR S1 S2 D]─	BIN→字符串的转换	—	—	—	○	○	—	—	—	—	—
FNC201	VAL	─┤├─[VAL S D1 D2]─	字符串→BIN 的转换	—	—	—	○	○	—	—	—	—	—
FNC202	$+	─┤├─[$+ S1 S2 D]─	字符串的结合	—	—	—	○	○	—	—	—	—	—
FNC203	LEN	─┤├─[LEN S D]─	检测字符串长度	—	—	—	○	○	—	—	—	—	—
FNC204	RIGHT	─┤├─[RIGHT S D n]─	从字符串的右侧开始取出	—	—	—	○	○	—	—	—	—	—
FNC205	LEFT	─┤├─[LEFT S D n]─	从字符串的左侧开始取出	—	—	—	○	○	—	—	—	—	—
FNC206	MIDR	─┤├─[MIDR S1 D S2]─	从字符串任意位置取出	—	—	—	○	○	—	—	—	—	—

271

（续表）

功能号	指令符号	指令形式	指令名称	支持的 PLC 系列								
				FX$_{3S}$	FX$_{3G}$	FX$_{3GC}$	FX$_{3U}$	FX$_{3UC}$	FX$_{1S}$	FX$_{1N}$	FX$_{1NC}$	FX$_{2N}$/FX$_{2NC}$
FNC207	MIDW	⊢⊢ MIDW S1 D S2	从字符串任意位置替换	—	—	—	○	○	—	—	—	—
FNC208	INSTR	⊢⊢ INSTR S1 S2 D n	字符串的检索	—	—	—	○	○	—	—	—	—
FNC209	$MOV	⊢⊢ $MOV S D	字符串的传送	—	—	—	○	○	—	—	—	—

9.5.2 指令精解（FNC200～FNC209）

1. BIN（二进制数）→字符串的转换指令

（1）指令格式

BIN→字符串的转换指令格式如表9-22所示。

表 9-22 BIN→字符串的转换指令格式

指令名称与功能号	指令符号	指令形式与功能说明	操 作 数		
			S1（16 位）	S2（16/32 位）	D（字符串）
BIN→字符串的转换（FNC200）	（D）STR（P）	⊢⊢ STR S1 S2 D 将 S2 中的 BIN 数据转换成字符串，转换的位数由 S1 设定，S1 设定总位数，S1+1 设定小数部分的位数，转换得到的字符串存入 D 为起始的连续元件中	T、C、D、R、变址修饰	K、H、KnX、KnY、KnM、KnS、T、C、D、R、V、Z、变址修饰	T、C、D、R、变址修饰

（2）使用说明

BIN→字符串的转换指令的使用如图9-16所示。当X000触点闭合时，先从上往下依

图 9-16 BIN→字符串的转换指令的使用

次执行 3 个 MOVP 指令，第 1 个 MOVP 指令将要转换的数据 12672 传送给 D10；第 2 个 MOVP 指令将 6 传送给 D0，把要转换的所有位数设为 6；第 3 个 MOVP 指令将 0 传送给 D1，把要转换的小数位数（即小数点右边的位数）设为 0。然后 STRP 指令执行，将 D10 数据（12672）的 D0（6）个位转换成字符串（一个字符的 ASCII 码占 8 位），小数部分不转换（因为 D1=0），转换成的字符串按低字节→高字节的顺序存放在 D20～D22 中。若符号位为正，转换成的字符串为空格（空格的 ASCII 码为 20H），字符串之后的一个字节或一个字自动写入 00H 或 0000H 中，表示字符串结束。

2. 字符串→BIN（二进制数）的转换指令

（1）指令格式

字符串→BIN 的转换指令格式如表 9-23 所示。

表 9-23 字符串→BIN 的转换指令格式

指令名称与功能号	指令符号	指令形式与功能说明	操作数	
			S（字符串）、D1（16 位）	D2（16/32 位）
字符串→BIN 的转换（FNC201）	(D) VAL (P)	─┤├──[VAL S D1 D2]─ 将 S1 为起始的连续元件中的字符串转换成 BIN 数（二进制数），转换的总位数由 D1 值决定，转换的小数点部分位数由 D1+1 值决定，转换得到的 BIN 数存入 D2 中	T、C、D、R、变址修饰	KnY、KnM、KnS、T、C、D、R、变址修饰

（2）使用说明

字符串→BIN 的转换指令的使用如图 9-17 所示。当 X000 触点闭合时，VALP 指令执行，将 D20 为起始的连续元件中的字符串转换成 BIN 数（二进制数），转换的总位数由 D10 值决定，转换的小数点部分位数由 D11 值决定，转换得到的 BIN 数存入 D0 中。

图 9-17 字符串→BIN 的转换指令的使用

3. 字符串的结合指令

（1）指令格式

字符串的结合指令格式如表 9-24 所示。

表 9-24 字符串的结合指令格式

指令名称与功能号	指令符号	指令形式与功能说明	操作数（字符串）	
			S1、S2	D
字符串的结合（FNC202）	$+（P）	⊣⊢—[$+ S1 S2 D]— 将 S1 为起始的字符串与 S2 为起始的字符串结合起来，存在 D 为起始的连续元件中	KnX、KnY、KnM、KnS、T、C、D、R、变址修饰	KnY、KnM、KnS、T、C、D、R、变址修饰

（2）使用说明

字符串的结合指令的使用如图 9-18 所示。当 X000 触点闭合时，$+ 指令执行，将 D10 为起始的连续元件中的字符串与字符串"ABCD"结合起来，存在 D100 为起始的连续元件中。00H 表示字符串结束。

图 9-18 字符串的结合指令的使用

4. 检测字符串长度指令

（1）指令格式

检测字符串长度指令格式如表 9-25 所示。

表 9-25 检测字符串长度指令格式

指令名称与功能号	指令符号	指令形式与功能说明	操 作 数	
			S（字符串）	D（16 位）
检测字符串长度（FNC203）	LEN（P）	⊣⊢—[LEN S D]— 检测 S 为起始的字符串的字符个数（检测到 00H 表示字符串结束，将字符串的字符个数值存入 D 中	KnX、KnY、KnM、KnS、T、C、D、R、变址修饰	KnY、KnM、KnS、T、C、D、R、变址修饰

（2）使用说明

检测字符串长度指令的使用如图 9-19 所示。当 X000 触点闭合时，LEN 指令执行，检测 D0 为起始的连续元件中字符串的字符个数（检测到 00H 表示字符串结束），将字符串的字符个数值存入 D10 中。

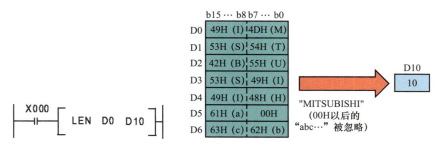

图 9-19 检测字符串长度指令的使用

5．从字符串的右侧开始取出指令

（1）指令格式

从字符串的右侧开始取出指令格式如表 9-26 所示。

表 9-26 从字符串的右侧开始取出指令格式

指令名称与功能号	指令符号	指令形式与功能说明	操作数		
			S（字符串）	D（16 位）	n（16 位）
从字符串的右侧开始取出（FNC204）	RIGHT（P）	⊢⊣ RIGHT S D n 从 S 为起始的连续元件中的字符串结束字节（00H）起，往前取出 n 个字符（即 n 个字符的 ASCII 码），存放到 D 为起始的连续元件中	KnX、KnY、KnM、KnS、T、C、D、R、变址修饰	KnY、KnM、KnS、T、C、D、R、变址修饰	K、H、D、R

（2）使用说明

从字符串的右侧开始取出指令的使用如图 9-20 所示。当 X000 触点闭合时，RIGHTP 指令执行，从 R0（扩展寄存器）为起始的连续元件中的字符串结束字节（00H）起，往前取出 4 个字符（即 4 个字符的 ASCII 码），存放到 D0 为起始的连续元件中。

图 9-20 从字符串的右侧开始取出指令的使用

6．从字符串的左侧开始取出指令

（1）指令格式

从字符串的左侧开始取出指令格式如表 9-27 所示。

表 9-27　从字符串的左侧开始取出指令格式

指令名称与功能号	指令符号	指令形式与功能说明	操作数		
			S（字符串）	D（16位）	n（16位）
从字符串的左侧开始取出（FNC205）	LEFT（P）	![LEFT S D n] 从 S 为起始的连续元件中的字符串首个字符开始，往后取出 n 个字符（即 n 个字符的 ASCII 码），存放到 D 为起始的连续元件中	KnX、KnY、KnM、KnS、T、C、D、R、变址修饰	KnY、KnM、KnS、T、C、D、R、变址修饰	K、H、D、R

（2）使用说明

从字符串的左侧开始取出指令的使用如图 9-21 所示。当 X010 触点闭合时，LEFTP 指令执行，从 D100 为起始的连续元件中的字符串首个字符开始，往后取出 D0 个字符，存放到 R10 为起始的连续元件中。

图 9-21　从字符串的左侧开始取出指令的使用

7．从字符串任意位置取出指令

（1）指令格式

从字符串任意位置取出指令格式如表 9-28 所示。

表 9-28　从字符串任意位置取出指令格式

指令名称与功能号	指令符号	指令形式与功能说明	操作数		
			S1（字符串）	D（字符串）	S2（16位）
从字符串任意位置取出（FNC206）	MIDR（P）	![MIDR S1 D S2] 从 S1 为起始的连续元件中的字符串第 S2 个字符开始，往后取出 S2+1 个字符，存放到 D 为起始的连续元件中	KnX、KnY、KnM、KnS、T、C、D、R、变址修饰	KnY、KnM、KnS、T、C、D、R、变址修饰	KnX、KnY、KnM、KnS、T、C、D、R、变址修饰

（2）使用说明

从字符串任意位置取出指令的使用如图 9-22 所示。当 X000 触点闭合时，MIDRP 指令执行，从 D10 为起始的连续元件中的字符串第 R0 个字符开始，往后取出 R1 个字符，存放到 D0 为起始的连续元件中。

图 9-22 从字符串任意位置取出指令的使用

8．从字符串任意位置替换指令

（1）指令格式

从字符串任意位置替换指令格式如表 9-29 所示。

表 9-29 从字符串任意位置替换指令格式

指令名称与功能号	指令符号	指令形式与功能说明	操 作 数		
			S1（字符串）	D（字符串）	S2（16 位）
从字符串任意位置替换（FNC207）	MIDW(P)	⊣⊢─[MIDW S1 D S2]─ 从 S1 为起始的连续元件中的字符串首个字符开始，往后取出 S2+1 个字符，存放到 D 为起始的第 S2 及之后的元件中	KnX、KnY、KnM、KnS、T、C、D、R、变址修饰	KnY、KnM、KnS、T、C、D、R、变址修饰	KnX、KnY、KnM、KnS、T、C、D、R、变址修饰

（2）使用说明

从字符串任意位置替换指令的使用如图 9-23 所示。当 X010 触点闭合时，MIDWP 指

图 9-23 从字符串任意位置替换指令的使用

277

令执行，从 D0 为起始的连续元件中的字符串首个字符开始，往后取出 R1 个字符，存放到 D100 为起始的第 R0 及之后的元件中。

9．字符串的检索指令

（1）指令格式

字符串的检索指令格式如表 9-30 所示。

表 9-30　字符串的检索指令格式

指令名称与功能号	指令符号	指令形式与功能说明	操作数		
			S1、S2（均为字符串）、D（16 位）		n（16 位）
字符串的检索（FNC208）	INSTR(P)	⊢⊣ INSTR S1 S2 D n 从 S2 为起始的连续元件中的字符串第 n 个字符开始检索，检索与 S1 为起始的连续元件中相同的字符串，将相同字符串的首个字符的位置号存入 D 中	T、C、D、R、变址修饰		K、H、D、R

（2）使用说明

字符串的检索指令的使用如图 9-24 所示。当 X000 触点闭合时，INSTR 指令执行，从 R0 为起始的连续元件中的字符串第 3 个字符开始检索，检索与 D0 为起始的连续元件中相同的字符串，将相同字符串的首个字符的位置号存入 D100 中。

图 9-24　字符串的检索指令的使用

10．字符串的传送指令

（1）指令格式

字符串的传送指令格式如表 9-31 所示。

表 9-31　字符串的传送指令格式

指令名称与功能号	指令符号	指令形式与功能说明	操作数	
			S（字符串）	D（字符串）
字符串的传送（FNC209）	$MOV(P)	⊢⊣ $MOV S D 将 S 为起始的连续元件中的字符串传送给 D 为起始的连续元件中	KnX、KnY、KnM、KnS、T、C、D、R、变址修饰（最多 32 个字符）	KnY、KnM、KnS、T、C、D、R、变址修饰

(2) 使用说明

字符串的传送指令的使用如图 9-25 所示。当 X000 触点闭合时，$MOV 指令执行，将 D10 为起始的连续元件中的字符串传送给 D20 为起始的连续元件中。

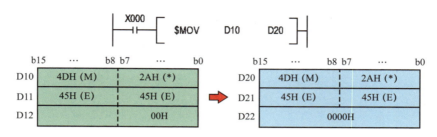

图 9-25　字符串的传送指令的使用

9.6　数据表处理类指令

9.6.1　指令一览表

数据表处理类指令有 7 条，各指令的功能号、符号、形式、名称和支持的 PLC 系列如表 9-32 所示。

表 9-32　数据表处理类指令

功能号	指令符号	指令形式	指令名称	支持的 PLC 系列									
				FS_{3S}	FS_{3G}	FX_{3GC}	FX_{3U}	FX_{3UC}	FX_{1S}	FX_{1N}	FX_{1NC}	FX_{2N}	FX_{2NC}
FNC256	LIMIT	⊢⊣ [LIMIT S1 S2 S3 D]	上下限位控制	—	—	—	○	○	—	—	—	—	—
FNC257	RAND	⊢⊣ [BAND S1 S2 S3 D]	死区控制	—	—	—	○	○	—	—	—	—	—
FNC258	ZONE	⊢⊣ [ZONE S1 S2 S3 D]	区域控制	—	—	—	○	○	—	—	—	—	—
FNC259	SCL	⊢⊣ [SCL S1 S2 D]	定坐标	—	—	—	○	○	—	—	—	—	—
FNC260	DABIN	⊢⊣ [DABIN S D]	十进制 ASCII → BIN 的转换	—	—	—	○	○	—	—	—	—	—
FNC261	BINDA	⊢⊣ [BINDA S D]	BIN → 十进制 ASCII 的转换	—	—	—	○	○	—	—	—	—	—
FNC269	SCL2	⊢⊣ [SCL2 S1 S2 D]	定坐标 2	—	—	—	○	○	—	—	—	—	—

9.6.2　指令精解（FNC256 ～ FNC261、FNC269）

1. 上下限位控制指令

（1）指令格式

上下限位控制指令格式如表 9-33 所示。

表 9-33 上下限位控制指令格式

指令名称与功能号	指令符号	指令形式与功能说明	操作数（16/32 位）		
			S1、S2	S3	D
上下限位控制（FNC256）	(D)LIMIT(P)	指令执行时，若S3<S1（下限值），将 S1 传送给 D；若 S1≤S3≤S2，将 S3 传送给 D；若S3>S2（上限值），将 S2 传送给 D，即 D 值被限制在 S1～S2 范围内	K、H、KnX、KnY、KnM、KnS、T、C、D、R、变址修饰	KnX、KnY、KnM、KnS、T、C、D、R、变址修饰	KnY、KnM、KnS、T、C、D、R、变址修饰

（2）使用说明

上下限位控制指令的使用如图 9-26 所示。当 X000 触点闭合时，LIMIT 指令执行，若 D0<500，将 500 传送给 D1；若 500≤D0≤5000，将 D0 值传送给 D1；若 D0>5000，将 5000 传送给 D1。

D0<500时，500→D1
500≤D0≤5000时，D0→D1
D0>5000时，5000→D1

图 9-26 上下限位控制指令的使用

2. 死区控制指令

（1）指令格式

死区控制指令格式如表 9-34 所示。

表 9-34 死区控制指令格式

指令名称与功能号	指令符号	指令形式与功能说明	操作数（16/32 位）		
			S1、S2	S3	D
死区控制（FNC257）	(D)BAND(P)	指令执行时，若S3<S1（下限值），将 S3−S1 传送给 D；若 S1≤S3≤S2，将 0 传送给 D；若S3>S2（上限值），将 S3−S2 传送给 D	K、H、KnX、KnY、KnM、KnS、T、C、D、R、变址修饰	KnX、KnY、KnM、KnS、T、C、D、R、变址修饰	KnY、KnM、KnS、T、C、D、R、变址修饰

（2）使用说明

死区控制指令的使用如图 9-27 所示。当 X000 触点闭合时，BAND 指令执行，若 D0<−1000，将 D0−(−1000) 传送给 D1；若 −1000≤D0≤1000，将 0 传送给 D1；若 D0>1000，将 D0−1000 传送给 D1。

$D0<-1000$ 时,$D0-(-1000)\to D1$
$-1000\leq D0\leq 1000$ 时,$0\to D1$
$D0>1000$ 时,$D0-1000\to D1$

图 9-27 死区控制指令的使用

3．区域控制指令

（1）指令格式

区域控制指令格式如表 9-35 所示。

表 9-35 区域控制指令格式

指令名称 与功能号	指令 符号	指令形式与功能说明	操作数（16/32 位）		
			S1、S2	S3	D
区域控制 （FNC258）	(D) ZONE (P)	⊢⊢ ZONE S1 S2 S3 D 指令执行时，若 S3<0，将 S3+S1 传送给 D；若 S3=0，将 0 传送给 D；若 S3>0，将 S3+S2 传送给 D	K、H、KnX、KnY、KnM、KnS、T、C、D、R、变址修饰	KnX、KnY、KnM、KnS、T、C、D、R、变址修饰	KnY、KnM、KnS、T、C、D、R、变址修饰

（2）使用说明

区域控制指令的使用如图 9-28 所示。当 X000 触点闭合时，ZONEP 指令执行，若 D0<0，将 D0+（-1000）传送给 D1；若 D0=0，将 0 传送给 D1；若 D0>0，将 D0+1000 传送给 D1。

$D0<0$ 时，$D0+(-1000)\to D1$
$D0=0$ 时，$0\to D1$
$D0>0$ 时，$D0+(1000)\to D1$

图 9-28 区域控制指令的使用

4．定坐标指令

（1）指令格式

定坐标指令格式如表 9-36 所示。

表 9-36 定坐标指令格式

指令名称与 功能号	指令 符号	指令形式与功能说明	操作数（16/32 位）		
			S1	S2	D
定坐标 （FNC259）	(D) SCL (P)	⊢⊢ SCL S1 S2 D 以 S2 确定坐标点数，以 S2+1 及后续元件中的数据作为各点坐标的 X、Y 值，绘制坐标曲线，再在曲线上取坐标点 X=S1 值时的 Y 值，将 Y 值传送给 D	K、H、KnX、KnY、KnM、KnS、T、C、D、R、变址修饰	D、R、变址修饰	KnY、KnM、KnS、T、C、D、R、变址修饰

（2）使用说明

定坐标指令的使用如图 9-29 所示。PLC 运行时 M8000 触点闭合，SCL 指令执行，以 R0 值确定坐标点数，以 R1 及后续元件中的数据作为各点坐标的 X、Y 值，绘制坐标曲线，再在曲线上取坐标点 X=D0 值时的 Y 值，将 Y 值传送给 D10。若 Y 值是小数，则将小数点第 1 位采用四舍五入法转换成整数。

定坐标的数据表格

设定项目		软元件	设定内容
坐标点数		R0	K6
点1	x坐标	R1	K0
	y坐标	R2	K0
点2	x坐标	R3	K10
	y坐标	R4	K50
点3	x坐标	R5	K30
	y坐标	R6	K100
点4	x坐标	R7	K40
	y坐标	R8	K45
点5	x坐标	R9	K50
	y坐标	R10	K30
点6	x坐标	R11	K60
	y坐标	R12	K0

图 9-29　定坐标指令的使用

5. 十进制 ASCII → BIN（二进制数）的转换指令

（1）指令格式

十进制 ASCII → BIN 的转换指令格式如表 9-37 所示。

表 9-37　十进制 ASCII → BIN 的转换指令格式

指令名称与功能号	指令符号	指令形式与功能说明	操 作 数	
			S（字符串）	D（16/32 位）
十进制 ASCII → BIN 的转换（FNC260）	(D) DABIN (P)	⊢⊢─[DABIN S D]─ 将 S 为起始的 3 个或 6 个（32 位操作时）连续元件中的十进制数的 ASCII 码转换成 BIN 数（二进制数），保存到 D 中	T、C、D、R、变址修饰	KnY、KnM、KnS、T、C、D、R、V、Z、变址修饰

（2）使用说明

十进制 ASCII → BIN 的转换指令的使用如图 9-30 所示。当 X000 触点闭合时，DABINP 指令执行，将 D20 为起始的 3 个连续元件中的十进制数的 ASCII 码转换成 BIN 数（二进制数），保存到 D0 中。

十进制 ASCII 码即 0～9 的 ASCII 码（30H～39H），符号位为正号时用 20H（空格的 ASCII 码）表示，负号用 2DH（- 的 ASCII 码），其他位的 20H（空格）、00H（NULL，空）做 30H（0）处理。

图 9-30　十进制 ASCII → BIN 的转换指令的使用

6．BIN（二进制数）→十进制 ASCII 的转换指令

（1）指令格式

BIN →十进制 ASCII 的转换指令格式如表 9-38 所示。

表 9-38　BIN →十进制 ASCII 的转换指令格式

指令名称与功能号	指令符号	指令形式与功能说明	操　作　数	
			S（16/32 位）	D（字符串）
BIN →十进制 ASCII 的转换（FNC261）	(D)BINDA(P)	将 S 中的 BIN 数（二进制数）转换成十进制 ASCII 码，保存到 D 为起始的连续元件中	KnX、KnY、KnM、KnS、T、C、D、R、V、Z、变址修饰	T、C、D、R、变址修饰

（2）使用说明

BIN →十进制 ASCII 的转换指令的使用如图 9-31 所示。当 X000 触点闭合时，BINDAP 指令执行，将 D1000 中的 BIN 数（二进制数）转换成十进制 ASCII 码，保存到 D0 为起始的连续元件中。

十进制 ASCII 码即 0～9 的 ASCII 码（30H～39H），符号位为正号时用 20H（空格的 ASCII 码）表示，负号用 2DH（- 的 ASCII 码），有效位数左边的 "0"（或空）用 20H（空格）补充。若 M8091=0（默认），则在字符串之后加 0000H；若 M8091=1，则在字符串之后不做处理。

图 9-31　BIN →十进制 ASCII 的转换指令的使用

7．定坐标 2 指令

（1）指令格式

定坐标 2 指令格式如表 9-39 所示。

表 9-39 定坐标 2 指令格式

指令名称 与功能号	指令 符号	指令形式与功能说明	操作数（16/32 位）		
			S1	S2	D
定坐标 2 （FNC269）	(D) SCL2 (P)	┤├─[SCL2 S1 S2 D] 以 S2 值确定定坐标点数，以 S2+1 及后续元件中的数据作为各点坐标的 X、Y 值，绘制坐标曲线，再在曲线上取坐标点 X=S1 值时的 Y 值，将 Y 值传送给 D	K、H、KnX、KnY、KnM、KnS、T、C、D、R、变址修饰	D、R、变址修饰	KnY、KnM、KnS、T、C、D、R、变址修饰

（2）使用说明

定坐标 2 指令的使用如图 9-32 所示。PLC 运行时 M8000 触点闭合，SCL2 指令执行，以 R0 值确定坐标点数，以 R1 及后续元件中的数据确定各点坐标的 X、Y 值，绘制坐标曲线，再在曲线上取坐标点 X=D0 值时的 Y 值，将 Y 值传送给 D10。若 Y 值是小数，则将小数点第 1 位采用四舍五入法转换成整数。

SCL2 与 SCL 指令都是定坐标指令，两者的区别在于定坐标的表格数据结构不同，具体可查看和对比图 9-32 中两个指令定坐标的数据表格的规律。

图 9-32 定坐标 2 指令的使用

9.7 外部设备（变频器）通信类指令

9.7.1 指令一览表

外部设备（变频器）通信类指令有 6 条，各指令的功能号、符号、形式、名称和支持的 PLC 系列如表 9-40 所示。

表 9-40　外部设备（变频器）通信类指令

功能号	指令符号	指令形式	指令名称	支持的 PLC 系列									
				FS$_{3S}$	FS$_{3G}$	FX$_{3GC}$	FX$_{3U}$	FX$_{3UC}$	FX$_{1S}$	FX$_{1N}$	FX$_{1NC}$	FX$_{2N}$	FX$_{2NC}$
FNC270	IVCK	⊢⊣ IVCK S1 S2 D n	变频器的运行监视	○	○	○	○	○	—	—	—	—	—
FNC271	IVDR	⊢⊣ IVDR S1 S2 S3 n	变频器的运行控制	○	○	○	○	○	—	—	—	—	—
FNC272	IVRD	⊢⊣ IVRD S1 S2 D n	读取变频器的参数	○	○	○	○	○	—	—	—	—	—
FNC273	IVWR	⊢⊣ IVWR S1 S2 S3 n	写入变频器的参数	○	○	○	○	○	—	—	—	—	—
FNC274	IVBWR	⊢⊣ IVBWR S1 S2 S3 n	成批写入变频器的参数	—	—	○	○	○	—	—	—	—	—
FNC275	IVMC	⊢⊣ IVMC S1 S2 S3 D n	变频器的多个命令	○	○	○	○	○	—	—	—	—	—

9.7.2　指令精解（FNC270～FNC275）

1. 变频器的运行监视指令

（1）指令格式

变频器的运行监视指令格式如表 9-41 所示。

表 9-41　变频器的运行监视指令格式

指令名称与功能号	指令符号	指令形式与功能说明	操作数（16 位）		
			S1、S2	D	n
变频器的运行监视（FNC270）	IVCK	⊢⊣ IVCK S1 S2 D n 从 PLC n 号通信口连接的站号为 S1 的变频器读取其运行状态数据，读取的内容由 S2 中的指令代码规定，指令代码功能见表 9-42	K、H、D、R、变址修饰（S1=0～31）	KnY、KnM、KnS、D、R、变址修饰	K、H（n=1 或 2，FX$_{3S}$ 和 14、24 点 FX$_{3G}$ 不能使用 2）

表 9-42　IVCK 指令的 S2 指令代码及功能

指令代码	控制内容	适用的变频器							
		F700	A700	E700	D700	V500	F500	A500	E500	S500
H7B	运行模式	○	○	○	○	○	○	○	○	○
H6F	输出频率［速度］	○	○	○	○	○*1	○	○	○	○
H70	输出电流	○	○	○	○	○	○	○	○	○
H71	输出电压	○	○	○	○	○	○	○	○	—
H72	特殊监控	○	○	○	○	○	○	○	—	—
H73	特殊监控选择号	○	○	○	○	○	○	○	—	—
H74	故障内容	○	○	○	○	○	○	○	○	○
H75		○	○	○	○	○	○	○	○	○
H76		○	○	○	○	○	○	○	○	—

(续表)

指令代码	控制内容	适用的变频器								
		F700	A700	E700	D700	V500	F500	A500	E500	S500
H77	故障内容	○	○	○	○	○	○	○	○	—
H79	变频器状态监控（扩展）	○	○	○	○	—	—	—	—	—
H7A	变频器状态监控	○	○	○	○	○	○	○	○	○
H6E	读取设定频率（EEPROM）	○	○	○	○	○ *1	○	○	○	○
H6D	读取设定频率（RAM）	○	○	○	○	○ *1	○	○	○	○
H7F	链接参数的扩展设定	在本指令中，不能用 给出指令。在 IVRD 指令中，通过指定［第 2 参数指定代码］会自动处理								
H6C	第 2 参数的切换									

注：*1 进行频率读出时，请在执行 IVCK 指令前向指令代码 HFF（链接参数的扩展设定）中写入 "0"，没有写入 "0" 时，频率可能无法正常读出。

（2）使用说明

变频器的运行监视指令的使用如图 9-33 所示。当 M10 触点闭合时，IVCK 指令执行，按指令代码 H6F 的要求，从与 PLC 通信口 1 连接的 3 号变频器读取其输出频率，并将频率值保存到 D10 中。

```
        S1   S2   D    n
 M10 ┌──────────────────────┐
──┤├─│ IVCK  K3  H6F  D10  K1│
     └──────────────────────┘
```

图 9-33 变频器的运行监视指令的使用

2. 变频器的运行控制指令

（1）指令格式

变频器的运行控制指令格式如表 9-43 所示。

表 9-43 变频器的运行控制指令格式

指令名称与功能号	指令符号	指令形式与功能说明	操作数（16 位）		
			S1、S2	S3	n
变频器的运行控制（FNC271）	IVDR	─┤├─ IVDR S1 S2 S3 n 根据 S2 的指令代码，将 S3 作为控制值写入与 PLC n 号通信口连接的站号为 S1 的变频器中，控制变频器的运行。S2 的指定代码功能见表 9-44	K、H、D、R、变址修饰（S1=0～31）	K、H、KnX、KnY、KnM、KnS、D、R、变址修饰	K、H（n=1 或 2，FX$_{3S}$ 和 14、24 点 FX$_{3G}$ 不能使用 2）

表 9-44 IVDR 指令的 S2 指令代码及功能

指令代码	控制内容	适用的变频器								
		F700	A700	E700	D700	V500	F500	A500	E500	S500
HFB	运行模式	○	○	○	○	○	○	○	○	○
HF3	特殊监示的选择号	○	○	○	○	○	○	○	—	—

指令代码	控制内容	适用的变频器								
		F700	A700	E700	D700	V500	F500	A500	E500	S500
HF9	运行指令（扩展）	○	○	○	○	—	—	—	—	—
HFA	运行指令	○	○	○	○	○	○	○	○	○
HEE	写入设定频率（EEPROM）	○	○	○	○	○*3	○	○	○	○
HED	写入设定频率（RAM）	○	○	○	○	○*3	○	○	○	○
HFD*1	变频器复位*2									
HF4	故障内容的成批清除	○	○	○	○	—	○	○	○	○
HFC	参数的全部清除	○	○	○	○	○	○	○	○	○
HFC	用户清除	○	○	○	○	—	○	○	—	—
HFF	链接参数的扩展设定	○	○	○	○	○	○	○	○	○

注：*1 由于变频器不会对指令代码 HFD（变频器复位）给出响应，所以即使对没有连接变频器的站号执行变频器复位，也不会报错。此外，变频器的复位到指令执行结束需要 2.2s。

*2 进行变频器复位时，请在 IVDR 指令的操作数 S3 中指定 H9696。请不要使用 H9966。

*3 进行频率读出时，请在执行 IVDR 指令前向指令代码 HFF（链接参数的扩展设定）中写入 "0"，没有写入 "0" 时，频率可能无法正常读出。

（2）使用说明

变频器的运行控制指令的使用如图 9-34 所示。当 M10 触点闭合时，IVDR 指令执行，根据指令代码 HFA 的功能，将 D100 中的数据作为控制值写入与 PLC 1 号通信口连接的站号为 3 的变频器中，控制变频器的运行。

图 9-34　变频器的运行控制指令的使用

3．读取变频器的参数指令

（1）指令格式

读取变频器的参数指令格式如表 9-45 所示。

表 9-45　读取变频器的参数指令格式

指令名称 与功能号	指令 符号	指令形式与功能说明	操作数（16 位）		
			S1、S2	D	n
读取变频 器的参数 （FNC272）	IVRD	IVRD S1 S2 D n 从 PLC n 号通信口连接的站号为 S1 的变频器中读取 S2 号参数的参数值，参数值保存到 D 中	K、H、D、R、 变址修饰 (S1=0～31)	D、R、 变址修饰	K、H (n=1 或 2，FX_{3S} 和 14、24 点 FX_{3G} 不能使用 2)

（2）使用说明

读取变频器的参数指令的使用如图 9-35 所示。当 M10 触点闭合时，IVRD 指令执行，从与PLC通信口1连接的3号变频器读取7号参数的参数值,并将参数值保存到D100中。

```
     M10        S1   S2    D    n
──┤├──┤ IVRD   K3   K7   D100  K1 ├
```

图 9-35　读取变频器的参数指令的使用

4．写入变频器的参数指令

（1）指令格式

写入变频器的参数指令格式如表 9-46 所示。

表 9-46　写入变频器的参数指令格式

指令名称 与功能号	指令 符号	指令形式与功能说明	操作数（16 位）	
			S1、S2、S3	n
写入变频器的参数 (FNC273)	IVWR	─┤├─[IVWR S1 S2 S3 n] 将 S3 中的数据作为参数值，传送给 PLC n 号通信口连接的 S1 号变频器的 S2 号参数	K、H、D、R、 变址修饰 (S1=0～31)	K、H (n=1 或 2，FX₃ₛ 和 14、24 点 FX₃ₐ 不能使用 2)

（2）使用说明

写入变频器的参数指令的使用如图 9-36 所示。当 M10 触点闭合时，IVWR 指令执行，将 D100 中的数据作为参数值，传送给 PLC 通信口1连接的3号变频器的7号参数。

```
     M10        S1   S2    S3    n
──┤├──┤ IVWR   K3   K7   D100  K1 ├
```

图 9-36　写入变频器的参数指令的使用

5．成批写入变频器的参数指令

（1）指令格式

成批写入变频器的参数指令格式如表 9-47 所示。

表 9-47　成批写入变频器的参数指令格式

指令名称 与功能号	指令 符号	指令形式与功能说明	操作数（16 位）		
			S1、S2	S3	n
成批写入变频器的参数 (FNC274)	IVBWR	─┤├─[IVBWR S1 S2 S3 n] 在 S3 为起始的连续元件中设定 S2 个参数及参数值，再将其写入 PLC n 号通信口连接的 S1 号变频器中	K、H、D、R、 变址修饰 (S1=0～31)	D、R、 变址修饰	K、H (n=1 或 2，FX₃ₛ 和 14、24 点 FX₃ₐ 不能使用 2)

（2）使用说明

成批写入变频器的参数指令的使用如图 9-37 所示。当 M10 触点闭合时，IVBWR 指令执行，将 D100～D107 中的 4 个参数及参数值，传送给 PLC 通信口1连接的3号变频器。在 D100～D107 中，D100、D102、D104、D106 用于指定变频器的 4 个参数编号，D101、D103、D105、D107 分别用于设定这 4 个参数的参数值。

软元件	写入的参数编号及设定值	
D100	第1个	参数编号
D101		参数设定值
D102	第2个	参数编号
D103		参数设定值
D104	第3个	参数编号
D105		参数设定值
D106	第4个	参数编号
D107		参数设定值

```
        S1   S2   S3   n
M10
─┤├──[ IVBWR  K3   K4  D100  K1 ]
```

图 9-37　成批写入变频器的参数指令的使用

6．变频器的多个命令指令

（1）指令格式

变频器的多个命令指令格式如表 9-48 所示。

表 9-48　变频器的多个命令指令格式

指令名称与功能号	指令符号	指令形式与功能说明	操作数（16 位）		
			S1、S2	S3、D	n
变频器的多个命令 （FNC275）	IVMC	─┤├─[IVMC S1 S2 S3 D n] 根据 S2 指令代码定义的收发数据类型，将 S3、S3+1 中的值分别作为运行指令（扩展）和设定频率，写入 PLC n 号通信口连接的 S1 号变频器中，同时从该变频器中读取状态监控和输出频率（或特殊监控）数据，分别保存到 D 和 D+1 中	K、H、D、R、变址修饰（S1=0～31）	D、R、变址修饰	K、H（n=1 或 2，FX$_{3S}$ 和 14、24 点 FX$_{3G}$ 不能使用 2）

（2）使用说明

变频器的多个命令指令的使用如图 9-38 所示。当 M10 触点闭合时，IVMC 指令执行，根据指令代码 H0000 定义的收发数据类型，将 D10、D11 中的值分别作为运行指令（扩展）和设定频率（RAM），写入 PLC 通信口 1 连接的 3 号变频器中，同时从该变频器中读取状态监控和输出频率数据，分别保存到 D100 和 D101 中。

```
        S1   S2    S3   D   n
M10
─┤├──[ IVMC  K3  H0000  D10 D100 K1 ]
```

收发数据类型的 指令代码（S2）	发送数据（向变频器写入内容）		接收数据（从变频器读出内容）	
	数据1（S3）	数据2（S3+1）	数据1（D）	数据2（D+1）
H0000	运行指令（扩展）	设定频率（RAM）	变频器状态监控（扩展）	输出频率（转速）
H0001				特殊监控
H0010		设定频率 （RAM、EEPROM）		输出频率（转速）
H0011				特殊监控

图 9-38　变频器的多个命令指令的使用

9.8 扩展文件寄存器指令

9.8.1 指令一览表

扩展文件寄存器指令有 6 条，各指令的功能号、符号、形式、名称和支持的 PLC 系列如表 9-49 所示。

表 9-49 扩展文件寄存器指令

功能号	指令符号	指令形式	指令名称	支持的 PLC 系列								
				FS_{3S}	FS_{3G}	FX_{3GC}	FX_{3U}	FX_{3UC}	FX_{1S}	FX_{1N}	FX_{1NC}	FX_{2N}	FX_{2NC}
FNC290	LOADR	⊢⊢—[LOADR S n]	读出扩展文件寄存器	—	○	○	○	○	—	—	—	—	—
FNC291	SAVER	⊢⊢—[SAVER S n D]	成批写入扩展文件寄存器	—	—	—	○	○	—	—	—	—	—
FNC292	INITR	⊢⊢—[INITR S n]	扩展寄存器的初始化	—	—	—	○	○	—	—	—	—	—
FNC293	LOGR	⊢⊢—[LOGR S m D1 n D2]	登录到扩展寄存器	—	—	—	○	○	—	—	—	—	—
FNC294	RWER	⊢⊢—[RWER S n]	扩展文件寄存器的删除/写入	—	○	○	○	○	—	—	—	—	—
FNC295	INITER	⊢⊢—[INITER S n]	扩展文件寄存器的初始化	—	—	—	○	○	—	—	—	—	—

9.8.2 指令精解（FNC290～FNC295）

1. 读出扩展文件寄存器指令

（1）指令格式

读出扩展文件寄存器指令格式如表 9-50 所示。

表 9-50 读出扩展文件寄存器指令格式

指令名称与功能号	指令符号	指令形式与功能说明	操作数（16 位）	
			S	n
读出扩展文件寄存器（FNC290）	LOADR（P）	⊢⊢—[LOADR S n] 从 PLC 安装的存储盒闪存的 n 个扩展文件寄存器 ER1～ERn 中读出数据，并传送给 PLC 内置 RAM 的扩展寄存器 R1～Rn	R、变址修饰	K、H、D（$FX_{3G/3GC}$：$1 \leqslant n \leqslant 24000$；$FX_{3U/3UC}$：$0 \leqslant n \leqslant 32767$）

（2）使用说明

读出扩展文件寄存器指令的使用如图 9-39 所示，在使用该指令时，要确保存储盒已安装到 PLC 上，扩展文件寄存器是存储盒内部闪存中的存储单元。当 M0 触点闭合时，

LOADRP 指令执行，从 PLC 安装的存储盒闪存的 4000 个扩展文件寄存器 ER1 ～ ER4000 中读出数据，并传送给 PLC 内置 RAM 的扩展寄存器 R1 ～ R4000。

图 9-39 读出扩展文件寄存器指令的使用

2. 成批写入扩展文件寄存器指令

（1）指令格式

成批写入扩展文件寄存器指令格式如表 9-51 所示。

表 9-51 成批写入扩展文件寄存器指令格式

指令名称与功能号	指令符号	指令形式与功能说明	操作数（16 位）		
			S	n	D
成批写入扩展文件寄存器（FNC291）	SAVER	⊣├─[SAVER S n D] 以每个扫描周期传送 n 点数据的方式，将 S ～ S+2047 中的数据传送给相同编号的扩展文件寄存器 ER，D 保存已传送的数据点数	R、变址修饰	K、H （1 ≤ n ≤ 2048）	D、变址修饰

（2）使用说明

成批写入扩展文件寄存器指令的使用如图 9-40 所示。

图 9-40 成批写入扩展文件寄存器指令的使用

当 X000 触点闭合时，"SET M0" 指令执行，M0 被置位，M0 常开触点闭合，SAVER 指令执行，在第 1 个扫描周期将 R0 ～ R127 共 128 个扩展寄存器的数据传送给存储盒闪存内相同编号的扩展文件寄存器 ER0 ～ ER127，D0 保存已传送的点数 128；在第 2 个扫描周期将 R128 ～ R255 的数据传送给 ER128 ～ ER255，D0 保存已传送的点数 256；第 16（即 2048/128）个扫描周期将 R1920 ～ R2047 的数据传送给 ER1920 ～ ER2047，D0 保存已传送的点数 2047。2048 点数据传送完毕，SAVER 指令执行结束，M8029 继电器置 ON，M8029 触点闭合，"RST M0" 指令执行，M0 常开触点断开，SAVER 指令不再执行。

3．扩展寄存器的初始化指令

（1）指令格式

扩展寄存器的初始化指令格式如表 9-52 所示。

表 9-52　扩展寄存器的初始化指令格式

指令名称与功能号	指令符号	指令形式与功能说明	操作数（16 位）	
			S	n
扩展寄存器的初始化（FNC292）	INITR(P)	将 S 为起始的 n 段扩展寄存器初始化，往这些寄存器中写入 HFFFF。如果 PLC 安装了存储盒，则同时将存储盒闪存中相同编号的 n 段扩展文件寄存器也初始化	R、变址修饰	K、H

（2）使用说明

扩展寄存器的初始化指令的使用如图 9-41 所示。当 X000 触点闭合时，先执行一个 WDT（FNC07）指令，将看门狗定时器复位清 0，然后执行 INITR 指令，将 R0 为起始的 1 段扩展寄存器 R0～R2047 进行初始化，这些寄存器全部被写入 HFFFF。如果 PLC 安装了存储盒，那么存储盒闪存中的扩展文件寄存器 ER0～ER2047 同时也会被初始化。INITR 指令可以一次初始化 16 段（段 0～段 15）寄存器，各段寄存器的软元件范围如图 9-41 所示。

段编号	起始软元件编号	初始化软元件范围	段编号	起始软元件编号	初始化软元件范围
段0	R0	R0～R2047、ER0～ER2047	段8	R16384	R16384～R18431、ER16384～ER18431
段1	R2048	R2048～R4095、ER2048～ER4095	段9	R18432	R18432～R20479、ER18432～ER20479
段2	R4096	R4096～R6143、ER4096～ER6143	段10	R20480	R20480～R22527、ER20480～ER22527
段3	R6144	R6144～R8191、ER6144～ER8191	段11	R22528	R22528～R24575、ER22528～ER24575
段4	R8192	R8192～R10239、ER8192～ER10239	段12	R24576	R24576～R26623、ER24576～ER26623
段5	R10240	R10240～R12287、ER10240～ER12287	段13	R26624	R26624～R28671、ER26624～ER28671
段6	R12288	R12288～R14335、ER12288～ER14335	段14	R28672	R28672～R30719、ER28672～ER30719
段7	R14336	R14336～R16383、ER14336～ER16383	段15	R30720	R30720～R32767、ER30720～ER32767

图 9-41　扩展寄存器的初始化指令的使用

INITR 指令执行初始化需要较长的时间，初始化一个内置 RAM 的段扩展寄存器（R）用时不到 1ms，但若 PLC 安装了存储盒，由于需要同时初始化存储盒闪存中的段扩展文件寄存器（ER），故初始化需要 18ms。如果初始化多个段寄存器，INITR 指令执行时间会很长,加上程序其他指令执行的时间,总时间可能会超过看门狗定时器(D8000)的时间(200ms),导致 PLC 出错而停止运行。故一般在 INITR 指令之前执行一个"WDT"指令,将看门狗定时器复位清 0;再在 INITR 指令之后执行一个"WDT"指令,让后续指令仍有 200ms 的足够时间。如果 INITR 指令初始化多个段寄存器时间超出 200ms,就需要将 D8000 的值设置为大于 200ms(最大可为 32767ms)。

4. 登录到扩展寄存器指令

(1)指令格式

登录到扩展寄存器指令格式如表 9-53 所示。

表 9-53 登录到扩展寄存器指令格式

指令名称与功能号	指令符号	指令形式与功能说明	操作数(16 位)				
			S	m	D1	n	D2
登录到扩展寄存器(FNC293)	LOGR(P)	├┤[LOGR S m D1 n D2] 将 D1 为起始的 n 个段扩展寄存器(2048n 个)组成一个存储区,前 1926n 个寄存器用作数据写入区,后 122n 个寄存器用作写入位置管理区,然后将 S 为起始的 m 个元件数据传送到数据写入区,写入位置管理区寄存器通过低位到高位变 0 指示写入数据的位置。D2 存放写入数据的点数值。每执行一次 LOGR 指令,就会往数据写入区(低→高编号)传送 m 点数据	T、C、D、变址修饰	D、K、H(1≤m≤8000)	R	K、H(1≤n≤16)	D、变址修饰

(2)使用说明

登录到扩展寄存器指令的使用如图 9-42 所示。当 X001 触点闭合时,LOGRP 指令执行,将 R2048 为起始的 2 个段(R2048~R6143)组成一个存储区,其中 R2048~R5898 共 3852 点(即 1926×2)用作数据写入区,R5899~R6143 共 244 点(即 122×2)用作写入位置管理区,然后将 D10、D11 的数据传送到数据写入区的 R2048、R2049,由于传送了两点数据,故写入位置管理区的 R5899 的第 0、1 位都变为 0(R5899=HFFFC)。

当 X001 触点第 2 次闭合时,LOGRP 指令再次执行,将 D10、D11 的数据传送到数据写入区的 R2050、R2051,写入位置管理区的 R5899 的第 2、3 位也变为 0(R5899=HFFF0)。LOGR 指令每执行一次,D10、D11 的数据就往数据写入区传送两点数据,直到数据写入区被写满。随着数据写入区不断写入数据,写入位置管理区的低编号到高编号寄存器的低位到高位不断变为 0。

如果 PLC 安装了存储盒,则在执行 LOGRP 指令的同时,会对扩展文件寄存器(ER)做同样的操作。

5. 扩展文件寄存器的删除/写入指令

(1)指令格式

扩展文件寄存器的删除/写入指令格式如表 9-54 所示。

图 9-42　登录到扩展寄存器指令的使用

表 9-54　扩展文件寄存器的删除/写入指令格式

指令名称与功能号	指令符号	指令形式与功能说明	操作数（16 位）	
			S	n
扩展文件寄存器的删除/写入 （FNC294）	RWER (P)	![RWER S n] 将 S 为起始的 n 个扩展寄存器的数据传送给存储盒闪存的相同编号的扩展文件寄存器。如果 PLC 没有安装存储盒，则这些数据会传送到 PLC 内置 EEPROM 的相同编号的扩展文件寄存器（ER）。 RWER 指令写 1 段（2048 个寄存器）数据用时约 47ms，写多段时，为避免执行时间超过 200ms 导致出错，可将 D8000 值设置为大于 200ms	R、变址修饰	K、H、D (FX$_{3G(C)}$： $1 \leq n \leq 24000$； FX$_{3U(C)}$： $0 \leq n \leq 32767$)

（2）使用说明

扩展文件寄存器的删除/写入指令的使用如图 9-43 所示。当 M100 触点闭合时，RWER 指令执行，将 R1000 为起始的 100 个扩展寄存器（R1000～R1099）的数据传送给存储盒闪存的扩展文件寄存器 ER1000～ER1099。

图 9-43　扩展文件寄存器的删除/写入指令的使用

6. 扩展文件寄存器的初始化指令

（1）指令格式

扩展文件寄存器的初始化指令格式如表 9-55 所示。

表 9-55 扩展文件寄存器的初始化指令格式

指令名称与功能号	指令符号	指令形式与功能说明	操作数（16 位）	
			S	n
扩展文件寄存器的初始化（FNC295）	INITER（P）	⊢⊢──[INITER S n] 将 S 为起始的 n 段扩展文件寄存器（ER）全部写入 HFFFF。INITER 指令初始化 1 段（2048 个寄存器）用时约 25ms，初始化多段时，为避免执行时间超过 200ms 导致出错，可将 D8000 值设置为大于 200ms	R、变址修饰	K、H

（2）使用说明

扩展文件寄存器的初始化指令的使用如图 9-44 所示。当 X000 触点闭合时，先执行一个 WDT（FNC07）指令，将看门狗定时器复位清 0；然后执行 INITER 指令，将 ER0 为起始的 1 段扩展寄存器（R0 ～ R2048）全部写入 HFFFF。为了保证后续其他指令有足够的执行时间，一般在 INITER 指令之后也执行一个 WDT 指令，这样可为后续指令留有 200ms 的执行时间。

图 9-44 扩展文件寄存器的初始化指令的使用

PLC 的扩展与模拟量模块的使用

10.1 扩展设备的编号分配

在使用 PLC 时,基本单元能满足大多数控制要求。如果需要增强 PLC 的控制功能,可以在基本单元的基础上进行扩展,比如在基本单元上安装功能扩展板,在基本单元的右侧安装扩展单元(自身带电源电路)、扩展模块和特殊模块,在基本单元的左侧安装特殊适配器,如图 10-1 所示。

图 10-1 PLC 的基本单元与扩展系统

10.1.1 扩展输入/输出(I/O)的编号分配

如果基本单元的输入/输出(I/O)端子不够用,可以安装输入/输出型扩展单元(模块),以增加 PLC 输入/输出端子的数量。扩展输入/输出的编号分配举例如图 10-2 所示。

扩展输入/输出的编号分配要点如下:

① 输入/输出(I/O)端子都是按八进制分配编号的,端子编号中的数字只有 0～7,没有 8、9。

② 基本单元右边第一个 I/O 扩展单元的 I/O 编号顺接基本单元的 I/O 编号,之后的

I/O 单元编号则顺接前面的单元编号。

③ 一个 I/O 扩展单元至少要占用 8 个端子编号，无实际端子对应的编号也不能被其他 I/O 单元使用。图 10-2 中的 FX_{2N}-8ER 有 4 个输入端子（分配的编号为 X050～X053）和 4 个输出端子（分配的编号为 Y040～Y043），编号 X054～X057 和 Y044～Y047 无实际的端子对应，但仍被该模块占用。

图 10-2 扩展输入 / 输出的编号分配举例

10.1.2 特殊功能单元 / 模块的单元号分配

在上电时，基本单元会从最近的特殊功能单元 / 模块开始，依次将单元号 0～7 分配给各特殊功能单元 / 模块。输入输出扩展单元 / 模块、特殊功能模块 FX_{2N}-16LNK-M、连接器转换适配器 FX_{2N}-CNV-BC、功能扩展板 FX_{3U}-232-BD、特殊适配器 FX_{3U}-232ADP 和扩展电源单元 FX_{3U}-1PSU-5V 等不分配单元号。

特殊功能单元 / 模块的单元号分配举例如图 10-3 所示。特殊功能 FX_{2N}-1RM（角度控制）特殊功能在一个系统的最末端最多可以连续连接 3 台，其单元号都相同。

图 10-3　特殊功能单元/模块的单元号分配举例

10.2　模拟量输入模块（FX$_{3U}$-4AD）

模拟量输入模块简称 AD 模块，其功能是将外界输入的模拟量（电压或电流）转换成数字量并存在内部特定的 BFM（缓冲存储区）中，PLC 可使用 FROM 指令从 AD 模块中读取这些 BFM 中的数字量。三菱 FX 系列 AD 模块型号很多，常用的有 FX$_{0N}$-3A、FX$_{2N}$-2AD、FX$_{2N}$-4AD、FX$_{2N}$-8AD、FX$_{3U}$-4AD、FX$_{3U}$-4AD-ADP、FX$_{3G}$-2AD-BD 等，本节以 FX$_{3U}$-4AD 模块为例来介绍模拟量输入模块。

 10.2.1　外形与规格

FX$_{3U}$-4AD 是 4 通道模拟量输入模块，每个通道都可接收电压输入（DC $-10\sim10$V）或电流输入（DC $-20\sim20$mA 或 DC $4\sim20$mA），接收何种输入由设置来决定。FX$_{3U}$-4AD 可连接 FX$_{3GA}$、FX$_{3G}$、FX$_{3GE}$、FX$_{3U}$ 系列 PLC。若要连接 FX$_{3GC}$ 或 FX$_{3UC}$，则需要用 FX$_{2NC}$-CNV-IF 或 FX$_{3UC}$-1PS-5V 进行转接。

模拟量输入模块 FX$_{3U}$-4AD 的外形与规格如图 10-4 所示。

第 10 章　PLC 的扩展与模拟量模块的使用

(a) 外形

项　目	规　格	
	电压输入	电流输入
模拟量输入范围	DC −10～+10V (输入电阻200kΩ)	DC −20～+20mA、4～20mA (输入电阻250Ω)
偏置值	−10～+9V	−20～+17mA
增益值	−9～+10V	−17～+30mA
最大绝对输入	±15V	±30mA
数字量输出	带符号16位，二进制	带符号15位，二进制
分辨率	0.32mV (20V×1/64000) 2.5mV (20V×1/8000)	1.25μA (40mA×1/32000) 5.00μA (40mA×1/8000)
综合精度	• 环境温度 (25±5) ℃ 　针对满量程20V±0.3% (±60mV) • 环境温度0～55℃ 　针对满量程20V±0.5% (±100mV)	• 环境温度 (25±5) ℃ 　针对满量程40mA±0.5% (±200μA) 　4～20mA输入时也相同 (±200μA) • 环境温度0～55℃ 　针对满量程40mA±1% (±400μA) 　4～20mA输入时也相同 (±400μA)
A/D转换时间	500μs×使用通道数 (在1个通道以上使用数字滤波器时，5ms×使用通道数)	
输入、输出占用点数	8A (在输入、输出点数中的任意一侧计算点数)	

(b) 规格

图 10-4　模拟量输入模块 FX_{3U}-4AD 的外形与规格

 10.2.2　接线端子与接线

FX_{3U}-4AD 模块有 CH1～CH4 四个模拟量输入通道，可以同时将 4 路模拟量信号转换成数字量，存入模块内部特定的 BFM (缓冲存储区) 中。PLC 可使用 FROM 指令读取这些 BFM 中的数字量。FX_{3U}-4AD 模块有一条扩展电缆和 18 个接线端子，扩展电缆用于连接 PLC 基本单元或上一个模块，FX_{3U}-4AD 模块的接线端子与接线如图 10-5 所示，每个通道内部电路均相同。

FX_{3U}-4AD 模块的每个通道均可设为电压型模拟量输入或电流型模拟量输入。当某通道设为电压型模拟量输入时，电压输入线接该通道的 V+、VI− 端子，可接受的电压输入范围为 −10～10V。为增强输入抗干扰性，可在 V+、VI− 端子之间接一个 0.1～0.47μF

299

的电容。当某通道设为电流型模拟量输入时,电流输入线接该通道的 I+、VI− 端子,同时将 I+、V+ 端子连接起来,可接受 −20～20mA 或 4～20mA 范围的电流输入。

(a) 接线端子　　　　　　　　　　　　　(b) 接线

图 10-5　FX$_{3U}$-4AD 模块的接线端子与接线

 10.2.3　电压／电流输入模式的设置

1. 输入模式设置 BFM#0

FX$_{3U}$-4AD 模块是在内部 BFM(缓冲存储区,由 BFM#0 ～ BFM#6999 组成)控制下工作的,其中 BFM#0 用于决定 FX$_{3U}$-4AD 的输入模式。BFM#0 为 16 位存储器,以 4 位为一组分成四组,每组的设定值为 0 ～ 8、F,不同的值对应不同的输入模式,用四组值分别来设定 CH1 ～ CH4 的输入模式,设定值与对应的输入模式如图 10-6 所示。

BFM#0 的值:
H　　　　　
通道4　通道1
　　通道3 通道2

设定值	输入模式	模拟量输入范围	数字量输出范围
0	电压输入模式	−10～+10V	−32000～+32000
1	电压输入模式	−10～+10V	−4000～+4000
2	电压输入(偏置、增益不能调整)模拟量值直接显示模式	−10～+10V	−10000～+10000
3	电流输入模式	4～20mA	0～16000
4	电流输入模式	4～20mA	0～4000
5	电流输入(偏置、增益不能调整)模拟量值直接显示模式	4～20mA	4000～20000
6	电流输入模式	−20～+20mA	−16000～+16000
7	电流输入模式	−20～+20mA	−4000～+4000
8	电流输入(偏置、增益不能调整)模拟量值直接显示模式	−20～+20mA	−20000～+20000
F	通道不使用		

图 10-6　BFM#0 的设定值与对应的输入模式

比如，设置 BFM#0=H52F0，设置的功能为：①将 CH1 通道设为输入模式 0，即 −10 ～ +10V 电压型输入模式，该模式可将 −10 ～ +10V 电压转换成数字量 −32000 ～ +32000；②不使用 CH2 通道；③将 CH3 通道设为输入模式 2，即 −10 ～ +10V 电压直显型输入模式，该模式可将 −10 ～ +10V 电压对应转换成数字量 −10000 ～ +10000；④将 CH4 通道设为输入模式 5，即 4 ～ 20mA 电流直显型输入模式，该模式可将 4 ～ 20mA 电流对应转换成数字量 4000 ～ 20000。

2. 设置输入模式的程序

设置特殊功能模块的功能是通过向其内部相应的 BFM 写入设定值来实现的。所有的 FX 系列 PLC 都可以使用 TO（FROM）指令向 BFM 写入（读出）设定值，而 FX$_{3U}$、FX$_{3UC}$ 还支持使用"U □ \G □"格式指定方式读写 BFM。

（1）用 TO 指令设置输入模式

用 TO 指令设置输入模式如图 10-7 所示，当 M10 触点闭合时，TO 指令执行，向单元号为 1 的模块的 BFM#0 写入设定值 H3300。如果 1 号模块为 FX$_{3U}$-4AD，指令执行结果将 CH1、CH2 通道设为输入模式 0（−10 ～ +10V 电压输入，对应输出数字量为 −32000 ～ +32000），将 CH3、CH4 通道设为输入模式 3（4 ～ 20mA 电流输入，对应输出数字量为 0 ～ 16000）。

图 10-7 用 TO 指令设置输入模式

（2）用"U □ \G □"格式指定模块单元号和 BFM 号设置输入模式

FX$_{3U}$、FX$_{3UC}$ 系列 PLC 支持用"U □ \G □"格式指定模块单元号、BFM 号读写 BFM，"U □"指定模块的单元号，"G □"指定模块的 BFM 号。用"U □ \G □"格式指定模块单元号和 BFM 号设置输入模式如图 10-8 所示，当 M10 触点闭合时，MOV 指令执行，将设定值 H3300 写入单元号为 1 的模块的 BFM#0。

图 10-8 用"U □ \G □"格式指定模块单元号和 BFM 号设置输入模式

10.2.4 设置偏置和增益改变输入特性

FX$_{3U}$-4AD 模块有 0 ～ 8 共 9 种输入模式，如果这些模式仍无法满足模拟量转换要求，可以通过设置偏置和增益来解决（模式 2、5、8 不能调整偏置和增益）。

在图 10-9 中，图 10-9(a) 为输入模式 0 默认的输入特性，该模式可将模拟量 −10 ～ +10V

电压转换成数字量 −32000～+32000；图 10-9（b）为希望实现的输入特性，即将模拟量 +1～+5V 电压转换成数字量 0～+32000，该特性直线有两个关键点，其中数字量 0（偏置基准值）对应的 +1V 为偏置，增益基准值（输入模式 0 时为数字量 +16000）对应的电压 +3V 为增益，偏置和增益不同，就可以确定不同的特性直线。

图 10-9 偏置和增益设置举例

1. 偏置（BFM#41～BFM#44）

偏置是指偏置基准值（数字量 0）对应的模拟量值。在电压型输入模式时，以 mV 为单位设定模拟量值；在电流型输入模式时，以 µA 为单位设定模拟量值，比如模拟量值为 +2V 时偏置设为 2000，模拟量值为 15mA 时偏置设为 15000。在图 10-9（b）中，数字量 0（偏置基准值）对应的模拟量值为 +1V，偏置应设为 1000。

FX_{3U}-4AD 模块的 BFM#41～BFM#44 分别用来存放 CH1～CH4 通道的偏置值，具体见表 10-1。

表 10-1 设置偏置的 BFM（BFM#41～BFM#44）

BFM 编号	功　　能	设定范围	初　始　值	数据的处理
#41	通道 1 偏置数据（单位：mV 或者 µA）	● 电压输入： −10000～+9000 ● 电流输入： −20000～+17000	出厂时 K0	十进制
#42	通道 2 偏置数据（单位：mV 或者 µA）		出厂时 K0	十进制
#43	通道 3 偏置数据（单位：mV 或者 µA）		出厂时 K0	十进制
#44	通道 4 偏置数据（单位：mV 或者 µA）		出厂时 K0	十进制

2. 增益（BFM#51～BFM#54）

增益是指增益基准值对应的模拟量值。对于电压型输入模式，增益基准值为该模式最大数字量的一半，如模式 0 的增益基准值为 16000，模式 1 为 2000；对于电流型输入模式，增益基准值为该模式最大数字量，如模式 3 的增益基准值为 16000，模式 4 为 2000。增益设定值以 mV（电压型输入模式）或 μA（电流型输入模式）为单位。在图 10-9（b）中，增益基准值 +16000（最大数字量 32000 的一半）对应的模拟量值为 +3V，增益应设为 3000。

FX$_{3U}$-4AD 模块的 BFM#51～BFM#54 分别用来存放 CH1～CH4 通道的增益值，具体见表 10-2。

表 10-2　设置增益的 BFM（BFM#51～BFM#54）

BFM 编号	功　能	设定范围	初　始　值	数据的处理
#51	通道 1 增益数据（单位：mV 或者 μA）	● 电压输入： −9000～+10000 ● 电流输入： −17000～+30000	出厂时 K5000	十进制
#52	通道 2 增益数据（单位：mV 或者 μA）		出厂时 K5000	十进制
#53	通道 3 增益数据（单位：mV 或者 μA）		出厂时 K5000	十进制
#54	通道 4 增益数据（单位：mV 或者 μA）		出厂时 K5000	十进制

在设置偏置和增益时，对于电压型输入模式，要求增益值 − 偏置值≥1000；对于电流型输入模式，要求 30000≥增益值 − 偏置值≥3000。

3．偏置与增益写入允许（BFM#21）

在将偏置值和增益值写入 BFM 时，需要将 BFM#21 相应位置 ON 才会使写入有效。BFM#21 有 16 位（b0～b15），低 4 位分配给 CH1～CH4，其功能见表 10-3。比如，要将偏置值、增益值写入 CH1 通道的 BFM（BFM#41、BFM#51），须设 BFM#21 的 b0=1，即让 BFM#21=H0001，偏置与增益写入结束后，BFM#21 所有位值均自动变为 0。

表 10-3　BFM#21 各位的功能

位　编　号	功　能
b0	通道 1　偏置数据（BFM #41）、增益数据（BFM #51）的写入允许
b1	通道 2　偏置数据（BFM #42）、增益数据（BFM #52）的写入允许
b2	通道 3　偏置数据（BFM #43）、增益数据（BFM #53）的写入允许
b3	通道 4　偏置数据（BFM #44）、增益数据（BFM #54）的写入允许
b4～b15	不可使用

4．偏置与增益的设置程序

图 10-10 所示是 FX$_{3U}$-4AD 模块的偏置与增益设置程序，其功能是先将 FX$_{3U}$-4AD 模块的 CH1、CH2 通道输入模式设为 0（−10～+10V），然后向 BFM#41、BFM#42 写入偏置值 1000（1V），向 BFM#51、BFM#52 写入增益值 3000（3V），从而将 CH1、CH2 通道的输入特性由 −10～+10V 改成 1～5V。

当 X000 触点闭合时，MOVP 指令将 HFF00 写入 0 号模块的 BFM#0 中，CH1、CH2 通道被设为输入模式 0，CH3、CH4 通道不使用；SET 指令将继电器 M0 置 1，M0 触点闭合自锁，定时器 T0 开始 5s 计时。

5s 后，T0 触点闭合，第一个 FMOVP（多点传送）指令执行，将 1000 作为偏置值写入 0 号模块的 BFM#41 和 BFM#42；第二个 FMOVP 指令执行，将 3000 作为增益值写入 0 号模块的 BFM#51 和 BFM#52；然后 MOVP 指令执行，将 H0003 写入 0 号模块的 BFM#21，BFM#21 的 b1、b0 位均变为 1，让 CH1、CH2 通道偏置、增益值写入有效；最后执行 RST 指令，将继电器 M0 复位，前面的 M0 常开触点断开，解除自锁。

图 10-10　FX$_{3U}$-4AD 模块的偏置与增益设置程序

 10.2.5　读取 AD 模块转换成的数字量

FX$_{3U}$-4AD 模块将 CH1～CH4 通道输入模拟量转换成数字量后，分别保存在 BFM#10～BFM#13，可使用 FROM 指令或用"U□\G□"格式指定模块单元号和 BFM 号，将 AD 模块 BFM 中的数字量读入 PLC。

图 10-11 所示是两种读取 AD 模块数字量的程序。在图 10-11（a）所示程序中，当 M10 触点闭合时，FROM 指令执行，将 1 号模块的 BFM#10 中的数字量读入 PLC 的 D10。这种采用 FROM 指令读取 BFM 的方式适用于所有的 FX 系列 PLC。在图 10-11（b）中，PLC 上电后 M8000 触点闭合，定时器 T0 开始 5s 计时，5s 后 T0 常开触点闭合，BMOV（成批传送）指令执行，将 1 号模块 BFM#10～BFM#13 中的数字量分别读入 PLC 的 D0～D3。采用"U□\G□"格式指定模块单元号和 BFM 号读取 BFM 内容的方式仅 FX$_{3U/3UC}$ 系列 PLC 可用。

(a) 用 FROM 指令读取 AD 模块数字量（所有 FX 系列 PLC 均适用）

(b) 用"U□\G□"格式指定模块单元号和 BFM 号读取数字量（仅 FX$_{3U/3UC}$ 系列 PLC 可用）

图 10-11　两种读取 AD 模块数字量的程序

10.2.6 测量平均次数的设置

1. 平均次数的设置（BFM#2 ~ BFM#5）

在测量模拟量时，若模拟量经常快速波动变化，为了避免测到高值或低值而导致测量值偏差过大，可多次测量模拟量再取平均值保存下来。FX_{3U}-4AD 的 BFM#2 ~ BFM#5 分别用于设置 CH1 ~ CH4 通道的测量平均次数，具体见表 10-4。

表 10-4　设置测量平均次数的 BFM（BFM#2 ~ BFM#5）

BFM 编号	功　　能	设定范围	初　始　值
#2	通道 1 平均次数（单位：次）	1 ~ 4095	K1
#3	通道 2 平均次数（单位：次）	1 ~ 4095	K1
#4	通道 3 平均次数（单位：次）	1 ~ 4095	K1
#5	通道 4 平均次数（单位：次）	1 ~ 4095	K1

2. 设置平均次数读取 AD 数字量的程序

图 10-12 所示是功能相同的两种设置平均次数读取 AD 数字量的程序，图 10-12（a）所示程序适合所有 FX_3 系列 PLC 使用，图 10-12（b）所示程序仅限 $FX_{3U/3UC}$ 系列 PLC 使用。

(a) 适合所有 FX_3 系列 PLC 使用的程序

PLC 上电后 M8002 触点闭合一个扫描周期，TOP 指令将 H3300 写入 0 号模块的 BFM#0，将 AD 模块 CH1、CH2 设为输入模式 0，将 CH3、CH4 设为输入模式 3。

PLC 上电后 M8000 触点始终闭合，定时器 T0 进行 5s 计时，5s 后 T0 触点闭合，TOP 指令先执行，往 0 号模块的 BFM#2 ~ BFM#5 均写入 K10，将 CH1 ~ CH4 测量平均次数都设为 10；然后 FROM 指令执行，将 0 号模块的 BFM#10 ~ BFM#13 中的 CH1 ~ CH4 通道的数字量分别传送给 D0 ~ D3。

(b) 仅限 $FX_{3U/3UC}$ 系列 PLC 使用的程序

图 10-12　功能相同的两种设置平均次数读取 AD 数字量的程序

10.2.7　AD 模块初始化（恢复出厂值）程序

FX$_{3U}$-4AD 模块的 BFM#20 用于初始化 BFM#0 ～ BFM#6999。当设 BFM#20=1 时，可将所有 BFM 的值恢复到出厂值。设置 BFM#20=1 将 AD 模块初始化的程序如图 10-13 所示，图 10-13（a）所示程序使用 TOP 指令向 0 号模块的 BFM#20 写入 1 初始化 AD 模块，图 10-13（b）所示程序以采用 "U□\G□" 格式指定模块单元号和 BFM 号的方式向 0 号模块的 BFM#20 写入 1 初始化 AD 模块。

从初始化开始到结束需用时约 5s，在此期间不要设置 BFM，初始化结束后，BFM#20 的值自动变为 0。

图 10-13　两种 AD 模块初始化（恢复出厂值）程序

10.3　模拟量输出模块（FX$_{3U}$-4DA）

模拟量输出模块简称 DA 模块，其功能是将模块内部特定 BFM（缓冲存储区）中的数字量转换成模拟量输出。三菱 FX 系列常用 DA 模块有 FX$_{2N}$-2DA、FX$_{2N}$-4DA 和 FX$_{3U}$-4DA 等。本节以 FX$_{3U}$-4DA 模块为例来介绍模拟量输出模块。

 10.3.1　外形与规格

FX$_{3U}$-4DA 是 4 通道模拟量输出模块，每个通道都可以设置为电压输出（DC −10 ～ 10V）或电流输出（DC −20 ～ 20mA、DC 4 ～ 20mA）。FX$_{3U}$-4DA 可连接 FX$_{3GA}$、FX$_{3G}$、FX$_{3GE}$、FX$_{3U}$ 系列 PLC。若要连接 FX$_{3GC}$ 或 FX$_{3UC}$，则需要使用 FX$_{2NC}$-CNV-IF 或 FX$_{3UC}$-1PS-5V 进行转接。

模拟量输出模块 FX$_{3U}$-4DA 的外形与规格如图 10-14 所示。

(a) 外形

图 10-14　模拟量输出模块 FX$_{3U}$-4DA 的外形与规格

项　目	规　格	
	电压输出	电流输出
模拟量输出范围	DC −10～+10V（外部负载1kΩ～1MΩ）	DC 0～20mA、4～20mA（外部负载500Ω以下）
偏置值	−10～+9V	0～17mA
增益值	−9～+10V	3～30mA
数字量输入	带符号16位二进制	带符号15位二进制
分辨率	0.32mV（20V/64000）	0.63μA（20mA/32000）

综合精度	• 环境温度（25±5）℃
	  针对满量程20V±0.3%（±60mV）
	• 环境温度0～55℃
	  针对满量程20V±0.5%（±100mV）
		• 环境温度（25±5）℃
		  针对满量程20mA±0.3%（±60μA）
		• 环境温度0～55℃
		  针对满量程20mA±0.5%（±100μA）

D/A转换时间	1ms（与使用的通道数无关）	
绝缘方式	• 模拟量输出部分和可编程控制器之间通过光耦隔离 • 模拟量输出部分和电源之间通过DC/DC转换器隔离 • 各通道间不隔离	
输入、输出占用点数	8点（在输入、输出点数中的任意一侧计算点数）	

(b) 规格

图 10-14　模拟量输出模块 FX$_{3U}$-4DA 的外形与规格（续）

10.3.2　接线端子与接线

FX$_{3U}$-4DA 模块有 CH1～CH4 四个模拟量输出通道，可以将模块内部特定 BFM 中的数字量（来自 PLC 写入）转换成模拟量输出。FX$_{3U}$-4DA 模块的接线端子与接线如图 10-15 所示，每个通道内部电路均相同。

图 10-15　FX$_{3U}$-4DA 模块的接线端子与接线

FX$_{3U}$-4DA 模块的每个通道都可设为电压型模拟量输出或电流型模拟量输出。当某通道设为电压型模拟量输出时,该通道的 V+、VI- 端子可输出 DC -10 ～ 10V 范围的电压;当某通道设为电流型模拟量输出时,该通道的 I+、VI- 端子可输出 DC -20 ～ 20mA 或 DC 4 ～ 20mA 范围的电流。

10.3.3 电压/电流输出模式的设置

1. 设置输出模式 BFM#0

FX$_{3U}$-4DA 模块是在内部 BFM(缓冲存储区,由 BFM#0 ～ BFM#3098 组成)控制下工作的,其中 BFM#0 用于设定 FX$_{3U}$-4DA 的输出模式。BFM#0 为 16 位存储器,以 4 位为一组分成四组,每组的设定值为 0 ～ 4、F,不同的值对应不同的输出模式,用四组值分别来设定 CH1 ～ CH4 的输出模式,设定值与对应的输出模式如图 10-16 所示。

设定值	输出模式	数字量输入范围	模拟量输出范围
0	电压输出模式	-32000～+32000	-10～+10V
1	电压输出模拟量值mV指定模式	-10000～+10000	-10～+10V
2	电流输出模式	0～32000	0～20mA
3	电流输出模式	0～32000	4～20mA
4	电流输出模拟量值μA指定模式	0～20000	0～20mA
F	通道不使用		

图 10-16 BFM#0 的设定值与对应的输出模式

例如,设置 BFM#0=H31F0,设置的功能为:①将 CH1 通道设为输出模式 0(即 -10 ～ +10V 电压型输出模式),该模式可将数字量 -32000 ～ +32000 转换成 -10 ～ +10V 电压;②不使用 CH2 通道;③将 CH3 通道设为输出模式 1(即 -10 ～ +10V 电压直显型输出模式),该模式可将数字量 -10000 ～ +10000 转换成 -10 ～ +10V 电压;④将 CH4 通道设为输出模式 3(即 4 ～ 20mA 电流型输出模式),该模式可将数字量 0 ～ 32000 对应转换成 4 ～ 20mA 电流。

2. 设置输出模式的程序

设置 FX$_{3U}$-4DA 模块的输出模式可使用 TO 指令往 BFM 写入设定值,对于 FX$_{3U}$、FX$_{3UC}$ 系列 PLC,还支持使用 "U □ \G □" 格式指定方式读写 BFM。

(1)用 TO 指令设置输出模式

用 TO 指令设置输出模式如图 10-17 所示,当 M10 触点闭合时,TO 指令执行,向单元号为 0 的模块的 BFM#0 写入设定值 H3003。如果 1 号模块为 FX$_{3U}$-4DA,指令执行结果将 CH2、CH3 通道设为输出模式 0(可将数字量 -32000 ～ +32000 转换成 -10 ～ +10V 电压输出),将 CH1、CH4 通道设为输出模式 3(可将数字量 0 ～ 32000 转换成 4 ～ 20mA 电流输出)。

(2)用 "U □ \G □" 格式指定模块单元号和 BFM 号设置输出模式

用 "U □ \G □" 格式指定模块单元号和 BFM 号设置输出模式如图 10-18 所示,当 M10 触点闭合时,MOV 指令执行,将设定值 H3003 写入 0 号模块的 BFM#0。

图 10-17 用 TO 指令设置输出模式

图 10-18 用"U □ \G □"格式指定模块单元号和 BFM 号设置输出模式

10.3.4 设置偏置和增益改变输出特性

FX$_{3U}$-4DA 模块有 0～4 共 5 种输出模式，如果这些模式仍无法满足模拟量转换要求，可以通过设置偏置和增益来解决（模式 1、4 不能调整偏置和增益）。

在图 10-19 中，图 10-19（a）所示为输出模式 0 默认的输出特性，该模式可将数字量 -32000～+32000 转换成模拟量 -10～+10V 电压输出；图 10-19（b）所示为希望实现的输出特性，即将数字量 0～+32000 转换成模拟量 +1～+5V 电压输出，该特性直线有两个关键点，其中数字量 0 对应的输出电压 +1V 为偏置值，最大数字量 +32000（输出模式 0 时）对应的输出电压 +5V 为增益值。

图 10-19 偏置和增益设置举例

1. 偏置（BFM#10～BFM#13）

偏置是指数字量 0 对应的模拟量值。在电压型输出模式时，以 mV 为单位设定模拟量值；在电流型输出模式时，以 μA 为单位设定模拟量值，比如模拟量值 +3V 时对应偏置设为 3000，模拟量值 8mA 时对应偏置设为 8000。在图 10-19（b）中，数字量 0 对应的模拟量值为 +1V，偏置应设为 1000。

FX$_{3U}$-4DA 模块的 BFM#10～BFM#13 分别用来存放 CH1～CH4 通道的偏置值。

2. 增益（BFM#14～BFM#17）

增益是指数字量 16000（最大值 32000 的一半）对应的模拟量值。增益设定值以 mV（电压型输出模式）或 μA（电流型输出模式）为单位。在图 10-19（b）中，数字 +16000 对应的模拟量值为（5−1）÷2+1=3（即 3V，3000mV），增益应设为 3000。

FX_{3U}-4DA 模块的 BFM#14～BFM#17 分别用来存放 CH1～CH4 通道的增益值。

3. 偏置与增益写入允许（BFM#9）

在将偏置值和增益值写入 BFM 时，需要将 BFM#9 相应位置 ON 才会使写入有效。BFM#9 有 16 位（b0～b15），低 4 位分配给 CH1～CH4，其功能见表 10-5。比如，要将偏置值和增益值写入 CH1 通道的 BFM（BFM#10、BFM#14），须设 BFM#9 的 b0=1，即让 BFM#9=H0001，偏置与增益写入结束后，BFM#9 所有位值均自动变为 0。

表 10-5　BFM#9 各位的功能

位 编 号	功　　　能
b0	通道 1　偏置数据（BFM #10）、增益数据（BFM #14）的写入允许
b1	通道 2　偏置数据（BFM #11）、增益数据（BFM #15）的写入允许
b2	通道 3　偏置数据（BFM #12）、增益数据（BFM #16）的写入允许
b3	通道 4　偏置数据（BFM #13）、增益数据（BFM #17）的写入允许
b4～b15	不可使用

4. 偏置与增益的设置程序

图 10-20 所示是 FX_{3U}-4DA 模块的偏置与增益设置程序，其功能是先将 FX_{3U}-4DA 模块的 CH1、CH2 通道输出模式设为 0（−10～+10V），然后向 BFM#10、BFM#11 写

当 X000 触点闭合时，第一个 MOVP 指令将 K3030 写入 0 号模块的 BFM#19，允许设定变更；第二个 MOVP 指令将 HFF00 写入 0 号模块的 BFM#0，CH1、CH2 通道被设为输出模式 0，CH3、CH4 通道不使用；SET 指令将继电器 M0 置 1，M0 触点闭合，定时器 T0 开始 5s 计时。

5s 后，T0 触点闭合，第一个 FMOVP（多点传送）指令将 1000 作为偏置值写入 0 号模块的 BFM#10 和 BFM#11；第二个 FMOVP 指令将 3000 作为增益值写入 0 号模块的 BFM#14 和 BFM#15；然后 MOVP 指令执行，将 H0003 写入 0 号模块的 BFM#9，BFM#9 的 b1、b0 均为 1，CH1、CH2 通道偏置、增益值写入有效，写入完成后，BFM#9 值自动变为 0；最后 MOVP 指令执行，将 0 写入 BFM#19，禁止设定变更。

图 10-20　FX_{3U}-4DA 模块的偏置与增益设置程序

入偏置值 1000（1V），向 BFM#14、BFM#15 写入增益值 3000（3V），从而将 CH1、CH2 通道的输出特性由 -10～+10V 改成 +1～+5V。BFM#19 用于设定变更禁止，当 BFM#19=K3030 时，解除设定变更禁止；当 BFM#19 为其他值时，禁止设定变更，无法向一些功能设置类的 BFM 写入设定值。

10.3.5 两种向 DA 模块写入数字量的程序

FX$_{3U}$-4DA 模块的功能是将数字量转换成模拟量输出，CH1～CH4 通道的数字量分别保存在 BFM#1～BFM#4 中，这些数字量由 PLC 写入。DA 模块数字量可使用 TO 指令写入（适合所有 FX 系列 PLC），或者用 "U□\G□" 格式指定模块单元号和 BFM 号来写入（仅适用于 FX$_{3U}$、FX$_{3UC}$ 系列 PLC）。

图 10-21 所示是功能相同的两种设置 DA 模块输出模式和写入数字量的程序，图 10-21（a）所示程序先用 TOP 指令写 BFM#0 设置 DA 模块 CH1～CH4 通道的输出模式，然后将 4 个数字量分别存放到 D0～D3，再用 TO 指令将 D0～D3 中的数字量分别传送给 DA 模块 BFM#1～BFM#4，DA 模块马上将这些数字量按设定的输出模式转换成模拟量输出。图 10-21（b）所示程序采用 "U□\G□" 格式指定模块单元号和 BFM 号来设置 DA 模块的输出模式，并用该方式往 DA 模块写入数字量。

PLC 上电后 M8002 触点闭合一个扫描周期，TOP 指令将 H2300 写入 0 号模块的 BFM#0，将 DA 模块设为：①CH1、CH2 为输出模式 0(-10～+10V)；②CH3 为输出模式 3(4～20mA)；③CH4 为输出模式 2（0～20mA）。

PLC 通电期间 M8000 触点始终闭合，定时器 T0 开始 5s 计时，然后依次执行 4 个 MOV 指令，将 K-3200、K16000、K8000、K1600 分别送入 D0、D1、D2、D3。

5s 后 T0 触点闭合，TO 指令执行，将 D0～D4 中的数字量分别送到 0 号模块的 BFM#1～BFM#4，DA 模块马上将各通道的数字量转换成模拟量输出，BFM#1（CH1）中的 K-3200 转换成 -1V 输出，BFM#2（CH2）中的 K16000 转换成 +5V 输出，BFM#3（CH3）中的 K8000 转换成 8mA 输出，BFM#4（CH4）中的 K1600 转换成 1mA 输出。

(a) 用 TO 指令设置 DA 模块的输出模式和写入数字量

(b) 用 "U□\G□" 格式设置 DA 模块的输出模式和写入数字量

图 10-21 功能相同的两种设置 DA 模块输出模式和写入数字量的程序

10.3.6 DA 模块初始化（恢复出厂值）程序

FX$_{3U}$-4DA 模块的 BFM#20 用于初始化 BFM#0～BFM#3098。当设 BFM#20=1 时，可将所有 BFM 的值恢复到出厂值。图 10-22 所示是功能相同的两种 DA 模块初始化（恢复出厂值）程序，图 10-22（a）所示程序使用 TOP 指令往 0 号模块的 BFM#20 写入 1 初始化 DA 模块，图 10-22（b）所示程序以采用"U□\G□"格式指定模块单元号和 BFM 号的方式向 0 号模块的 BFM#20 写入 1 初始化 DA 模块。

(a) 用TOP指令向BFM#20写1初始化DA模块

(b) 用"U□\G□"格式向BFM#20写1初始化DA模块

图 10-22　功能相同的两种 DA 模块初始化（恢复出厂值）程序

10.4　温度模拟量输入模块（FX$_{3U}$-4AD-PT-ADP）

温度模拟量输入模块的功能是将温度传感器送来的反映温度高低的模拟量转换成数字量。三菱 FX$_3$ 系列温度模拟量输入模块主要有 FX$_{3U}$-4AD-PT-ADP（连接 PT100 型温度传感器，测温范围为 −50～+250℃）、FX$_{3U}$-4AD-PTW-ADP（连接 PT100 型温度传感器，测温范围为 −100～+600℃）、FX$_{3U}$-4AD-TC-ADP（连接热电偶型温度传感器，测温范围为 −100～+1000℃）和 FX$_{3U}$-4AD-PNK-ADP（连接 PT1000 型温度传感器，测温范围为 −50～+250℃）。本节以 FX$_{3U}$-4AD-PT-ADP 型模块为例来介绍温度模拟量输入模块。

10.4.1　外形与规格

FX$_{3U}$-4AD-PT-ADP 是 4 通道的温度模拟量输入特殊适配器，测温时连接 3 线式 PT100 铂电阻温度传感器，测温范围为 −50～+250℃，其外形与规格如图 10-23 所示。

FX$_{3U}$-4AD-PT-ADP 温度模拟量输入特殊适配器安装在 PLC 基本单元的左侧，可以直接连接 FX$_{3GC}$、FX$_{3GE}$、FX$_{3UC}$ 系列 PLC，在连接 FX$_{3SA}$、FX$_{3S}$ 系列 PLC 时要用到 FX$_{3S}$-CNV-ADP 型连接转换适配器，在连接 FX$_{3GA}$、FX$_{3G}$ 系列 PLC 时要用到 FX$_{3G}$-CNV-ADP 型连接转换适配器，在连接 FX$_{3U}$ 系列 PLC 时要用到功能扩展板。

(a) 外形

图 10-23　FX$_{3U}$-4AD-PT-ADP 温度模拟量输入特殊适配器

项目	规 格	
	摄氏温度	华氏温度
输入信号	PT100铂电阻3线式	
额定温度范围	−50~+250℃	−58~+482°F
数字量输出	−500~+2500	−580~+4820
分辨率	0.1℃	0.18°F
综合精度	• 环境温度（25±5）℃时，针对满量程±0.5% • 环境温度（0±55）℃时，针对满量程±1.0%	
A/D转换时间	• FX_{3U}/FX_{3UC}可编程控制器：200μs（每个运算周期更新数据） • $FX_{3S}/FX_{3G}/FX_{3GC}$可编程控制器：250μs（每个运算周期更新数据）	
输入特性	（摄氏温度输入特性图）	（华氏温度输入特性图）

(b) 规格

图 10-23　FX_{3U}-4AD-PT-ADP 温度模拟量输入特殊适配器（续）

10.4.2　PT100 型温度传感器与模块的接线

1. PT100 型温度传感器

PT100 型温度传感器的核心是铂热电阻，其电阻值会随着温度的变化而变化。PT 后面的 "100" 表示其阻值在 0℃ 时为 100Ω，当温度升高时其阻值线性增大，在 100℃ 时阻值约为 138.5Ω。PT100 型温度传感器的外形和温度/电阻变化规律如图 10-24 所示。

(a) 外形　　　　　　　　　　(b) 温度/电阻变化规律

图 10-24　PT100 型温度传感器

2. 接线端子与接线

FX$_{3U}$-4AD-PT-ADP 温度模拟量输入特殊适配器有 CH1～CH4 四个温度模拟量输入通道，可以同时将 4 路 PT100 型温度传感器送来的模拟量转换成数字量，存入 PLC 特定的数据寄存器中。FX$_{3U}$-4AD-PT-ADP 温度模拟量输入特殊适配器的接线端子与接线如图 10-25 所示，每个通道内部电路均相同。

图 10-25　FX$_{3U}$-4AD-PT-ADP 温度模拟量输入特殊适配器的接线端子与接线

10.4.3　不同温度单位的输入特性与设置

FX$_{3U}$-4AD-PT-ADP 温度模拟量输入特殊适配器的温度单位有摄氏度（℃）和华氏度（℉）两种。对于摄氏温度，水的冰点温度定为 0℃，沸点为 100℃；对于华氏温度，水的冰点温度定为 32 ℉，沸点为 212 ℉。摄氏温度与华氏温度的换算关系式为

$$华氏温度值 = 9/5 \times 摄氏温度值 + 32$$

1. 摄氏和华氏温度的输入特性

FX$_{3U}$-4AD-PT-ADP 温度模拟量输入特殊适配器设置不同的温度单位时，其输入特性不同，具体如图 10-26 所示。图 10-26（a）所示为摄氏温度的输入特性，当测量的温度为 −50℃时，转换得到的数字量为 −500，当测量的温度为 +250℃时，转换得到的数字量为 +2500；图 10-26（b）所示为华氏温度的输入特性，当测量的温度为 −58 ℉时，转换得

到的数字量为 −580，当测量的温度为 +482 °F 时，转换得到的数字量为 +4820。

(a) 摄氏温度的输入特性　　　　　　　(b) 华氏温度的输入特性

图 10-26　FX$_{3U}$-4AD-PT-ADP 温度模拟量输入特殊适配器的输入特性

2. 温度单位的设置

FX$_{3U}$-4AD-PT-ADP 温度模拟量输入特殊适配器的温度单位由 PLC 特定的特殊辅助继电器设定。PLC 设置 FX$_{3U}$-4AD-PT-ADP 温度单位的特殊辅助继电器见表 10-6。比如 FX$_{3U}$ 系列 PLC 连接两台 FX3U-4AD-PT-ADP 时，第 1 台用 M8260 设置温度单位，M8260=0 时为摄氏温度，M8260=1 时为华氏温度；第 2 台用 M8270 设置温度单位。

表 10-6　PLC 设置 FX$_{3U}$-4AD-PT-ADP 温度单位的特殊辅助继电器

FX$_{3S}$	FX$_{3G}$、FX$_{3GC}$		FX$_{3U}$、FX$_{3UC}$				说　　明
只能连接 1 台	第 1 台	第 2 台	第 1 台	第 2 台	第 3 台	第 4 台	
M8280	M8280	M8290	M8260	M8270	M8280	M8290	温度单位的选择 OFF：摄氏（°C） ON：华氏（°F）

3. 温度单位设置程序

图 10-27 所示是 FX$_{3U}$、FX$_{3UC}$ 型 PLC 连接两台 FX$_{3U}$-4AD-PT-ADP 时的温度单位设置程序。PLC 通电后，M8001 触点始终处于断开状态，M8000 触点始终处于闭合状态，特殊辅助继电器 M8260=0，M8270=1，第 1 台 FX$_{3U}$-4AD-PT-ADP 的温度单位被设为摄氏度，第 2 台 FX$_{3U}$-4AD-PT-ADP 的温度单位被设为华氏度。

图 10-27　FX$_{3U}$、FX$_{3UC}$ 型 PLC 连接两台 FX$_{3U}$-4AD-PT-ADP 时的温度单位设置程序

10.4.4　温度值的存放与读取

1. 温度值存放的特殊数据寄存器

在测量温度时，FX$_{3U}$-4AD-PT-ADP 温度模拟量输入特殊适配器将 PT100 温度传感器送来的温度模拟量转换成温度数字量，存放在 PLC 特定的特殊数据寄存器中。PLC 存放 FX$_{3U}$-4AD-PT-ADP 温度值的特殊数据寄存器见表 10-7。比如 FX$_{3U}$ 系列 PLC 连接两台

FX$_{3U}$-4AD-PT-ADP 时，第 1 台 CH1 通道的温度值存放在 D8260 中，第 2 台 CH2 通道的温度值存放在 D2871 中。

表 10-7　PLC 存放 FX$_{3U}$-4AD-PT-ADP 温度值的特殊数据寄存器

FX$_{3S}$	FX$_{3G}$、FX$_{3GC}$		FX$_{3U}$、FX$_{3UC}$				说　明
仅可连接 1 台	第 1 台	第 2 台	第 1 台	第 2 台	第 3 台	第 4 台	
D8280	D8280	D8290	D8260	D8270	D8280	D8290	通道 1 测定温度
D8281	D8281	D8291	D8261	D8271	D8281	D8291	通道 2 测定温度
D8282	D8282	D8292	D8262	D8272	D8282	D8292	通道 3 测定温度
D8283	D8283	D8293	D8263	D8273	D8283	D8293	通道 4 测定温度

2．温度的读取程序

在测量温度时，FX$_{3U}$-4AD-PT-ADP 温度模拟量输入特殊适配器会自动将转换得到的温度值（数字量温度）存放到与之连接的 PLC 特定数据寄存器中，为了避免被后面的温度值覆盖，应使用程序从这些特定数据寄存器中读出温度值，传送给其他普通的数据寄存器。

图 10-28　FX$_{3U}$、FX$_{3UC}$ 型 PLC 连接一台 FX$_{3U}$-4AD-PT-ADP 时的温度值读取程序

图 10-28 所示是 FX$_{3U}$、FX$_{3UC}$ 型 PLC 连接一台 FX$_{3U}$-4AD-PT-ADP 时的温度值读取程序。PLC 通电后，M8000 触点始终闭合，两个 MOV 指令先后执行，第 1 个 MOV 指令将 FX$_{3U}$-4AD-PT-ADP 的 CH1 通道的温度值（存放在 D8260 中）传送给 D100，第 2 个 MOV 指令将 CH2 通道的温度值（存放在 D8261 中）传送给 D101。

10.4.5　测量平均次数的设置

1．平均次数设置的特殊数据寄存器

在测量温度时，若温度经常快速波动变化，为了避免测到高值或低值而导致测量值偏差过大，可多次测量温度再取平均值保存到指定特殊数据寄存器中。FX$_{3U}$-4AD-PT-ADP 温度模拟量输入特殊适配器的测量平均次数由 PLC 特定的特殊数据寄存器设定，具体见表 10-8。比如 FX$_{3U}$ 系列 PLC 连接两台 FX$_{3U}$-4AD-PT-ADP 时，第 1 台 CH1 通道测量平均次数的特殊数据寄存器为 D8264，第 2 台 CH2 通道测量平均次数由 D8275 设定。

表 10-8　PLC 设置 FX$_{3U}$-4AD-PT-ADP 测量平均次数的特殊数据寄存器

FX$_{3S}$	FX$_{3G}$、FX$_{3GC}$		FX$_{3U}$、FX$_{3UC}$				说　明
仅可连接 1 台	第 1 台	第 2 台	第 1 台	第 2 台	第 3 台	第 4 台	
D8284	D8284	D8294	D8264	D8274	D8284	D8294	通道 1 平均次数（1～4095）
D8285	D8285	D8295	D8265	D8275	D8285	D8295	通道 2 平均次数（1～4095）
D8286	D8286	D8296	D8266	D8276	D8286	D8296	通道 3 平均次数（1～4095）
D8287	D8287	D8297	D8267	D8277	D8287	D8297	通道 4 平均次数（1～4095）

2. 测量平均次数的设置程序

图 10-29 所示是 FX$_{3U}$、FX$_{3UC}$ 型 PLC 连接一台 FX$_{3U}$-4AD-PT-ADP 时的测量平均次数设置程序。PLC 通电后，M8000 触点始终闭合，两个 MOV 指令先后执行，第 1 个 MOV 指令将 FX$_{3U}$-4AD-PT-ADP 的 CH1 通道平均测量次数设为 1 次（测量一次即保存），第 2 个 MOV 指令将 CH2 通道的平均测量次数设为 5 次（测量 5 次后取平均值保存）。

图 10-29　FX$_{3U}$、FX$_{3UC}$ 型 PLC 连接一台 FX$_{3U}$-4AD-PT-ADP 时的测量平均次数设置程序

10.4.6　错误状态的读取与清除

1. 错误状态的特殊数据寄存器

如果 FX$_{3U}$-4AD-PT-ADP 温度模拟量输入特殊适配器工作时发生错误，会将错误状态保存在 PLC 特定的特殊数据寄存器中，具体见表 10-9。比如 FX$_{3U}$ 系列 PLC 连接两台 FX$_{3U}$-4AD-PT-ADP 时，第 1 台 CH1 通道的错误状态保存在 D8268 中，第 2 台 CH2 通道的错误状态保存在 D8278 中。

表 10-9　PLC 保存 FX$_{3U}$-4AD-PT-ADP 错误状态的特殊数据寄存器

FX$_{3S}$	FX$_{3G}$、FX$_{3GC}$		FX$_{3U}$、FX$_{3UC}$				说　明
仅可连接 1 台	第 1 台	第 2 台	第 1 台	第 2 台	第 3 台	第 4 台	
M8288	M8288	M8298	M8268	M8278	M8288	M8298	错误状态

FX$_{3U}$-4AD-PT-ADP 的错误状态寄存器有 16 位，b0～b7 位分别表示不同的错误信息，b8～15 位不使用，具体见表 10-10。

表 10-10　FX$_{3U}$-4AD-PT-ADP 的错误状态寄存器各位的错误含义

位	说　明	位	说　明
b0	通道 1 测定温度范围外或者检测出断线	b5	平均次数的设定错误
b1	通道 2 测定温度范围外或者检测出断线	b6	PT-ADP 硬件错误
b2	通道 3 测定温度范围外或者检测出断线	b7	PT-ADP 通信数据错误
b3	通道 4 测定温度范围外或者检测出断线	b8～b15	未使用
b4	EEPROM 错误	—	

2. 错误状态的读取程序

当使用 FX$_{3U}$-4AD-PT-ADP 出现错误时，可通过读取其错误状态寄存器的值来了解错误情况。

图 10-30 所示是两种功能相同的读取 FX$_{3U}$-4AD-PT-ADP 错误状态寄存器的程序。图 10-30（a）所示程序适合所有 FX$_3$ 系列 PLC。PLC 通电后，M8000 触点始终闭合，MOV 指令将 D8288（FX$_{3S}$、FX$_{3G}$ 的第 1 台或 FX$_{3U}$、FX$_{3UC}$ 的第 3 台特殊适配器的错误状态寄存器）的 b0～b15 位值传送给 M0～M15。如果 M0 值（来自 D8288 的 b0 位）为 1，表明特殊适配器 CH1 通道测量的温度超出范围或测量出现断线，M0 触点闭合，Y000 线圈得电，通过 Y0 端子输出错误指示；如果 M1 值（来自 D8288 的 b1 位）为 1，表明特殊适配器 CH2 通道测量的温度超出范围或测量出现断线，M1 触点闭合，Y001 线圈得电，通过 Y1 端子输出错误指示。图 10-30（b）所示程序的功能相同，但仅 FX$_{3U/3UC}$ 系列 PLC 可使用这种形式的程序。

图 10-30　两种功能相同的读取 FX$_{3U}$-4AD-PT-ADP 错误状态寄存器的程序

3. 错误状态的清除程序

当 FX$_{3U}$-4AD-PT-ADP 出现硬件错误时，会使错误状态寄存器的 b6 位置 1；出现通信数据错误时，会使 b7 位置 1。故障排除 PLC 重新上电后，需要用程序将这些位的错误状态值清 0。

图 10-31 所示是两种功能相同的 FX$_{3U}$-4AD-PT-ADP 错误状态寄存器 b6、b7 位清 0 的程序，图 10-31（a）所示程序适合所有 FX$_3$ 系列 PLC 使用，图 10-31（b）所示程序仅限 FX$_{3U/3UC}$ 系列 PLC 使用。以图 10-31（a）所示程序为例，PLC 通电后，M8000 触点始终闭合，将 D8288 的 16 位值分别传送给 M0～M15，M8002 触点闭合，先后用 RST 指令将 M6、M7 位复位为 0，再将 M0～M15 的值传送给 D8288，这样 D8288 的 b6、b7 位就变为 0。

图 10-31　两种功能相同的 FX$_{3U}$-4AD-PT-ADP 错误状态寄存器 b6、b7 位清 0 的程序

PLC 通信

11.1 通信基础知识

通信是指一地与另一地之间的信息传递。PLC 通信是指 PLC 与计算机、PLC 与 PLC、PLC 与人机界面（触摸屏）和 PLC 与其他智能设备之间的数据传递。

 ### 11.1.1 通信方式

1. 有线通信和无线通信

有线通信是指以导线、电缆、光缆、纳米材料等看得见的材料为传输媒质的通信。无线通信是指以看不见的材料（如电磁波）为传输媒质的通信，常见的无线通信有微波通信、短波通信、移动通信和卫星通信等。

2. 并行通信和串行通信

（1）并行通信

同时传输多位数据的通信方式称为并行通信。并行通信如图 11-1（a）所示，计算机中的 8 位数据 10011101 通过 8 条数据线同时送到外部设备中。并行通信的特点是数据传输速度快，但由于需要的传输线多，故成本高，只适合近距离的数据通信。PLC 主机与扩

图 11-1 并行通信与串行通信

展模块之间通常采用并行通信。

（2）串行通信

逐位传输数据的通信方式称为串行通信。串行通信如图 11-1（b）所示，计算机中的 8 位数据 10011101 通过一条数据线逐位传送到外部设备中。串行通信的特点是数据传输速度慢，但由于只需要一条传输线，故成本低，适合远距离的数据通信。PLC 与计算机、PLC 与 PLC、PLC 与人机界面之间通常采用串行通信。

3．异步通信和同步通信

串行通信又可分为异步通信和同步通信。PLC 与其他设备通信主要采用串行异步通信方式。

（1）异步通信

在异步通信中，数据是一帧一帧地传送的。异步通信如图 11-2 所示，这种通信以帧为单位进行数据传输，一帧数据传送完成后，可以接着传送下一帧数据，也可以等待，等待期间为空闲位（高电平）。

图 11-2　异步通信

异步通信时，帧数据有一定的格式，如图 11-3 所示。从图中可以看出，一帧数据由起始位、数据位、奇偶校验位和停止位组成。

图 11-3　异步通信帧数据格式

起始位：表示一帧数据的开始，起始位一定为低电平。当甲机要发送数据时，先送一个低电平（起始位）到乙机，乙机接收到起始信号后，马上开始接收数据。

数据位：它是要传送的数据，紧跟在起始位后面。数据位的数据为 5～8 位，传送数据时是从低位到高位逐位进行的。

奇偶校验位：该位用于检验传送的数据有无错误。奇偶校验是检查数据传送过程中有无发生错误的一种校验方式，它分为奇校验和偶校验。奇校验是指数据和校验位中 1 的总个数为奇数，偶校验是指数据和校验位中 1 的总个数为偶数。

以奇校验为例，如果发送设备传送的数据中有偶数个 1，为保证数据和校验位中 1 的总个数为奇数，奇偶校验位应为 1。如果在传送过程中数据发生错误，其中一个 1 变为 0，那么传送到接收设备的数据和校验位中 1 的总个数为偶数，外部设备就知道传送过来的数据发生错误，会要求重新传送数据。

数据传送采用奇校验或偶校验均可，但要求发送端和接收端的校验方式一致。在帧数据中，奇偶校验位也可以不用。

停止位：它表示一帧数据的结束。停止位可以是 1 位、1.5 位或 2 位，但一定为高电平。

一帧数据传送结束后，可以接着传送第二帧数据，也可以等待，等待期间数据线为高电平（空闲位）。如果要传送下一帧，只要让数据线由高电平变为低电平（下一帧起始位开始），接收器即开始接收下一帧数据。

（2）同步通信

在异步通信中，每一帧数据发送前要用起始位，在结束时要用停止位，这样会占用一定的时间，导致数据传输速度较慢。为了提高数据传输速度，在计算机与一些高速设备进行数据通信时，常采用同步通信。同步通信的数据格式如图 11-4 所示。

图 11-4　同步通信的数据格式

从图中可以看出，同步通信的数据后面取消了停止位，前面的起始位用同步信号代替，在同步信号后面可以跟很多数据，所以同步通信传输速度快，但由于同步通信要求发送端和接收端严格保持同步，这需要用复杂的电路来保证，所以 PLC 不采用这种通信方式。

4．单工通信和双工通信

在串行通信中，根据数据传输方向的不同，可分为三种通信方式：单工通信、半双工通信和全双工通信。这三种通信方式如图 11-5 所示。

图 11-5　三种通信方式

① 单工通信：在这种方式下，数据只能往一个方向传送。单工通信如图 11-5（a）所示，数据只能由发送端（T）传输给接收端（R）。

② 半双工通信：在这种方式下，数据可以双向传送，但同一时间内，只能往一个方向传送，只有一个方向的数据传送完成后，才能往另一个方向传送数据。半双工通信如图 11-5（b）所示，通信的双方都有发送器和接收器，一方发送时，另一方接收，由于只有一条数据线，所以双方不能在发送数据时同时接收数据。

③ 全双工通信：在这种方式下，数据可以双向传送，通信的双方都有发送器和接收器，由于有两条数据线，所以双方在发送数据的同时可以接收数据。全双工通信如图 11-5（c）所示。

11.1.2 通信传输介质

有线通信采用的传输介质主要有双绞线、同轴电缆和光缆。这三种通信传输介质如图 11-6 所示。

(a) 双绞线　　　　(b) 同轴电缆　　　　(c) 光缆

图 11-6　三种通信传输介质

（1）双绞线

双绞线是将两根导线扭绞在一起，以减少电磁波的干扰，如果再加上屏蔽套层，则抗干扰能力更好。双绞线的成本低、安装简单，RS-232C、RS-422 和 RS-485 等接口多用双绞线电缆进行通信连接。

（2）同轴电缆

同轴电缆从内到外依次为内导体（芯线）、绝缘线、屏蔽层及外保护层。由于从截面看这四层构成了 4 个同心圆，故称为同轴电缆。根据通频带不同，同轴电缆可分为基带（5052）和宽带（7552）两种，其中基带同轴电缆常用于 Ethernet（以太网）中。同轴电缆的传送速率高、传输距离远，但价格较双绞线高。

（3）光缆

光缆由石英玻璃经特殊工艺拉成细丝结构，这种细丝比头发丝还要细，一般直径为 8～95μm（单模光纤）及 50/62.5μm（多模光纤，50μm 为欧洲标准，62.5μm 为美国标准），但它能传输的数据量却是巨大的。

光缆是以光的形式传输信号的，其优点是传输的为数字的光脉冲信号，不会受电磁干扰、不怕雷击、不易被窃听、数据传输安全性好、传输距离长、且带宽宽、传输速度快。但由于通信双方发送和接收的都是电信号，因此通信双方都需要使用价格昂贵的光纤设备进行光电转换。另外，光纤连接头的制作与光纤连接需要专门的工具和专门的技术人员。

双绞线、同轴电缆和光缆的参数特性见表 11-1。

表 11-1　双绞线、同轴电缆和光缆的参数特性

特　　性	双 绞 线	同轴电缆		光　　缆
		基带（50Ω）	宽带（75Ω）	
传输速率	1～4Mbit/s	1～10Mbit/s	1～450Mbit/s	10～500Mbit/s
网络段最大长度	1.5km	1～3km	10km	50km
抗电磁干扰能力	弱	中	中	强

11.2　通信接口设备

PLC 通信接口主要有三种标准：RS-232C、RS-422 和 RS-485。在 PLC 和其他设备通信时，如果所用的 PLC 自身无相关的通信接口，就需要安装带相应接口的通信板或通信模块。三菱 FX 系列 PLC 常用的通信板有 FX-232-BD、FX-422-BD 和 FX-485-BD。

11.2.1　FX-232-BD 通信板

利用 FX-232-BD 通信板，PLC 可与具有 RS-232C 接口的设备（如个人计算机、条码阅读器和打印机等）进行通信。

1. 外形与安装

FX-232-BD 通信板如图 11-7 所示，从左至右依次为 FX_{2N}-232-BD、FX_{3U}-232-BD、FX_{3G}-232-BD，分别适合安装在 FX_{2N}、FX_{3U} 和 FX_{3G} 基本单元上。在安装通信板时，先拆下基本单元相应位置的盖子，再将通信板上的连接器插入 PLC 电路板的连接器插槽内。

(a) FX_{2N}-232-BD　　　　　　　(b) FX_{3U}-232-BD　　　　　　　(c) FX_{3G}-232-BD

图 11-7　FX-232-BD 通信板

2. RS-232C 接口的电气特性

FX-232-BD 通信板上有一个 RS-232C 接口。RS-232C 接口又称 COM 接口，是美国 1969 年公布的串行通信接口，至今在计算机和 PLC 等工业控制中还广泛使用。RS-232C 标准有以下特点。

① 采用负逻辑，用 +5～+15V 表示逻辑"0"，用 −5～−15V 表示逻辑"1"。

② 只能进行一对一方式通信，最大通信距离为 15m，最高数据传输速率为 20Kbit/s。

③ 该标准有 9 针和 25 针两种类型的接口，9 针接口使用更广泛，PLC 采用 9 针接口。

④ 该标准的接口采用单端发送、单端接收电路，如图 11-8 所示，这种电路的抗干扰性较差。

(a) 信号连接　　　　　　　　　　　　　　　(b) 电路结构

图 11-8　RS-232C 接口的结构

3. RS-232C 接口的针脚功能定义

RS-232C 接口有 9 针和 25 针两种类型，FX-232-BD 通信板上有一个 9 针的 RS-232C 接口，各针脚功能定义如图 11-9 所示。

针脚号	信　号	意　义	功　能
1	CD (DCD)	载波检测	当检测到数据接收载波时为ON
2	RD (RXD)	接收数据	接收数据（RS-232C设备到232BD）
3	SD (TXD)	发送数据	发送数据（232BD到RS-232C设备）
4	ER (DTR)	发送请求	数据发送到RS-232C设备的信号请求准备
5	SG (GND)	信号地	信号地
6	DR (DSR)	发送使能	表示RS-232C设备准备好接收
7~9	NC	不接	

图 11-9　RS-232C 接口的针脚功能定义

4. 通信接线

PLC 要通过 FX-232-BD 通信板与 RS-232C 设备通信，必须使用电缆将通信板的 RS-232C 接口与 RS-232C 设备的 RS-232C 接口连接起来。根据 RS-232C 设备特性不同，电缆接线主要有以下两种方式。

（1）通信板与普通特性的 RS-232C 设备的接线

FX-232-BD 通信板与普通特性 RS-232C 设备的接线方式如图 11-10 所示，这种连接方式不是将同名端连接起来,而是将一台设备的发送端与另一台设备的接收端连接起来。

普通的RS-232C设备					
使用ER、DR*			使用RS、CS		
意义	25针D-SUB	9针D-SUB	意义	25针D-SUB	9针D-SUB
RD (RXD)	③	②	RD (RXD)	③	②
SD (TXD)	②	③	SD (TXD)	②	③
ER (DTR)	⑳	④	RS (RTS)	④	⑦
SG (GND)	⑦	⑤	SG (GND)	⑦	⑤
DR (DSR)	⑥	⑥	CS (CTS)	⑤	⑧

FX₂N-232-BD通信板
9针D-SUB
② RD (RXD)
③ SD (TXD)
④ ER (DTR)
⑤ SG (GND)
⑥ DR (DSR)

PLC基本单元

注:*使用ER和DR信号时,根据RS-232C设备的特性,检查是否需要RS和CS信号。

图 11-10　FX-232-BD 通信板与普通特性 RS-232C 设备的接线方式

(2) 通信板与调制解调器特性的 RS-232C 设备的接线

RS-232C 接口之间的信号传输距离最大不能超过 15m,如果需要进行远距离通信,可以给通信板 RS-232C 接口接上调制解调器(MODEM),这样 PLC 可通过 MODEM 和电话线与遥远的其他设备进行通信。FX-232-BD 通信板与调制解调器特性的 RS-232C 设备的接线方式如图 11-11 所示。

调制解调器特性的RS-232C设备					
使用ER、DR*			使用RS、CS		
意义	25针D-SUB	9针D-SUB	意义	25针D-SUB	9针D-SUB
CD (DCD)	⑧	①	CD (DCD)	⑧	①
RD (RXD)	③	②	RD (RXD)	③	②
SD (TXD)	②	③	SD (TXD)	②	③
ER (DTR)	⑳	④	RS (RTS)	④	⑦
SG (GND)	⑦	⑤	SG (GND)	⑦	⑤
DR (DSR)	⑥	⑥	CS (CTS)	⑤	⑧

FX₂N-232-BD通信板
9针D-SUB
① CD (DCD)
② RD (RXD)
③ SD (TXD)
④ ER (DTR)
⑤ SG (GND)
⑥ DR (DSR)

PLC基本单元

注:*使用ER和DR信号时,根据RS-232C设备的特性,检查是否需要RS和CS信号。

图 11-11　FX-232-BD 通信板与调制解调器特性的 RS-232C 设备的接线方式

11.2.2　FX-422-BD 通信板

利用 FX-422-BD 通信板,PLC 可与编程器(手持编程器或编程计算机)通信,也可与 DU 单元(文本显示器)通信。三菱 FX 基本单元自身带有一个 422 接口,如果再使用 FX-422-BD 通信板,则可同时连接两个 DU 单元或连接一个 DU 单元与一个编程工具。由于基本单元只有一个相关的连接插槽,故基本单元只能连接一个通信板,即 FX-422-BD、FX-485-BD、FX-232-BD 通信板无法同时安装在基本单元上。

1. 外形与安装

FX-422-BD 通信板如图 11-12 所示,从左至右依次为 FX₂N-422-BD、FX₃U-422-BD、FX₃G-422-BD,分别适合安装在 FX₂N、FX₃U 和 FX₃G 基本单元上。FX-422-BD 通信板的安装方法与 FX-232-BD 通信板相同。

(a) FX$_{2N}$-422-BD　　　　(b) FX$_{3U}$-422-BD　　　　(c) FX$_{3G}$-422-BD

图 11-12　FX-422-BD 通信板

2. RS-422 接口的电气特性

FX-422-BD 通信板上有一个 RS-422 接口。RS-422 接口采用平衡驱动差分接收电路，如图 11-13 所示。该电路采用极性相反的两根导线传送信号，这两根线都不接地，当 B 线电压比 A 线电压高时，规定传送"1"电平；当 A 线电压比 B 线电压高时，规定传送"0"电平，A、B 线的电压差可从零点几伏到近十伏。采用平衡驱动差分接收电路作为接口电路，可使 RS-422 接口有较强的抗干扰性。

RS-422 接口采用发送和接收分开处理的方式，数据传送采用 4 根导线，如图 11-14 所示。由于发送和接收独立，两者可同时进行，故 RS-422 通信是全双工方式。与 RS-232C 接口相比，RS-422 的通信速率和传输距离有了很大的提高，在最高通信速率 10Mbit/s 时最大通信距离为 12m，在通信速率为 100Kbit/s 时最大通信距离可达 1200m，一个发送端可接 12 个接收端。

图 11-13　平衡驱动差分接收电路

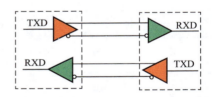

图 11-14　RS-422 接口的电路结构

3. RS-422 接口的针脚功能定义

RS-422 接口没有特定的形状，FX-422-BD 通信板上有一个 8 针的 RS-422 接口，各针脚功能定义如图 11-15 所示。

图 11-15　RS-422 接口针脚功能定义

11.2.3 FX-485-BD 通信板

利用 FX-485-BD 通信板，可让两台 PLC 连接通信，也可以进行多台 PLC 的 $N:N$ 通信。如果使用 RS-485/RS-232C 转换器，PLC 还可以与具有 RS-232C 接口的设备（如个人计算机、条码阅读器和打印机等）进行通信。

1. 外形与安装

FX-485-BD 通信板如图 11-16 所示，从左至右依次为 FX_{2N}-485-BD、FX_{3U}-485-BD、FX_{3G}-485-BD，分别适合安装在 FX_{2N}、FX_{3U} 和 FX_{3G} 基本单元上。FX-485-BD 通信板的安装方法与 FX-232-BD 通信板相同。

(a) FX_{2N}-485-BD

(b) FX_{3U}-485-BD

(c) FX_{3G}-485-BD

图 11-16　FX-485-BD 通信板

2. RS-485 接口的电气特性

RS-485 是 RS-422A 的变形，RS-485 接口可使用一对平衡驱动差分信号线，电路结构如图 11-17 所示。由于发送和接收不能同时进行，属于半双工通信方式。使用 RS-485 接口与双绞线可以组成分布式串行通信网络，如图 11-18 所示，网络中最多可接 32 个站。

图 11-17　RS-485 接口的电路结构

图 11-18　RS-485 接口与双绞线组成分布式串行通信网络

3. RS-485 接口的针脚功能定义

RS-485 接口没有特定的形状，FX-485-BD 通信板上有一个 5 针的 RS-485 接口，各针脚功能定义如图 11-19 所示。

4. 通信接线

RS-485 设备之间的通信接线有 1 对和 2 对两种

图 11-19　RS-485 接口的针脚功能定义

方式,当使用 1 对接线方式时,设备之间只能进行半双工通信;当使用 2 对接线方式时,设备之间可进行全双工通信。

(1) 1 对接线方式

RS-485 设备的 1 对接线方式如图 11-20 所示。在使用 1 对接线方式时,需要将各设备的 RS-485 接口的发送端和接收端并接起来,设备之间使用 1 对线接各接口的同名端。另外,要在始端和终端设备的 RDA、RDB 端上接上 110Ω 的终端电阻,提高数据传输质量,减少干扰。

图 11-20　RS-485 设备的 1 对接线方式

(2) 2 对接线方式

RS-485 设备的 2 对接线方式如图 11-21 所示。在使用 2 对接线方式时,需要用 2 对线将主设备接口的发送端、接收端分别和从设备的接收端、发送端连接起来,从设备之间用 2 对线将同名端连接起来。另外,要在始端和终端设备的 RDA、RDB 端上接上 330Ω 的终端电阻,提高数据传输质量,减少干扰。

图 11-21　RS-485 设备的 2 对接线方式

11.3 PLC 通信实例

11.3.1 PLC 与打印机通信（无协议通信）

1. 通信要求

用一台三菱 FX_{3U} 型 PLC 与一台带有 RS-232C 接口的打印机进行通信，PLC 往打印机发送字符"0ABCDE"，打印机将接收的字符打印出来。

2. 硬件接线

三菱 FX_{3U} 型 PLC 自身带有 RS-422 接口，而打印机的接口类型为 RS-232C，由于接口类型不一致，故两者无法直接通信，给 PLC 安装 FX_{3U}-232-BD 通信板则可解决这个问题。三菱 FX_{3U} 型 PLC 与打印机的通信连接如图 11-22 所示，其中 RS-232 电缆需要用户自己制作，电缆的接线方法见图 11-10。

图 11-22 三菱 FX_{3U} 型 PLC 与打印机的通信连接

3. 通信程序

PLC 的无协议通信一般使用 RS（串行数据传送）指令来编写。PLC 与打印机的通信程序如图 11-23 所示。

程序工作说明如下。

PLC 运行期间，M8000 触点始终闭合，M8161 继电器（数据传送模式继电器）为 1，将数据传送设为 8 位模式。PLC 运行时，M8002 触点接通一个扫描周期，向 D8120 存储器（通信格式存储器）写入 H67，将通信格式设为：数据长 =8 位，奇偶校验 = 偶校验，停止位 = 1 位，通信速率 =2400bit/s。当 PLC 的 X000 端子外接开关闭合时，程序中的 X000 常开触点闭合，RS 指令执行，将 D300～D307 设为发送数据存储区，无接收数据存储区。当 PLC 的 X001 端子外接开关闭合时，程序中的 X001 常开触点由断开转为闭合，产生一个上升沿脉冲，M0 线圈得电一个扫描周期（即 M0 继电器在一个扫描周期内为 1），M0 常开触点接通一个扫描周期，8 个 MOV 指令从上到下依次执行，分别将字符 0、A、B、C、D、E、回车、换行的 ASCII 码送入 D300～D307，再执行 SET 指令，将 M8122 继电器（发送请求标志继电器）置 1，PLC 马上将 D300～D307 中的数据通过通信板上的 RS-232C 接口发送给打印机，打印机则将这些字符打印出来。

图 11-23　PLC 与打印机的通信程序

4．与无协议通信有关的特殊功能继电器和数据寄存器

在图 11-23 所示程序中用到了特殊功能继电器 M8161、M8122 和特殊功能数据存储器 D8120，在使用 RS 指令进行无协议通信时，可以使用表 11-2 中的特殊功能继电器和表 11-3 中的特殊功能数据存储器。

表 11-2　与无协议通信有关的特殊功能继电器

特殊功能继电器	名　　称	内　　容	R/W
M8063	串行通信错误（通道 1）	发生通信错误时置 ON。当串行通信错误（M8063）为 ON 时，在 D8063 中保存代码	R
M8120	保持通信设定用	保持通信设定状态（FX_{0N} 可编程控制器用）	W
M8121	等待发送标志位	等待发送状态时置 ON	R
M8122	发送请求	设置发送请求后，开始发送	R/W
M8123	接收结束标志位	接收结束时置 ON。当接收结束标志位（M8123）为 ON 时，不能再接收数据	R/W
M8124	载波检测标志位	与 CD 信号同步置 ON	R

（续表）

特殊功能继电器	名　称	内　容	R/W
M8129[*1]	超时判定标志位	当接收数据中断，在超时时间设定（D8129）中设定的时间内，没有收到要接收的数据时置 ON	R/W
M8161	8 位处理模式	在 16 位数据和 8 位数据之间切换发送接收数据。 ON：8 位模式； OFF：16 位模式	W

注：[*1] FO$_{0N}$、FX$_2$（FX）、FX$_{2C}$、FX$_{2N}$（Ver.2.00 以下）尚未对应。

表 11-3　与无协议通信有关的特殊功能数据存储器

特殊功能继电器	名　称	内　容	R/W
D8063	显示错误代码	当串行通信错误（M8063）为 ON 时，在 D8063 中保存错误代码	R/W
D8120	通信格式设定	可以进行通信格式设定	R/W
D8122	发送数据的剩余点数	保存要发送的数据的剩余点数	R
D8123	接收点数的监控	保存已接收到的数据点数	R
D8124	报头	设定报头。初始值：STX（H02）	R/W
D8125	报尾	设定报尾。初始值：ETX（H03）	R/W
D8129[*1]	超时时间设定	设定超时的时间	R/W
D8405[*2]	显示通信参数	保存在可编程控制器中设定的通信参数	R
D8419[*2]	动作方式显示	保存正在执行的通信功能	R

注：[*1] FO$_{0N}$、FX$_2$（FX）、FX$_{2C}$、FX$_{2N}$（Ver.2.00 以下）尚未对应。
　　[*2] 仅 FX$_{3G}$、FX$_{3U}$、FX$_{3UC}$ 可编程控制器对应。

11.3.2　两台 PLC 通信（并联连接通信）

并联连接通信是指两台同系列 PLC 之间的通信。不同系列的 PLC 不能采用这种通信方式。两台 PLC 并联连接通信示意图如图 11-24 所示。

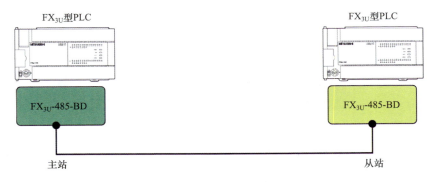

图 11-24　两台 PLC 并联连接通信示意图

1．并联连接的两种通信模式及功能

当两台 PLC 进行并联连接通信时，可以将一方特定区域的数据传送到对方特定的区域。并联连接通信有普通并联连接通信和高速并联连接通信两种模式。

(1) 普通并联连接通信模式

普通并联连接通信模式如图 11-25 所示。当某 PLC 中的 M8070 继电器为 ON 时，该 PLC 规定为主站；当某 PLC 中的 M8071 继电器为 ON 时，该 PLC 被设定为从站。在该模式下，只要主、从站已设定，并且两者之间已接好通信电缆，主站的 M800～M899 继电器的状态会自动通过通信电缆传送给从站的 M800～M899 继电器，主站的 D490～D499 数据寄存器中的数据会自动送入从站的 D490～D499，与此同时，从站的 M900～M999 继电器状态会自动传送给主站的 M900～M990 继电器，从站的 D500～D509 数据寄存器中的数据会自动传入主站的 D500～D509。

图 11-25　普通并联连接通信模式

(2) 高速并联连接通信模式

高速并联连接通信模式如图 11-26 所示。PLC 中的 M8070、M8071 继电器的状态分别用来设定主、从站，M8162 继电器的状态用来设定通信模式为高速并联连接通信。在该模式下，主站的 D490、D491 中的数据自动高速送入从站的 D490、D491 中，而从站的 D500、D501 中的数据自动高速送入主站的 D500、D501 中。

图 11-26　高速并联连接通信模式

2. 与并联连接通信有关的特殊功能继电器

在图 11-26 中用到了特殊功能继电器 M8070、M8071 和 M8162，与并联连接通信模式有关的特殊功能继电器见表11-4。

表11-4 与并联连接通信模式有关的特殊功能继电器

特殊功能继电器		名称	内容
通信设定	M8070	设定为并联连接的主站	置ON时，作为主站连接
	M8071	设定为并联连接的从站	置ON时，作为从站连接
	M8162	高速并联连接模式	使用高速并联连接模式时置ON
	M8178	通道的设定	设定要使用的通信口的通道（使用FX_{3G}、FX_{3U}、FX_{3UC}时）。OFF：通道1；ON：通道2
	D8070	判断为错误的时间（ms）	设定判断并联连接数据通信错误时间［初始值：500］
通信错误判断	M8072	并联连接运行中	并联连接运行中置ON
	M8073	主站/从站的设定异常	主站或从站的设定内容中有错误时置ON
	M8063	连接错误	通信错误时置ON

2．通信接线

并联连接通信采用485端口，如果两台PLC都采用安装RS-485-BD通信卡的方式进行通信连接，则通信距离不能超过50m；如果两台PLC都采用安装485ADP通信模块的方式进行通信连接，则通信最大距离可达500m。并联连接通信的485端口之间有1对接线和2对接线两种方式。

并联连接通信485端口1对接线方式如图11-27所示，2对接线方式如图11-28所示。

图11-27 并联连接通信485端口1对接线方式

图11-28 并联连接通信485端口2对接线方式

3．两台PLC并联连接通信实例

（1）通信要求

两台PLC并联连接通信要求如下。

① 将主站X000～X007端子的输入状态传送到从站的Y000～Y007端子输出。例如，主站的X000端子输入为ON，通过通信使从站的Y000端子输出为ON。

② 将主站的 D0、D2 中的数值进行加法运算，如果结果大于 100，则让从站的 Y010 端子输出 OFF。

③ 将从站的 M0～M7 继电器的状态传送到主站的 Y000～Y007 端子输出。

④ 当从站的 X010 端子输入为 ON 时，将从站 D10 中的数值送入主站；当主站的 X010 端子输入为 ON 时，主站以从站 D10 送来的数值作为计时值开始计时。

（2）通信程序

通信程序由主站程序和从站程序组成，主站程序写入作为主站的 PLC，从站程序写入作为从站的 PLC。两台 PLC 并联连接通信的主、从站程序如图 11-29 所示。

图 11-29　两台 PLC 并联连接通信的主、从站程序

主站→从站方向的数据传送途径如下。

① 主站的 X000～X007 端子→主站的 M800～M807→从站的 M800～M807→从站的 Y000～Y007 端子。

② 在主站中进行 D0、D2 加运算，其和值→主站的 D490→从站的 D490，在从站中将 D490 中的值与数值 100 进行比较，如果 D490 值>100，则让从站的 Y010 端子输出为 OFF。

从站→主站方向的数据传送途径如下。

① 从站的 M0～M7→从站的 M900～M907→主站的 M900～M907→主站的 Y000～Y007 端子。

② 从站的 D10 值→从站的 D500→主站的 D500，主站以 D500 值（即从站的 D10 值）作为定时器计时值计时。

11.3.3 多台 PLC 通信（$N:N$ 网络通信）

$N:N$ 网络通信是指最多 8 台 FX 系列 PLC 通过 RS-485 端口进行的通信。图 11-30 所示为 $N:N$ 网络通信示意图，在通信时，如果有一方使用 RS-485 通信板，则通信距离最大为 50m；如果通信各方都使用 485ADP 模块，则通信距离可达 500m。

图 11-30 $N:N$ 网络通信示意图

1. $N:N$ 网络通信的三种模式

$N:N$ 网络通信有三种模式，分别是模式 0、模式 1 和模式 2，这些模式的区别在于允许传送的点数不同。

（1）模式 2 说明

当 $N:N$ 网络使用模式 2 进行通信时，其传送点数如图 11-31 所示。在该模式下，主站的 M1000～M1063（64 点）的状态值和 D0～D7（7 点）的数据传送目标为从站 1～从站 7 的 M1000～M1063 和 D0～D7；从站 1 的 M1064～M1127（64 点）的状态值和 D10～D17（8 点）的数据传送目标为主站、从站 2～从站 7 的 M1064～M1127 和 D10～D17；以此类推，从站 7 的 M1448～M1511（64 点）的状态值和 D70～D77（8 点）的数据传送目标为主站、从站 2～从站 6 的 M1448～M1511 和 D70～D77。

图 11-31　N：N 网络在模式 2 通信时的传送点数

（2）三种模式传送的点数

在进行 N：N 网络通信时，不同的站点可以向其他站点传送自身特定软元件中的数据。N：N 网络通信三种模式下各站点分配用作发送数据的软元件见表 11-5，在不同的通信模式下，各个站点都分配不同的软元件来发送数据。例如，在模式 1 时主站只能将自己的 M1000～M1031（32 点）和 D0～D3（4 点）的数据发送给其他站点相同编号的软元件，主站的 M1064～M1095、D10～D13 等软元件只能接收其他站点传送来的数据。在 N：N 网络中，如果将 FX$_{1S}$、FX$_{0N}$ 系列的 PLC 用作工作站，则通信不能使用模式 1 和模式 2。

表 11-5　N：N 网络通信三种模式下各站点分配用作发送数据的软元件

站号		模式 0		模式 1		模式 2	
		位软元件（M）	字软元件（D）	位软元件（M）	字软元件（D）	位软元件（M）	字软元件（D）
		0 点	各站 4 点	各站 32 点	各站 4 点	各站 64 点	各点 8 点
主站	站号 0	—	D0～D3	M1000～M1031	D0～D3	M1000～M1063	D0～D7
从站	站号 1	—	D10～D13	M1064～M1095	D10～D13	M1064～M1127	D10～D17
	站号 2	—	D20～D23	M1128～M1159	D20～D23	M1128～M1191	D20～D27
	站号 3	—	D30～D33	M1192～M1223	D30～D33	M1192～M1255	D30～D37
	站号 4	—	D40～D43	M1256～M1287	D40～D43	M1256～M1319	D40～D47
	站号 5	—	D50～D53	M1320～M1351	D50～D53	M1320～M1383	D50～D57
	站号 6	—	D60～D63	M1384～M1415	D60～D63	M1384～M1447	D60～D67
	站号 7	—	D70～D73	M1448～M1479	D70～D73	M1448～M1511	D70～D77

2．与 N：N 网络通信有关的特殊功能元件

在进行 N：N 网络通信时，需要使用一些特殊功能的元件来设置通信和反映通信状态信息，与 N：N 网络通信有关的特殊功能元件见表 11-6。

表 11-6　与 N∶N 网络通信有关的特殊功能元件

软元件		名　称	内　容	设定值
通信设定	M8038	设定参数	设定通信参数用的标志位。 也可以作为确认有无 N∶N 网络程序用的标志位。 在顺控程序中请勿置 ON	
	M8179	通道的设定	设定所使用的通信口的通道（使用 FX_{3G}、FX_{3U}、FX_{3UC} 时）。 请在顺控程序中设定。 无程序：通道 1；有 OUT M8179 的程序：通道 2	
	D8176	相应站号的设定	N∶N 网络设定使用时的站号。 主站设定为 0，从站设定为 1~7 ［初始值：0］	0~7
	D8177	从站总数设定	设定从站的总站数。 从站的可编程控制中无须设定 ［初始值：7］	1~7
	D8178	刷新 范围的设定	选择要相互进行通信的软元件点数的模式。 从站的可编程控制器中无须设定 ［初始值：0］。 当混合有 FX_{0N}、FX_{1S} 系列时，仅可以设定模式 0	0~2
	D8179	重试次数	在即使重复指定次数的通信也没有响应的情况下，可以确认错误，以及其他站的错误。 从站的可编程控制器中无须设定 ［初始值：3］	0~10
	D8180	监视时间	设定用于判断通信异常的时间（50~2550ms）。 以 10ms 为单位进行设定。从站的可编程控制器中无须设定 ［初始值：5］	5~255
反映通信错误	M8183	主站的数据传送	当主站中发生数据传送序列错误时置 ON	
	M8184~M8190	从站的数据传送序列错误	当各从站发生数据传送序列错误时置 ON	
	M8191	正在执行数据传送序列	执行 N∶N 网络时置 ON	

3．通信接线

N∶N 网络通信采用 485 端口，通信采用 1 对接线方式。N∶N 网络通信接线如图 11-32 所示。

4．三台 PLC 的 N∶N 网络通信实例

下面以三台 FX_{3U} 型 PLC 通信来说明 N∶N 网络通信，三台 PLC 进行 N∶N 网络通信的连接示意图如图 11-33 所示。

（1）通信要求

三台 PLC 并联连接通信要求实现的功能如下。

① 将主站 X000~X003 端子的输入状态分别传送到从站 1、从站 2 的 Y010~Y013

端子输出。例如，主站的 X000 端子输入为 ON，通过通信使从站 1、从站 2 的 Y010 端子输出均为 ON。

图 11-32　N∶N 网络通信接线

图 11-33　三台 PLC 进行 N∶N 网络通信的连接示意图

② 在主站将从站 1 的 X000 端子输入 ON 的检测次数设为 10，当从站 1 的 X000 端子输入 ON 的次数达到 10 次时，让主站、从站 1 和从站 2 的 Y005 端子输出均为 ON。

③ 在主站将从站 2 的 X000 端子输入 ON 的检测次数也设为 10，当从站 2 的 X000 端子输入 ON 的次数达到 10 次时，让主站、从站 1 和从站 2 的 Y006 端子输出均为 ON。

④ 在主站将从站 1 的 D10 值与从站 2 的 D20 值相加，结果存入本站的 D3。

⑤ 将从站 1 的 X000 ～ X003 端子的输入状态分别传送到主站、从站 2 的 Y014 ～ Y017 端子输出。

⑥ 在从站 1 将主站的 D0 值与从站 2 的 D20 值相加，结果存入本站的 D11。

⑦ 将从站 2 的 X000 ～ X003 端子的输入状态分别传送到主站、从站 1 的 Y020 ～ Y023 端子输出。

⑧ 在从站 2 将主站的 D0 值与从站 1 的 D10 值相加，结果存入本站的 D21。

（2）通信程序

三台 PLC 并联连接通信的程序由主站程序、从站 1 程序和从站 2 程序组成，主站程序写入作为主站的 PLC，从站 1 程序写入作为从站 1 的 PLC，从站 2 程序写入作为从站 2 的 PLC。三台 PLC 通信的主站程序、从站 1 程序和从站 2 程序如图 11-34 所示。

主站程序中的 [a1] ～ [a5] 程序用于设定 $N:N$ 网络通信，包括将当前站点设为主站、设置通信网络站点总数为 3、通信模式为模式 1、通信失败重试次数为 3、通信超时时间为 60ms。在进行 $N:N$ 网络通信时，三个站点在模式 1 时分配用作发送数据的软元件见表 11-7。

下面逐条说明通信程序实现 8 个功能的过程。

① 在主站程序中，[a6] MOV 指令将主站 X000 ～ X0003 端子的输入状态送到本站的 M1000 ～ M1003，再通过电缆发送到从站 1、从站 2 的 M1000 ～ M1003 中。在从站 1 程序中，[b3] MOV 指令将从站 1 的 M1000 ～ M1003 状态值送到本站 Y010 ～ Y013 端子输出。在从站 2 程序中，[c3] MOV 指令将从站 2 的 M1000 ～ M1003 状态值送到本站 Y010 ～ Y013 端子输出。

(a) 主站程序

图 11-34 三台 PLC 通信程序

图 11-34 三台 PLC 通信程序（续）

表 11-7　三个站点在模式 1 时分配用作发送数据的软元件

软元件	站　号		
	0 号站（主站）	1 号站（从站 1）	2 号站（从站 2）
位软元件（各 32 点）	M1000～M1031	M1064～M1095	M1128～M1159
字软元件（各 4 点）	D0～D3	D10～D13	D20～D23

② 在从站 1 程序中，[b4] MOV 指令将从站 1 的 X000～X003 端子的输入状态送到本站的 M1064～M1067，再通过电缆发送到主站 1、从站 2 的 M1064～M1067 中。在主站程序中，[a7] MOV 指令将本站的 M1064～M1067 状态值送到本站 Y014～Y017 端子输出。在从站 2 程序中，[c4] MOV 指令将从站 2 的 M1064～M1067 状态值送到本站 Y014～Y017 端子输出。

③ 在从站 2 程序中，[c5] MOV 指令将从站 2 的 X000～X003 端子的输入状态送到本站的 M1128～M1131，再通过电缆发送到主站 1、从站 1 的 M1128～M1131 中。在主站程序中，[a8] MOV 指令将本站的 M1128～M1131 状态值送到本站 Y020～Y023 端子输出。在从站 1 程序中，[b5] MOV 指令将从站 1 的 M1128～M1131 状态值送到本站 Y020～Y023 端子输出。

④ 在主站程序中，[a9] MOV 指令将 10 送入 D1，再通过电缆送入从站 1、从站 2 的 D1 中。在从站 1 程序中，[b6] 计数器 C1 以 D1 值（10）计数，当从站 1 的 X000 端子闭合达到 10 次时，C1 计数器动作，[b7] C1 常开触点闭合，本站的 Y005 端子输出为 ON，同时本站的 M1070 为 ON，M1070 的 ON 状态值通过电缆传送给主站、从站 2 的 M1070。在主站程序中，主站的 M1070 为 ON，[a10] M1070 常开触点闭合，主站的 Y005 端子输出为 ON。在从站 2 程序中，从站 2 的 M1070 为 ON，[c6] M1070 常开触点闭合，从站 2 的 Y005 端子输出为 ON。

⑤ 在主站程序中，[a11] MOV 指令将 10 送入 D2，再通过电缆送入从站 1、从站 2 的 D2 中。在从站 2 程序中，[c7] 计数器 C2 以 D2 值（10）计数，当从站 2 的 X000 端子闭合达到 10 次时，C2 计数器动作，[c8] C2 常开触点闭合，本站的 Y006 端子输出为 ON，同时本站的 M1140 为 ON，M1140 的 ON 状态值通过电缆传送给主站、从站 1 的 M1140。在主站程序中，主站的 M1140 为 ON，[a12] M1140 常开触点闭合，主站的 Y006 端子输出为 ON。在从站 1 程序中，从站 1 的 M1140 为 ON，[b9] M1140 常开触点闭合，从站 1 的 Y006 端子输出为 ON。

⑥ 在主站程序中，[a13] ADD 指令将 D10 值（来自从站 1）与 D20 值（来自从站 2）相加，结果存入本站的 D3 中。

⑦ 在从站 1 程序中，[b11] ADD 指令将 D0 值（来自主站）与 D20 值（来自从站 2）相加，结果存入本站的 D11 中。

⑧ 在从站 2 程序中，[c11] ADD 指令将 D0 值（来自主站）与 D10 值（来自从站 1）相加，结果存入本站的 D21 中。

三菱 FX₃ 系列 PLC 的硬件资源异同比较

类别	项目	内 容	FX₃SA FX₃S	FX₃GA FX₃G	FX₃GE	FX₃U	FX₃GC	FX₃UC
硬件	I/O 点数	输入输出点数最大 30 点	√	★	★	★	★	★
		输入输出点数最大 128 点		√	√	★	√	★
		输入输出点数最大 256 点				√		√
		包括连接点数最大 256 点		√	√	★	√	★
		包括连接点数最大 384 点				√		√
	电源	AC 电源	√	√	√	√		
		DC 电源	√ *1	√ *2	√	√	√	√
	输入形式	AC 100V				√		
		DC 24V	√	√	√	√	√	√
	输出形式	继电器输出	√	√	√	√		
		晶体管输出	√	√	√	√	√	√
		双向晶闸管输出				√		
	运算速度	标准速度运算	√	√	√	★	√	★
		高速运算				√		√
	通信端口	USB	√	√	√			
		RS-422	√	√	√	√	√	√
选件	模拟量输入/输出（电流/电压）	最大 4 通道	√	√	√	√	√	√
		最大 8 通道		√ *3	√ *3	★	√	★
		最大 16 通道				√		√
		最大 64 通道		√	√	√	√	√
	温度传感器输入	输入最大 4 通道	√	√	√	√	√	√
		输入最大 8 通道		√ *3	√ *3	★	√	★
		输入最大 16 通道				√		√
		输入最大 64 通道		√	√	√	√	√
		温度控制		√	√	√	√	√
	网络	CC-Link（主站/从站）		√	√	√	√	√
		Ethernet	√	√	√	√	√	√

(续表)

类别	项目		内容	FX$_{3SA}$ FX$_{3S}$	FX$_{3GA}$ FX$_{3G}$	FX$_{3GE}$	FX$_{3U}$	FX$_{3GC}$	FX$_{3UC}$
选件	通信		简易 PC 间连接（N:N 连接）/ 并联连接	√	√	√	√	√	√
			计算机连接通信（RS-232C/RS-485）	√	√	√	√	√	√
		无协议通信	1 通道（RS-232C /RS-485）	√	★	★	★	★	★
			多通道（RS-232C）		√	√	√	√	√
			多通道（RS-485）		√	√	√	√	√
		通信端口扩展	RS-485	√	√	√	√	√	√
			RS-232C	√	√	√	√	√	√
			USB				√		
			MODBUS	√	√	√	√	√	√
	变频器控制		模拟量控制		√	√	√	√	√
			脉冲宽度调制	√	√	√	√	√	√
			RS-485 通信	√	√	√	√	√	√
	定位		1～2 轴（100kHz）的内置定位	√	√	√	★	√	★
			最大 3 轴（100kHz）的内置定位		√ *4	√ *4	√		√
			最大 4 轴（200kHz）的高速输出适配器的扩展				√		
			最大 8 轴（1MHz）的特殊扩展模块的扩展				√		√
			最大 16 轴的 SSCNET Ⅲ 特殊扩展模块的扩展				√		√
			角度控制				√		√
	高速计数		最大 6 点 / 最高 60kHz	√	√	√	★	√	★
			最大 8 点 / 最高 100kHz				√		√
			最大 8 点 /200kHz 高速计数器适配器的扩展				√		
			高速计数器模块的扩展				√		√
	数据收集		CF 卡适配器			√			

注：√表示具备要求功能的产品系列；

★表示具备更高性能或者扩展性的产品系列；

*1 只适用于 FX$_{3S}$；

*2 只适用于 FX$_{3G}$；

*3 14 点 /24 点机型的基本单元最大可达 4 通道；

*4 14 点 /24 点机型的基本单元最大可达 2 轴。

三菱 FX₃ 系列 PLC 的软件资源异同比较

项 目	FX_{3SA}/FX_{3S}	FX_{3G} 系列	FX_{3U}/FX_{3UC}
I/O 点数	合计 30 点	合计 128 点（与 CC-Link 远程 I/O 并用时最大可达 256 点）	合计 256 点（与 CC-Link 远程 I/O 并用时最大可达 384 点）
控制范围	最大 30 点（不可扩展）	实际 I/O 最大 128 点和远程 I/O 最大 128 点	实际 I/O 最大 256 点和远程 I/O 最大 256 点
内存容量	内置 16000 步 EEPROM（程序容量 4000 步）	内置 32000 步 EEPROM 可安装 EEPROM 存储器盒 *1	内置 64000 步 RAM 可安装闪存存储器盒
运算处理速度	0.21μs（基本指令） 0.5μs～数百 μs（应用指令）	0.21μs（基本指令 / 标准模式时） 0.5μs～数百 μs（应用指令 / 标准模式时）	0.065μs（基本指令） 0.642μs～数百 μs（应用指令）
指令的种类	顺序指令：29 个 步进梯形图指令：2 个 应用指令：116 种	顺序指令：29 个 步进梯形图指令：2 个 应用指令：124 种	顺序指令：29 个 步进梯形图指令：2 个 应用指令：218 种
编程语言	步进梯形图、指令表、SFC 步进顺控功能图		
程序控制方法	循环运算方式、刷新模式处理		
程序保护	最大 16 字的关键字登录		
辅助继电器	一般用 1408 点（M0～M383，M512～M1535） EEPROM 保持用 128 点（M384～M511） 合计 1536 点	一般用 384 点（M0～M383） EEPROM 保持用 1152 点（M384～M1535） 一般用（可变更）6144 点（M1536～M7679） 合计 7680 点	一般用（可变更）500 点（M0～M499） 保持用（可变更）524 点（M500～M1023） 保持用（固定）6656 点（M1024～M7679） 合计 7680 点
特殊辅助继电器	512 点（M8000～M8511）		
状态	EEPROM 保持用 128 点（S0～S127） 一般用 128 点（S128～S255） 合计 256 点	EEPROM 保持用 1000 点（S0～S999） 一般用（使用电池时可变更）3096 点（S1000～S4095） 合计 4096 点	保持用（可变更）1000 点（S0～S999） 保持用 3096 点（S1000～S4095） 合计 4096 点

（续表）

项 目	FX$_{3SA}$/FX$_{3S}$	FX$_{3G}$ 系列	FX$_{3U}$/FX$_{3UC}$
计时器	100ms 计时器 69 点（T0～T62，T132～T137） 10ms/100ms 切换 31 点（T32～T62） 1ms 计时器 69 点（T63～T131） 合计 169 点	100ms 计时器 206 点（T0～T199，T250～T255） 10ms 计时器 46 点（T200～T245） 1ms 计时器 68 点（T246～T249，T256～T319） 合计 320 点	100ms 计时器 206 点（T0～T199，T250～T255） 10ms 计时器 46 点（T200～T245） 1ms 计时器 260 点（T246～T249，T256～T511） 合计 512 点
内置模拟量电位器	2 点 *1	—	
计数器	一般用 51 点（C0～C15，C200～C234） EEPROM 保持用 16 点（C16～C31） 合计 67 点（1 位 /32 位）	一般用 36 点（C0～C15，C200～C219） EEPROM 保持用 199 点（C16～C199，C220～C234） 合计 235 点（1 位 /32 位）	一般用 120 点（C0～C99，C200～C219） 保持用 115 点（C100～C199，C220～C234） 合计 235 点（1 位 /32 位）
高速计数器	1 相 16 点（C235～C250） 2 相 5 点（C251～C255） 合计 21 点		
高速计数器处理速度	1 相（最大 6 点）60kHz×2 点，10kHz×4 点 2 相（最大 2 点）30kHz×1 点，5kHz×1 点	1 相（最大 6 点）60kHz×4 点，10kHz×2 点 *2 2 相（最大 3 点）30kHz×2 点，5kHz×1 点 *2	1 相（最大 8 点）100kHz×6 点，10kHz×2 点 2 相（最大 2 点）50kHz×2 点
实时时钟	年、月、日、时、分、秒、星期		
数据寄存器	一般用 2872 点（D0～D127，D256～D2999） EEPROM 保持用 128 点（D128～D255） 合计 3000 点	一般用 128 点（D0～D127） EEPROM 保持用 972 点（D128～D1099） 一般用（使用电池时可变更）6900 点（D1100～D7999） 合计 8000 点	一般用 200 点（D0～D199） 保持用（可变更）312 点（D200～D511） 保持用 7488 点（D152～D7999） 合计 8000 点
扩展寄存器	—	24000 点（R0～R23999）	32768 点（R0～R32767）
扩展文件寄存器	—	24000 点（ER0～ER23999） FX$_{3G}$/FX$_{3GA}$/FX$_{3GE}$（存储在 EEPROM 内，使用存储器盒时储在存储器盒 EEPROM 内） FX$_{3GC}$（存储在主机内置 EEPROM 内）	32768 点（ER0～ER32767） 只有在安装存储器时才可使用
变址寄存器	16 点		
特殊数据寄存器	512 点（D8000～D8511）*		
指针	256 点	2048 点	4096 点
嵌套	8 点		

(续表)

项　目	FX$_{3SA}$/FX$_{3S}$	FX$_{3G}$ 系列	FX$_{3U}$/FX$_{3UC}$
输入中断	6 点		
常数	1 位：十进制（K）−32768 ～ +32767 十六进制（H）0 ～ FFFF 32 位：十进制（K）−2147483648 ～ 2147483647 十六进制（H）0 ～ FFFF FFFF		

注：[*1] FX$_{3GC}$ 不可。

　　[*2] FX$_{3GA}$：1 相（最大 6 点）60kHz×2 点，10kHz×4 点；2 相（最大 3 点）30kHz×1 点，5kHz×2 点。

三菱 FX_1、FX_2、FX_3 系列 PLC 的扩展设备及附件

（1）扩展设备/周边设备/电池/其他

型号	规格		对应 PLC							
	输入	输出	FX_{3SA}	FX_{3S}	FX_{3GA}	FX_{3G}	FX_{3GE}	FX_{3GC}	FX_{3U}	FX_{3UC}
◆扩展单元										
FX_{2N}-32ER-ES/UL	16点	16点	—	—	○	○	○	—	○	—
FX_{2N}-32ET-ESS/UL			—	—	○	○	○	—	○	—
FX_{2N}-32ER			—	—	○	○	○	—	○	—
FX_{2N}-32ET			—	—	○	○	○	—	○	—
FX_{2N}-32ES			—	—	○	○	○	—	○	—
FX_{2N}-48ER-ES/UL	24点	24点	—	—	○	○	○	—	○	—
FX_{2N}-48ET-ESS/UL			—	—	○	○	○	—	○	—
FX_{2N}-48ER			—	—	○	○	○	—	○	—
FX_{2N}-48ET			—	—	○	○	○	—	○	—
FX_{2N}-48ER-DS			—	—	○	○	○	—	○	—
FX_{2N}-48ET-DSS			—	—	○	○	○	—	○	—
FX_{2N}-48ER-D			—	—	○	○	○	—	○	—
FX_{2N}-48ET-D			—	—	○	○	○	—	○	—
FX_{2N}-48ER-UA1/UL			—	—	○	○	○	—	○	—
◆输入输出混合模块										
FX_{2N}-8ER-ES/UL	4点	4点	—	—	○	○	○	◇	○	◇
FX_{2N}-8ER			—	—	○	○	○	◇	○	◇
FX_{2NC}-64ET	32点	32点	—	—	—	—	—	○	—	○

347

(续表)

型　号	规　格		对应PLC							
	输入	输出	FX$_{3SA}$	FX$_{3S}$	FX$_{3GA}$	FX$_{3G}$	FX$_{3GE}$	FX$_{3GC}$	FX$_{3U}$	FX$_{3UC}$
◆输入模块										
FX$_{2N}$-8EX-ES/UL	8点	—	—	—	○	○	○	◇	○	◇
FX$_{2N}$-8EX			—	—	○	○	○	◇	○	◇
FX$_{2N}$-8EX-UA1/UL			—	—	○	○	○	◇	○	◇
FX$_{2N}$-16EX-ES/UL	16点	—	—	—	○	○	○	◇	○	◇
FX$_{2N}$-16EX			—	—	○	○	○	◇	○	◇
FX$_{2N}$-16EX-C			—	—	○	○	○	◇	○	◇
FX$_{2N}$-16EXL-C			—	—	○	○	○	◇	○	◇
FX$_{2NC}$-16EX-T-DS			—	—	—	—	—	○	—	○
FX$_{2NC}$-16EX-DS			—	—	—	—	—	○	—	○
FX$_{2NC}$-16EX			—	—	—	—	—	○	—	○
FX$_{2NC}$-16EX-T			—	—	—	—	—	○	—	○
FX$_{2NC}$-32EX	32点	—	—	—	—	—	—	○	—	○
FX$_{2NC}$-32EX-DS			—	—	—	—	—	○	—	○
◆输出模块										
FX$_{2N}$-8EYR-ES/UL	—	8点	—	—	○	○	○	◇	○	◇
FX$_{2N}$-8EYR-S-ES/UL			—	—	○	○	○	◇	○	◇
FX$_{2N}$-8EYT-ESS/UL			—	—	○	○	○	◇	○	◇
FX$_{2N}$-8EYR			—	—	○	○	○	◇	○	◇
FX$_{2N}$-8EYT			—	—	○	○	○	◇	○	◇
FX$_{2N}$-8EYT-H			—	—	○	○	○	◇	○	◇
FX$_{2N}$-16EYR-ES/UL	—	16点	—	—	○	○	○	◇	○	◇
FX$_{2N}$-16EYT-ESS/UL			—	—	○	○	○	◇	○	◇
FX$_{2N}$-16EYR			—	—	○	○	○	◇	○	◇
FX$_{2N}$-16EYT			—	—	○	○	○	◇	○	◇
FX$_{2N}$-16EYT-C			—	—	○	○	○	◇	○	◇
FX$_{2N}$-16EYS			—	—	○	○	○	◇	○	◇
FX$_{2NC}$-16EYR-T			—	—	—	—	—	○	—	○
FX$_{2NC}$-16EYR-T-DS			—	—	—	—	—	○	—	○
FX$_{2NC}$-16EYT			—	—	—	—	—	○	—	○
FX$_{2NC}$-16EYT-DSS			—	—	—	—	—	○	—	○
FX$_{2NC}$-32EYT	—	32点	—	—	—	—	—	○	—	○
FX$_{2NC}$-32EYT-DSS			—	—	—	—	—	○	—	○

附录 C 三菱 FX_1、FX_2、FX_3 系列 PLC 的扩展设备及附件

(续表)

型号	规格		对应 PLC							
	输入	输出	FX_{3SA}	FX_{3S}	FX_{3GA}	FX_{3G}	FX_{3GE}	FX_{3GC}	FX_{3U}	FX_{3UC}
◆模拟量输入输出										
FX_{2N}-5A	4ch	1ch	—	—	○	○	○	◇	○	◇
FX_{3U}-4DA	—	4ch	—	—	○	○	○	◇	○	◇
FX_{3U}-4AD	4ch	—	—	—	○	○	○	◇	○	◇
FX_{3UC}-4AD	4ch	—	—	—	—	—	—	—	—	◇
FX_{2N}-8AD	8ch	—	—	—	○	○	○	◇	○	◇
◆温度传感器输入模块										
FX_{3U}-4LC	4ch 温度调节		—	—	○	○	○	◇	○ *1	◇ *1
◆高速计数模块										
FX_{3U}-2HC	2ch 2 相 200kHz		—	—	—	—	—	—	○ *1	◇ *1
FX_{2NC}-1HC	1ch 2 相 50kHz		—	—	—	—	—	—	—	○
◆定位相关单元/模块										
FX_{3U}-1PG	1 轴 200kHz		—	—	—	—	—	—	○ *1	◇ *1
FX_{2N}-10PG	1 轴 1MHz		—	—	—	—	—	—	○	◇
FX_{2N}-10GM	1 轴 200kHz		—	—	—	—	—	—	○	◇
FX_{2N}-20GM	2 轴 200kHz		—	—	—	—	—	—	○	◇
FX_{3U}-20SSC-H	2 轴 SSCNET Ⅲ		—	—	—	—	—	—	○	◇
FX_{2N}-1RM-E-SET	凸轮开关		—	—	—	—	—	—	○	◇
◆通信用模块										
FX-485PC-IF-SET	信号转换		○	○	○	○	○	○	○	○
FX_{2N}-232IF	1ch 232 通信		—	—	—	—	—	—	○	◇
FX_{3U}-ENET-L	Ethernet		—	—	—	—	—	—	○ *2	◇ *2
FX_{3U}-16CCL-M	CC-Link 主站		—	—	○	○	○	◇	○	◇
FX_{3U}-64CCL	智能设备站		—	—	○	○	○	◇	○	◇
FX_{2N}-64CL-M	CC-Link/LT 主站		—	—	○	○	○	◇	○	◇
◆通信用适配器										
FX_{3U}-232ADP-MB	1ch RS-232C 通信		★	★	☆	☆	○	○	●	○
FX_{3U}-485ADP-MB	1ch RS-485 通信		★	★	☆	☆	○	○	●	○
FX_{3U}-ENET-ADP*9	Ethernet		★	★	☆ *3	☆ *3	—	○ *3	● *4	○ *4

349

(续表)

型 号	规格		对应 PLC							
	输入	输出	FX$_{3SA}$	FX$_{3S}$	FX$_{3GA}$	FX$_{3G}$	FX$_{3GE}$	FX$_{3GC}$	FX$_{3U}$	FX$_{3UC}$
◆模拟量输入输出、温度传感器输入适配器										
FX$_{3U}$-3A-ADP	2ch	1ch	★	★	☆ *5	☆ *5	○ *5	○	● *6	○ *6
FX$_{3U}$-4DA-ADP	—	4ch	★	★	☆	☆	○	○	●	○
FX$_{3U}$-4AD-ADP	4ch	—	★	★	☆	☆	○	○	●	○
FX$_{3U}$-4AD-PT-ADP	4ch	—	★	★	☆	☆	○	○	●	○
FX$_{3U}$-4AD-PTW-ADP	4ch	—	★	★	☆	☆	○	○	●	○
FX$_{3U}$-4AD-TC-ADP	4ch	—	★	★	☆	☆	○	○	●	○
FX$_{3U}$-4AD-PNK-ADP	4ch	—	★	★	☆	☆	○	○	●	○
◆高速输入输出适配器										
FX$_{3U}$-4HXS-ADP	4ch	—	—	—	—	—	—	—	○	—
FX$_{3U}$-2HSY-ADP	—	2ch	—	—	—	—	—	—	○	—
◆ CF 卡特殊适配器										
FX$_{3U}$-CF-ADP	连接 CF 用		—	—	—	—	—	—	● *6	○ *6
◆用于连接 FX$_{3U}$ 特殊适配器的 FX$_{3S}$（A）用适配器										
FX$_{3S}$-CNV-ADP	用于连接 FX$_{3U}$ 适配器		○	○	—	—	—	—	—	—
◆用于连接 FX$_{3U}$ 特殊适配器的 FX$_{3G}$（A）用适配器										
FX$_{3G}$-CNV-ADP	用于连接 FX$_{3U}$ 适配器		—	—	○	○	—	—	—	—
◆ FX$_{3G}$（A/E）、FX$_{3S}$（A）用功能扩展板										
FX$_{3G}$-4EX-BD	扩展输入用（4 点）		○ *7	○ *7	○ *1	○ *1	○ *1	—	—	—
FX$_{3G}$-2EYT-BD	扩展输出用（2 点）		○ *7	○ *7	○ *1	○ *1	○ *1	—	—	—
FX$_{3G}$-485-BD-RJ	RS-485 通信（RJ-45 连接器）		○	○	○	○	○	—	—	—
FX$_{3G}$-8AV-BD	8 点电位器		○	○	○ *7	○ *7	○ *7	—	—	—
FX$_{3G}$-232-BD	1ch RS-232C 通信		○	○	○	○	○	—	—	—
FX$_{3G}$-422-BD	1ch RS-422 通信		○	○	○	○	○	—	—	—
FX$_{3G}$-485-BD	1ch RS-485 通信		○	○	○	○	○	—	—	—
FX$_{3G}$-2AD-BD	2ch	—	○	○	○ *7	○ *7	○ *7	—	—	—
FX$_{3G}$-1DA-BD	—	1ch	○	○	○ *7	○ *7	○ *7	—	—	—

附录 C 三菱 FX_1、FX_2、FX_3 系列 PLC 的扩展设备及附件

(续表)

型号	规格		对应 PLC							
	输入	输出	FX_{3SA}	FX_{3S}	FX_{3GA}	FX_{3G}	FX_{3GE}	FX_{3GC}	FX_{3U}	FX_{3UC}
◆ FX_{3U}、FX_{3UC} 用功能扩展板										
FX_{3U}-8AV-BD	8 点电位器		—	—	—	—	—	—	○ *6	—
FX_{3U}-232-BD	1ch RS-232C 通信		—	—	—	—	—	—	○	—
FX_{3U}-422-BD	1ch RS-422 通信		—	—	—	—	—	—	○	—
FX_{3U}-485-BD	1ch RS-485 通信		—	—	—	—	—	—	○	—
FX_{3U}-USB-BD	连接 1ch USB		—	—	—	—	—	—	○	—
FX_{3U}-CNV-BD	连接适配器		—	—	—	—	—	—	○	—
◆电池										
FX_{3U}-32BL	FX_{3G}（C）、FX_{3U}（C）其他用途		—	—	—	○	○	○	○	○

注：◇表示需要 FX_{2NC}-CNV-IF 或 FX_{3UC}-1PS-5V；
☆表示需要 FX_{3G}-CNV-ADP；
★表示需要 FX_{3S}-CNV-ADP；
●表示需要功能扩展板；
*1 基本单元 Ver. 2.20 以上可对应；
*2 基本单元 Ver. 2.21 以上可对应；
*3 基本单元 Ver. 2.00 以上可对应；
*4 基本单元 Ver. 3.10 以上可对应；
*5 基本单元 Ver. 1.20 以上可对应；
*6 基本单元 Ver. 2.61 以上可对应；
*7 基本单元 Ver. 1.10 以上可对应；
*8 基本单元 Ver. 2.70 以上可对应；
*9 适配器左端只能安装 1 台。

(2) 扩展设备/周边设备/PLC 软件/其他

型号	规格		对应 PLC							
	输入	输出	FX_{3SA}	FX_{3S}	FX_{3GA}	FX_{3G}	FX_{3GE}	FX_{3GC}	FX_{3U}	FX_{3UC}
◆电源扩展单元										
FX_{3UC}-1PS-5V	FX_{3GC}、FX_{3UC} 扩展用电源		—	—	—	—	—	○	—	○
FX_{3UC}-1PSU-5V	FX_{3G}、FX_{3U} 扩展用电源		—	—	—	○	○	○	○	—
◆扩展模块延长电缆										
FX_{0N}-30EC	30cm	延长扩展模块	—	—	○	○	○	◇	○	◇
FX_{0N}-65EC	65cm	延长扩展模块	—	—	○	○	○	◇	○	◇

(续表)

型　号	规　格		对应 PLC							
	输入	输出	FX_{3SA}	FX_{3S}	FX_{3GA}	FX_{3G}	FX_{3GE}	FX_{3GC}	FX_{3U}	FX_{3UC}
◆连接器转换										
FX_{2N}-CNV-BC	延长电缆中继		—	—	○	○	○	◇	○	◇
FX_{2N}-CNV-IF	FX_{2N}、FX_{3U} 扩展用		—	—	—	—	—	○	—	○
◆显示模块										
FX_{3S}-5DM[*1]	设定显示器		○	○	—	—	—	—	—	—
FX_{3G}-5DM[*2]	设定显示器		—	—	○	○	○	—	—	—
FX_{3U}-7DM	设定显示器		—	—	—	—	—	—	○	—
FX_{3U}-7DM-HLD	外部安装用支架		—	—	—	—	—	—	○	—
◆存储器盒										
FX_{3G}-EEPROM-32L	带 32k 程序传送功能		○	○	○	○	—	—	—	—
FX_{3U}-FLROM-16	16k 步		—	—	—	—	—	—	○	○
FX_{3U}-FLROM-64	64 步		—	—	—	—	—	—	○	○
FX_{3U}-FLROM-64L	带 64k 程序传送功能		—	—	—	—	—	—	○	○
FL_{3U}-FLROM-1M	64k 源信息 1.3MB		—	—	—	—	—	—	○[*3]	○[*3]
◆电源电缆										
FX_{2NC}-100MPCB	基本单元用		—	—	—	—	—	○	—	○
FX_{2NC}-100BPCB	扩展用		—	—	—	—	—	○	—	○
FX_{2NC}-10BPCB1	扩展传送用		—	—	—	—	—	○	—	○
◆输入输出扩展单元										
FX-16E-TB	根据连接源		—	—	○	○	○	○	○	○
FX-32E-TB	根据连接源		—	—	○	○	○	○	○	○
FX-16EYR-TB	—	16 点	—	—	○	○	○	○	○	○
FX-16EYS-TB	—	16 点	—	—	○	○	○	○	○	○
FX-16EYT-TB	—	16 点	—	—	○	○	○	○	○	○
FX-16EX-AT-TB	16 点	—	—	—	○	○	○	○	○	○
FX-16E-TB/UL	根据连接源		—	—	○	○	○	○	○	○
FX-32E-TB/UL	根据连接源		—	—	○	○	○	○	○	○
FX-16EYR-ES-TB/UL	—	16 点	—	—	○	○	○	○	○	○
FX-16EYS-ES-TB/UL	—	16 点	—	—	○	○	○	○	○	○
FX-16EYT-ES-TB/UL	—	16 点	—	—	○	○	○	○	○	○
FX-16EYT-ESS-TB/UL	—	16 点	—	—	○	○	○	○	○	○

(续表)

型号		规格		对应 PLC							
		输入	输出	FX_{3SA}	FX_{3S}	FX_{3GA}	FX_{3G}	FX_{3GE}	FX_{3GC}	FX_{3U}	FX_{3UC}
◆输入输出连接电缆											
FX-16E-50CAB	1.5m	TB-FX 之间圆形电缆		—	—	○*4	○*4	○*4	○	○*4	○
FX-16E-300CAB	3.0m	TB-FX 之间圆形电缆		—	—	○*4	○*4	○*4	○	○*4	○
FX-16E-500CAB	5.0m	TB-FX 之间圆形电缆		—	—	○*4	○*4	○*4	○	○*4	○
FX-32E-150CAB	1.5m	TB-FX 之间圆形电缆		—	—	—	—	—	○*5	—	○*5
FX-32E-300CAB	3.0m	TB-FX 之间圆形电缆		—	—	—	—	—	○*5	—	○*5
FX-32E-500CAB	5.0m	TB-FX 之间圆形电缆		—	—	—	—	—	○*5	—	○*5
FX-16E-500CAB-S	5.0m	FX 侧连接器散线		—	—	○*4	○*4	○*4	○	○*4	○
FX-16E-150CAB-R	1.5m	TB-FX 之间圆形电缆		—	—	○*4	○*4	○*4	○	○*4	○
FX-16E-300CAB-R	3.0m	TB-FX 之间圆形电缆		—	—	○*4	○*4	○*4	○	○*4	○
FX-16E-500CAB-R	5.0m	TB-FX 之间圆形电缆		—	—	○*4	○*4	○*4	○	○*4	○
FX-A32E-150CAB	1.5m	A 系列 TB-FX 之间		—	—	○*4	○*4	○*4	○	○*4	○
FX-A32E-300CAB	3.0m	A 系列 TB-FX 之间		—	—	○*4	○*4	○*4	○	○*4	○
FX-A32E-500CAB	5.0m	A 系列 TB-FX 之间		—	—	○*4	○*4	○*4	○	○*4	○
◆输入输出连接器											
FX_{2C}-I/O-CON	20 针	排线扁平电缆用配套 10 套连接器		—	—	○*4	○*4	○*4	○	○*4	○
FX_{2C}-I/O-CON-S	20 针	散线用连接器 5 套（0.3mm² 用）		—	—	○*4	○*4	○*4	○	○*4	○
FX_{2C}-I/O-CON-SA	20 针	散线用连接器 5 套（0.5mm² 用）		—	—	○*4	○*4	○*4	○	○*4	○
FX_{2C}-I/O-CON2*5	40 针	排线扁平电缆用配套 2 套连接器		—	—	—	—	—	○	—	○
FX_{2C}-I/O-CON2-S*6	40 针	散线用连接器 2 套（0.3mm² 用）		—	—	—	—	—	○	○	○

（续表）

型号	规格		对应PLC							
	输入	输出	FX_{3SA}	FX_{3S}	FX_{3GA}	FX_{3G}	FX_{3GE}	FX_{3GC}	FX_{3U}	FX_{3UC}
FX_{2C}-I/O-CON2-SA[*6]	40针	散线用连接器 2套（0.5mm² 用）	—	—	—	—	—	○	○	○
◆ MELSOFT GX 系列编程软件										
SW1DNC-GXW2-E	GX Works2 标准许可证		○	○	○	○	○	○	○	○
◆ MELSOFT MX 系列合并版的数据连接软件										
SW1D5C-ACT-E	MX Component		○	○	○	○	○	○	○	○
SW1D5C-SHEET-E	MX Sheet		○	○	○	○	○	○	○	○
SW1D5C-SHEETSET-E	MX Works		○	○	○	○	○	○	○	○
◆ 计算机用 RS-232C 电缆										
F_2-232CAB-1	3m	D-sub 9 针（母） ⇔ D-sub 25 针（公）	○	○	○	○	○	○	○	○
FX-232CAB-1	3m	D-sub 9 针（母） ⇔ D-sub 9 针（母）	○	○	○	○	○	○	○	○
F2-232CAB	3m	D-sub 25 针（公） ⇔ D-sub 25 针（公）	○	○	○	○	○	○	○	○
F_2-232CAB-2	3m	半间距 14 针 ⇔ D-sub 25 针（公）	○	○	○	○	○	○	○	○
FX-232CAB-2	3m	半间距 14 针 ⇔ D-sub 9 针（母）	○	○	○	○	○	○	○	○
◆ PLC 用 RS-422 电缆										
FX-422CAB0	1.5m	FX 圆形连接器 ⇔ FFX-232AWC-H 之间	○	○	○	○	○	○	○	○
◆ RS-232C/RS-422 转换器										
FX-232AWC-H	FX-计算机之间		○	○	○	○	○	○	○	○
◆ USB/RS-422 转换器										
FX-USB-AW	FX-计算机之间		—	—	—	—	—	—	○	○
◆ 手持可编程控制器（HPP）										
FX-30P	HPP 主机，电缆		○	○	○	○	○	○	○	○

（续表）

型号	规格		对应 PLC							
	输入	输出	FX$_{3SA}$	FX$_{3S}$	FX$_{3GA}$	FX$_{3G}$	FX$_{3GE}$	FX$_{3GC}$	FX$_{3U}$	FX$_{3UC}$
◆ FX-30P 用（可使用 FX-10P/FX-20P）连接 PLC 电缆										
FX-20P-CAB0	1.5m	FX 圆形连接器	○	○	○	○	○	○	○	○
FX-20P-CADP	0.3m	FX 圆形连接器 ⇔ FX 方形连接器	○	○	○	○	○	○	○	○

注：◇表示需要 FX$_{2NC}$-CNV-IF 或 FX$_{3UC}$-1PS-5V；

[*1] 适用于基本单元 Ver. 1.20 以上；

[*2] 适用于基本单元 Ver. 1.10 以上；

[*3] 适用于基本单元 Ver. 3.00 以上；

[*4] 扩展 FX$_{2N}$-16E □□ -C 时可使用；

[*5] 扩展 FX$_{2NC}$-64ET 时可使用；

[*6] 扩展 FX$_{2NC}$-64ET 或 FX$_{3U}$-2HC 时可使用。